Topographische Übersichtskarte
des Vorderen Bayerischen Waldes
mit Lage der Exkursionsrouten
Datenquelle:
Bayerische Vermessungsverwaltung –
www.geodaten.bayern.de
Autobahnen und mehrspurige Straßen
Hauptverkehrsstraßen (Auswahl)
Eisenbahnen
0
10 km
AF537468
Neukirchen Hl. Blut
Großer Osser
1293
Weißer Regen
Lam
Arnbruck
Železná Ruda
Großer Arber
1455
Bayerisch Eisenstein
Großer Falkenstein
1315
Bodenmais
955
Silberberg
Schwarzer Regen
Zwiesel
Šumava
Regen
Frauenau
Rachel
1453
Rinchnach
Lusen
1373
Reschwasser
Bischofsmais
O
Spiegelau
Große Ohe
Kleine Ohe
H
N
Grafenau
Bayerischer Wald
Deggendorf
Mitternacher Ohe
Brotjacklriegel
1011
Freyung
Dreisesselberg
1333
Hengersberg
G
K
M
Osterbach
Wolfsteiner Ohe
N
Niederalteich
Gaißa
Ilz
Röhrnbach
I
Waldkirchen
Eging
Tittling
Osterhofen
K
Erlau
Hutthurm
Hauzenberg
Vilshofen
I
M
J
Wegscheid
L
Sulzbach
Passau
Donau
L
Ranna
Ortenburg
J
Schärding
Pfarrkirchen
Bad Griesbach

Bibliografische Information der Deutschen Nationalbibliothek

Die Deutsche Nationalbibliothek verzeichnet diese Publikation in der Deutschen Nationalbibliografie; detaillierte bibliografische Daten sind im Internet über http://dnb.dnb.de abrufbar.

Titelbild

Burgruine Weißenstein auf Pfahlquarzfelsen bei Regen.

Rückseite

Rauchquarz-Phantom-Kristalle, Pfahl Viechtach, Bildbreite 9 cm.

Druckvorstufe: Verlag Dr. Friedrich Pfeil, München
Druck: PBtisk a.s., Příbram I – Balonka

Printed in the European Union

ISBN 978-3-89937-227-4

Verlag Dr. Friedrich Pfeil, Wolfratshauser Straße 27, 81379 München
Tel.: +49 89 5528600-0 – Fax: +49 89 5528600-4 – E-Mail: info@pfeil-verlag.de – www.pfeil-verlag.de

Wanderungen in die Erdgeschichte

37

Bayerischer Wald vom Pfahl bis zur Donau

Falkensteiner Vorwald, Regensenke, Vorderer Bayerischer Wald, Deggendorfer Vorwald, Passauer Vorwald, Wegscheider Hochfläche, Donautal und Neuburger Wald

ULRICH HAUNER

Mit einem Beitrag von FRIEDRICH H. PFEIL

497 Abbildungen
15 geologische Karten
1 topografische Karte

Verlag Dr. Friedrich Pfeil · München 2019

Inhalt

Dank

Mein Dank gilt Dr. GERHARD LEHRBERGER (Lehrstuhl für Ingenieurgeologie der TU München) für seine Unterstützung mit unveröffentlichten Arbeiten, die Bereitstellung eigener Fossilien und seinen kulturgeologischen Exkursionsbeitrag zu den Gesteinen der Walhalla, Dr. JOHANN ROHRMÜLLER (Geologischer Dienst des LfU) für Anregungen zum Manuskript, dem begeisterten Goldwäscher GUSTAV STEYER für wertvolle Informationen über Gold- und Schwermineralfunde in tertiären Goldseifen, Dr. GERHARD EIGLER für seine Informationen zu Mineralfunden des Nittenauer Raumes und die Bereitstellung von Anschliffen und älterem Bildmaterial, JENS KRAHN, der sein Urwelt-Museum für mich weit geöffnet hat, sowie GEORG WIMMER, JOSEF PENZKOFER und CHRISTIAN REWITZER als versierte Kennern ostbayerischer Mineralien für erbetene Aufnahmen von Mineralstufen und Micromounts aus ihren Sammlungen. Dank gilt auch Dr. RUPERT HOCHLEITNER (Mineralogische Staatssammlung München) und Dr. ERWIN GEISS (Geowissenschaftliche Sammlung des LfU) für die Bereitstellung von historischem Sammlungsmaterial. Auch freue ich mich darüber, dass der Verleger Dr. FRIEDRICH PFEIL mit seinen paläontologischen Kenntnissen und Sammlungsstücken der Molasse-Sedimente am Südrand des Bayerischen Waldes die Exkursion »Neuburger Wald« in Wort und Bild bereichert hat.

Einleitung

Unser Exkursionsgebiet zwischen Pfahl und Donau gehört wie der Innere Bayerische Wald (»Wanderungen in die Erdgeschichte«, Band 31) zur geologischen Einheit des Moldanubikums. So dürfen wir eine Reihe von Parallelen erwarten. Interessanter sind aber die Unterschiede und faszinierend die Besonderheiten des Gebietes. Immerhin haben die Geologen des Bayerischen Landesamtes für Umwelt im Exkursionsgebiet 170 geowissenschaftlich bedeutende Geotope ausgewiesen, die als Naturdenkmal schützenswert sind. Eine Reihe von ihnen sind in das Exkursionsprogramm eingebunden.

Unsere Zeitreise umfasst eine Zeitspanne von ca. 340 Mio. Jahren. Gesteine, Minerale und Geländeformen haben uns viel zu erzählen über die Erdgeschichte. Überraschend ist die Dynamik mancher Ereignisse, insbesondere die Vielfalt der Auswirkungen bruchtektonischer Bewegungen an Schollenrändern auf Gesteinsbildung, Land-Meer-Verteilung und Landschaftsentwicklung bis hin zum vertrauten Naturraum unserer Tage.

Ziel der Exkursionen sind attraktive Schauplätze der Natur, der Blick untertage in den letzten bayerischen Bergwerken und die Beschäftigung mit geologisch, mineralogisch und paläontologisch sehenswerten Schlüsselstellen im Gelände, die erheblichen Wert für Wissenschaft, Forschung und Lehre sowie für Natur- und Heimatkunde besitzen. Einige Exkursionen gelten den Vorkommen kristallisierter Minerale und Bodenschätze, andere dem Bayerischen Pfahl, dem Granit und seiner Verarbeitung oder waghalsig aufgebauten Felsformationen der Natur. Vier Exkursionen führen am Südrand des Bayerischen Waldes entlang, beschäftigen sich mit den Folgen der Bruchtektonik, der Talgeschichte der Donau und spüren Meeresablagerungen des Juras und des Jungtertiärs auf, sehr zur Freude der Liebhaber von Fossilien. Damit werden auch die »Wanderungen in die Erdgeschichte«, Bände 7, 29 und 32 entlang der Donau mit einem letzten Abschnitt zwischen Regensburg und Passau vervollständigt. Jede Exkursion ist eine Mischung unterschiedlicher geowissenschaftlicher und landschaftsgeschichtlicher Themen. Einige stellen ergänzende Bezüge zur Rohstoffgewinnung und -verarbeitung, Archäologie, Kulturgeologie und Hochwasserthematik her.

Abb. 1. Blick vom Gipfel des Hirschensteins (1095 m) über Rauhen Kulm (1050 m) und Vogelsang (1022 m) auf den Breitenauriegel (1114 m) und zur Donauebene bei Deggendorf.

Der Naturraum

Der naturräumliche Charakter des Bayerischen Waldes zwischen Regen und Donau sowie zwischen Regensburg und Passau ist überaus vielfältig. Kernraum der Region ist die 50 km lange und durchschnittlich nur 8 km breite Aufwölbungszone **Vorderer Bayerischer Wald** mit einer Größe von gut 300 km² (Abb. 1). Sie reicht vom Pröller (1048 m) über den Hirschenstein (1095 m) und den Einödriegel (1121 m) bis zum Brotjacklriegel (1011 m). Zahlreiche Gipfel mit Höhen um 1000 bis 1100 m beeindrucken wegen ihrer relativen Höhe von 700 bis 800 m über der Donauniederung und charakterisieren den Raum als Mittelgebirge mit gerundeten Bergrücken und allgemein sanften Geländeformen. Dieser Gebirgszug verläuft parallel zu den Gipfelregionen des Inneren Bayerischen Waldes, der Pfahl-Störung und dem Donaurandbruch am Südrand des Bayerischen Waldes.

Falkensteiner Vorwald. Ein von Regenstauf bis Deggendorf reichender ca. 1000 km² großer Naturraum zwischen dem Donaurandbruch, dem Regenknie und der Bergregion des Vorderen Bayerischen Waldes. Durch Gebirgstektonik ist er am Süd- und Westrand stark herausgehoben. Innerhalb dieses Rahmens liegt in ± 550 m Höhe eine mäßig zertalte Rumpffläche (Abb. 2), die landwirtschaftlich intensiv genutzt wird. Ihr sitzen bewaldete Kristallgranitkuppen auf. Die Nordabdachung in Richtung Bodenwöhrer Halbsenke erfolgt sanft.

Regensenke. Eine 600 km² große Muldenregion entlang des Pfahls (Titelbild) zwischen den Bergketten des Inneren und des Vorderen Bayerischen Waldes, welche zugleich das Wassereinzugsgebiet des Flusses umrahmen. Engräumig gesehen ein flachwelliges Hügelland mit mäandrierendem Flusslauf.

Deggendorfer Vorwald. Ein 200 km² großer Naturraum, der vom Donautal und der Hengersberg-Schwanenkirchen Tertiärbucht über den Lallinger Winkel bis zur nördlichen Gebirgsumrahmung reicht.

Passauer Vorwald. Eine 900 km² große, vom Rand des Donautales bis zu den Hängen des Inneren Bayerischen Waldes stetig ansteigende Landschaft, die von tief eingeschnittenen Tälern der Ilz, Erlau und Gaißa überprägt wird. Langgestreckte, rückenartige Geländeformen (Riedel) und Reste einer noch zu Beginn des Jungtertiärs bestehenden, ± 550 m hohen Rumpffläche wechseln sich ab.

Abb. 2. Luftbild von Beucherling bei Zell im Falkensteiner Vorwald zum Kobelberg (703 m) am Donaurandbruch.

Abb. 3. Blick von Gießübl auf den Westrand der Wegscheider Hochfläche mit dem Staffelberg (793 m), Übergang zum niedrigeren Passauer Vorwald bei Hauzenberg.

Wegscheider Hochfläche. Der 793 m hohe Staffelberg (Abb. 3) bei Hauzenberg bildet die Westgrenze einer 280 km^2 großen, ±750 m hohen Rumpffläche entlang der österreichischen Landesgrenze.

Der 180 km^2 große **Neuburger Wald** besteht aus dem gleichen kristallinen Untergrund wie der Passauer Vorwald und ist geologisch betrachtet ein Teil des Moldanubikums des Bayerischen Waldes. Seit dem Jungtertiär (Neogen) wird er an seinem Südsaum von Molasseschottern bedeckt.

Das **kristalline Grundgebirge des Bayerischen Waldes** ist nur der Rumpf eines ehemaligen Hochgebirges, welches durch Kontinentalverschiebung und Plattentektonik vor 400–300 Mio. Jahren (**variskische Gebirgsbildung**), also weit vor der Entstehung der Alpen aufgebaut wurde. Über dessen Dimension sind heute noch keine gesicherten Aussagen möglich. Wie in jedem Hochgebirge begann noch während des Hebungsprozesses die Erosion: Aus der Zeit des Rotliegenden, vor ca. 300 Mio. Jahren, sind uns in ehemaligen Becken bei Nittenau und Donaustauf Reste gigantischer Schuttmassen (**terrestrische Sedimente)** erhalten. Auf Rumpfflächen gibt es **tertiäre Verwitterungsdecken** kristallinen Gesteins (Saprolith). **Pliozäne Flussschotter** bringen Licht in die Entwicklungsgeschichte des Regentales, **quartäre Flussschotter** in jene der Ur-Donau und des Donautales.

Die kristallinen Gesteine des Exkursionsgebietes und ihre gesteinsbildenden Minerale

Bereits der flüchtige Blick auf die geologische Übersichtskarte des Bayerischen Waldes (Doppelseite im hinteren Umschlag) zeigt große Unterschiede in der farbigen Gestaltung des Nordens und des Südens und signalisiert Unterschiede in der erdgeschichtlichen Entwicklung. Als trennende Linie erweist sich die Pfahlstörung (weiß-braun-schraffiertes Band).

Metamorphe Gesteine

Im Gegensatz zum Inneren Bayerischen Wald fehlen südlich des »Bayerischen Pfahls« Glimmerschiefer, Quarzite und Glimmergneise komplett. Der Cordierit-Sillimanit-Kalifeldspat-Gneis hat seine dominante Rolle verloren. Hochgradig aufgeschmolzene **diatektische Gneise und Diatexite** dominieren im Vorderen Bayerischen Wald: Meeressedimente, magmatische Gesteine (Intrusiva)

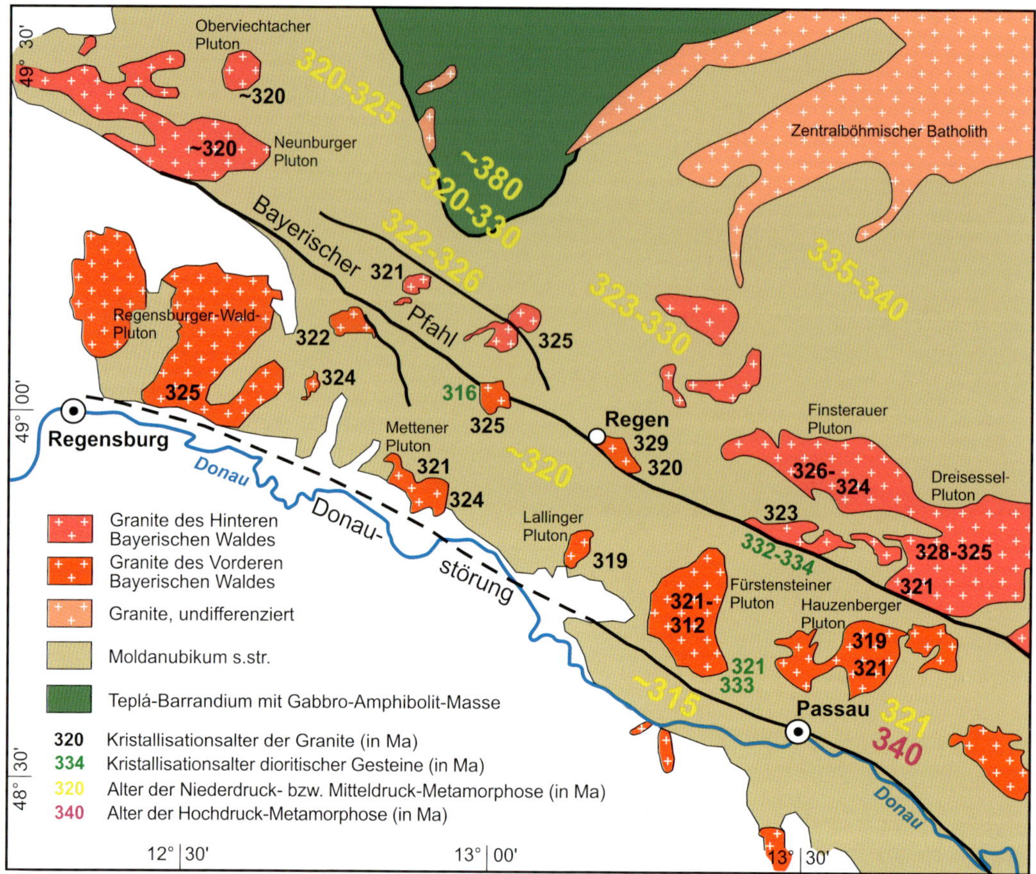

Abb. 4. Räumliche Verteilung und Alter der metamorphen Gesteine und Granit-Intrusionskörper im Kristallinen Grundgebirge des Bayerischen Waldes. – Aus TEIPEL, GALADI-ENRIQUEZ, GLASER, KROEMER & ROHRMÜLLER *2008, Geologische Karte des Bayerischen Waldes 1:150 000.*

oder schon früher einmal metamorphisierte Gesteine waren ihre Ausgangsgesteine. Bei der Gesteinsumwandlung erfolgte nicht nur eine Mobilisierung der hellen, sondern auch der dunkel gefärbten (Mg-Fe-Ca-Silikate) Mineralanteile. Dies führte zu einer fortschreitenden Homogenisierung des Gefüges und einer Verwischung der Gemengeunterschiede. Das Ergebnis kann einem feinkörnigen Granit (Abb. 12) ähneln, ohne dass ein magmatisches Stadium (Aufstieg einer Schmelze aus einer Magmakammer) durchlaufen wurde (KEIM et al. 2004). Derartige homogene Diatexite sind im Falkensteiner Vorwald östlich des Kristallgranit-Gebiets verbreitet. Weiträumig verbreitet ist auch der **Perlgneis** zwischen Brotjacklriegel und St. Englmar sowie südlich der Aicha-Halser-Störung.

Neue Akzente setzen als südlicher Begleiter der Pfahlstörung die relativ dunklen Gesteine des **Palit-Komplexes**: ehemals basisches (arm an SiO_2) bis intermediäres (weder besonders reich noch arm an SiO_2) magmatisches Ausgangsgestein, das hochgradig (Diatexis) aufgeschmolzen, chemisch durch Mineralneubildung verändert (Metasomatose) und plastisch überformt (Mylonitisierung) wurde.

Im Passauer Vorwald und der Wegscheider Hochfläche gibt es reichlich Diatexit, aber auch **Biotit-Plagioklas-Gneis**. Hier häufen sich kleinräumige Vorkommen von hellen Gneisen, Kalksilikat- und Marmorvorkommen, Amphibolit und Graphiteinlagerungen. Wegen dieser Mischung spricht man von einer »**Bunten Gruppe**« von Gneisen (KRÜGER et al. 2017), wie wir sie auch aus Teilen des Inneren Bayerischen Waldes kennen. Hinzu kommen tektonisch überprägte Gesteine (sog. **Mylonite)** in breiten Störungszonen.

Tabelle 1. Metamorphe Gesteine des Bayerischen Waldes zwischen Pfahl und Donau. Gesteinssignatur identisch mit TEIPEL *et al. 2008, Geologische Karte des Bayerischen Waldes 1:150 000.*

Signatur	Gesteinsart	Ausgangsgestein	Gesteinsstruktur, gesteinsbildende Minerale
bpGn	**B**iotit-**P**lagioklas-**Gn**eis	Sediment-gesteine	Fein- mittelkörnig, Lagenstruktur: Plagioklas-Feldspat Quarz, Glimmer; gebietsweise mit Kalksilikateinschaltungen (Abb. 5).
csGn	**C**ordierit-**S**illimanit-Kalifeldspat-**Gn**eis, metatektisch	Sediment-gesteine	Dunkelgrau, mit Leukosom-Schlieren (helle Gesteinsanteile von Feldspat/Quarz): Kalifeldspat (Orthoklas), Quarz und Al-reiche Silikate (Cordierit, Sillimanit); metatektisch, d. h. nur die hellen quarz- und feldspatreichen Komponenten (sog. Leukosome) sind aufgeschmolzen und mobilisiert, aber noch nicht die Mineralien dunkler Gesteinsanteile (Melanosome) (Abb. 6).
lkGn	**L**euko**k**rater **Gn**eis	magmatische Gesteine	Heller, fein- bis mittelkörniger Gneis mit ausschließlich hellen Bestandteilen(= leukokrat) von Feldspat, Quarz und Glimmer (Abb. 7).
Gn_{dx}	**D**iatektischer **Gn**eis		Mittel- bis grobkörnig mit z. T. 5 mm großen Feldspäten, z. T. perlgneisartig, z. T. mit dm-großen Gneisrelikten (Abb. 8).
mK	**M**armor	Kalkstein, Dolomit	Zu 90 % karbonatische Minerale (Calcit, Dolomit, etc.) (Abb. 9).
mMb	**B**asische, **me**tamorphe Magmatite	Basalt und andere Metabasite	Dunkelgrün – schwarzer Metabasit, fein- bis mittelkörnig: Amphibolit (basaltische Hornblende); gelegentlich zusätzlich durch Plagioklas-Feldspat weiß gesprenkelt (Abb. 10).
mlDx	**Palit-Komplex**	basische bis intermediäre Schmelzen eines variszischen Magmatits	Diatektisch, metasomatisch und mylonitisch überprägtes Gestein; gelegentlich dunkler Diatexit (mafitisch); lagig-faserig (hell und dunkel wechselnd), fein- bis grobkörnig, teils größere Kalifeldspateinsprenglinge; Quarz, Kalifeldspat, Plagioklas, Biotit, Hornblende (Abb. 11).
hDx	**Ho**mogener **D**iatexit	metamorphes Ausgangsgestein	Fein- bis mittelkörnig, ungeregeltes Gefüge, mit Biotit, beginnende Granitisierung durch Aufschmelzung (Abb. 12), z. T. teils auch mit Kalifeldspat-Einsprenglingen in kleinkörniger Grundmasse
Dx	**D**iatexit, undifferenziert	ursprünglich magmatisch oder metamorph	Inhomogener Diatexit, infolge starker Aufschmelzung im Ergebnis ein nahezu granitähnliches Aussehen; z. T. auch Hornblende-führend (Abb. 13)
Gn_{mx}	**m**etatektischer-metablastischer **Gn**eis	umgewandelter Gneis	allg. körnig-massig bis zu linearen Strukturen; sog. »**Perlgneis**«, dunkler Quarz-Biotit-Plagioklas-Gneis, dessen Plagioklase aber hier rundlich ausgebildet sind (Abb. 14)
Tt	**T**ek**t**onit: Kataklasit, Mylonit	sedimentär, magmatisch oder metamorph	bruchtektonisch verformtes, zerschertes bis zerbrochenes Ausgangsgestein oder Umwandlungsprodukte desselben; Quarz, Plagioklas, Kalifeldspat, Biotit, Muskovit, Chlorit, Montmorillonit, etc. (Abb. 15)

Die metamorphen Gesteine im kristallinen Krustenstück zwischen Pfahl und Donau entstanden unter **Hochtemperatur-Niederdruck-Bedingungen** (Abb. 4) vor **330–320 Mio. Jahren**, südlich der Aicha-Halser-Störung erst vor **315 Mio. Jahren**. Darüber hinaus sind aus dem Passauer Vorwald hochgradig metamorphe Gesteine bekannt, die aus Versenkungstiefen von 30 km stammen (GLASER et al. 2007, TEIPEL et al. 2008, ROHRMÜLLER et al. 2017).

Die Grundgebirgsscholle zwischen Pfahl und Donau, welche auch den Neuburger Wald, den Sauwald und das Mühlviertel bis nach Linz einschließt, hat also eigenständige Züge. Das Erdkrustenstück wird deshalb im österreichischen und bayerischen Schrifttum als »**Bavarikum**« (LINNER 2007, TEIPEL et al. 2008) bezeichnet. Seine Gesteine haben die letzte prägende Hochtemperatur-Niederdruck-Metamorphose später durchlaufen als jene des Inneren Bayerischen Waldes und die Gesteinsumwandlung ging in Teilbereichen bis zur Aufschmelzung. Als ehemals sehr tiefes Krustenstockwerk wurde es deutlich höher herausgehoben und stärker erodiert als das Krustenstück nördlich der Pfahlstörung (KÖHLER et al. 2008).

Der Mineralbestand der jeweiligen metamorphen Gesteine geht aus Tabelle 1 hervor.

Abb. 5. Biotit-Plagioklas-Lagengneis von Feldbauer (bpGn; s.a. Tab. 1).

Abb. 6. Cordierit-Sillimanit-Kalifeldspat-Gneis vom Kaitersberg (csGn; s.a. Tab. 1).

Abb. 8. Diatektischer Gneis, Wiedenhof, Gde. Sattelbogen (Gn_{dx}; s.a. Tab. 1).

Abb. 7. Leukokrater Gneis von Reisberg bei Schorndorf (lkGn; s.a. Tab. 1).

Abb. 9. Marmor von Rathsmannsdorf (mK; s.a. Tab. 1).

Abb. 10. Amphibol führender Metabasit mit weißgesprenkeltem Plagioklas-Feldspat von Tumiching bei Schönberg (mMb; s.a. Tab. 1).

Abb. 11. Granodioritischer Palit mit Einschlüssen dunklen, gabbroiden Palits von Schönberg (mlDx; s.a. Tab. 1). – Foto Dr. GERHARD LEHRBERGER.

Abb. 12. Homogener Diatexit von Wenzenbach (hDx; s.a. Tab. 1).

Abb. 13. Hornblende führender Diatexit vom Hanichelriegel bei Kollnburg (Dx; s.a. Tab. 1).

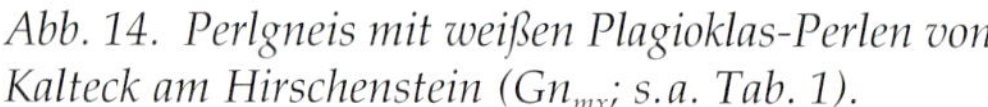

Abb. 14. Perlgneis mit weißen Plagioklas-Perlen von Kalteck am Hirschenstein (Gn_{mx}; s.a. Tab. 1).

Abb. 15. Mylonit aus granitischem Ausgangsmaterial, Donaurandbruch Scheuchenberg (Tt; s.a. Tab. 1).

Intrusivgesteine (Intrusiva)

Als Folge plattentektonischer Vorgänge intrudierten **basische Schmelzen vulkanischen Ursprungs vor ca. 334 Mio.** Jahren im Passauer Wald (SIEBEL et al. 2005). Sie erfuhren eine hochgradige Aufschmelzung zu Diatexiten und es erfolgte ihre Platznahme südlich der Pfahlstörung zwischen Schönberg und Steinerleinbach in dunkler (Palit-Komplex) und in hellgrauer Variante.

Allgemein haben Intrusivgesteine ihren Ursprung im Aufstieg von **Schmelzen aus Magmaherden**. Sie erreichen jedoch nicht die Erdoberfläche, sondern bilden unter dem älteren Gesteinsdach (Gneis oder Diatexit) innerhalb der Erdkruste in 5 bis 10 km Tiefe ballonförmige Tiefengesteinskörper (**Pluton**), kristallisieren bei allmählicher Abkühlung aus und erstarren. Zusätzlich kann die Schmelze in engen Klüften hochsteigen und als Ganggestein erstarren. Basische Magmen aus dem oberen Erdmantel kristallisierten zu Dioriten. Saure Magmen als Aufschmelzprodukte von Gesteinen der mittleren und tieferen Erdkruste (ROHRMÜLLER et al. 2000) kristallisierten zu Graniten.

Im Exkursionsgebiet gibt es fünf große Intrusivkörper (Abb. 4) bei Roßbach-Treidling, Metten, Lalling, Fürstenstein-Tittling-Saldenburg und Hauzenberg-Waldkirchen. Auch hier intrudierten vor **334 Mio. Jahren basische Magmen**, sodass **Diorite** und **Quarz-Glimmer-Diorite** entstanden. Als **Hauptmasse intrudierten saure Schmelzen vor 325–312 Mio. Jahren** und kristallisierten als **Granit** (TEIPEL et al. 2008). Dabei ergaben sich innerhalb großer Plutone unterschiedliche Alter je nach Granitvariante: Kühlt die Schmelze rasch ab, so bildet sich ein kleinkörniges Gemenge, verlangsamte Abkühlung fördert das Größenwachstum der Feldspatkristalle. Gegen Ende einer Granitintrusion folgten mancherorts als Ganggesteine **Aplit** und **Pegmatit**. Letztere können reine Restschmelzen von Graniten sein oder Vermengungen der entlang von Klüften eindringenden gas-, wasser- und kieselsäurereichen Schmelze mit Teilaufschmelzungen des Nebengesteins. Jüngste Intrusiva sind **Porphyre** mit einem **Alter von 302 ± 7 Mio. Jahren** (PROPACH et al. 2008): Nach Abkühlung der Granitkörper drangen sie ausgelöst durch Bruchtektonik als Ganggesteine scharenweise im Hauzenberg-Waldkirchen-Pluton und am Westrand des Falkensteiner Vorwaldes ein.

Tabelle 2 Intrusivgesteine des Bayerischen Waldes zwischen Pfahl und Donau. Gesteinssignatur identisch mit Teipel *et al. 2008, Geologische Karte des Bayerischen Waldes 1:150 000.*

Signatur	Gesteinsart	Gesteinsstruktur, gesteinsbildende Mineralien
Grg,po	Älterer **por**phyrischer **Gr**anit, **Kristallgranit I**	Dichte **grobkörnige** Grundmasse: Quarz, Glimmer und eingesprengte größere Feldspat-Kristalle, die gelegentlich eingeregelt sind und dadurch den Magmafluss zu erkennen geben, Typ »Weinsberger Granit« Österreichs (Abb. 16).
Gr,po	**Po**rphyrischer **Gr**anit, **Kristallgranit II**	Dichte **fein- bis mittelkörnige** Grundmasse: Quarz, Glimmer und eingesprengte größere Feldspat-Kristalle, die gelegentlich eingeregelt sind und dadurch den Magmafluss zu erkennen geben (Abb. 17).
Grmg,po	Jüngere **por**phyrische **Gr**anite	Mittel- bis grobkörnige, porphyrische Granite, **Saldenburger Granit** (Abb. 18).
Grfm	**Gr**anit	Hellgelb bis grau, fein- mittelgrobkörnig; regelloses Gefüge, oft gleichkörnig homogen: je nach Intrusivgebiet unterschiedlich Quarz (20–60 %), Feldspat (10–65 %), muskovit-/biotitführend; z. B. Plutone von Metten, Lalling und Hauzenberg (Abb. 19).
Dr	Diorit	Dunkelgrau bis grüngrau, sehr feinkörnig: mit Hornblende oder Titanit-Einsprenglingen, biotitreich, frei von Kalifeldspat; z. B. als **Quarz-Glimmerdiorit** (Abb. 20).
GDr	**Gr**ano**d**io**r**it	feinkörnig, gleichkörnig: mit Quarz, Feldspat, Glimmer und Hornblende, z. B. von Tittling, Hauzenberg, Treidling (Abb. 21).
Peg	**Peg**matit (granitisches Ganggestein)	Grob- bis riesenkörnig: Quarz, Feldspat und Glimmer wie die Granite, jedoch mit weiteren Mineralien, z. B. Turmalin, Apatit, Beryll (Abb. 22).
Ap	**Ap**lit (granitisches Ganggestein)	Hell, feinkörnig: überwiegend Quarz und Feldspat; im Umfeld aller Granite und Diorite; Gangbreiten vom mm- bis m-Bereich, enger genetischer Zusammenhang mit Granitschmelzen (Abb. 23).
Gg	Porphyr (post**g**ranitisches **G**anggestein)	Rhyolithisch bis basalt-andesitisch; Pinitporphyr (Abb. 24); Quarzporphyr (Abb. 25).

Abb. 16. Grobkörniger, biotitführender Kristallgranit I mit großen Kalifeldspatkristallen von Heilinghausen (Grg,po s. a. Tab. 2).

Abb. 17. Jüngerer, kleinkörniger Kristallgranit II mit weniger großen und schmäleren Kalifeldspatkristallen vom Lauberberg bei Falkenstein (Gr,po; s. a. Tab. 2).

Abb. 18. Saldenburger Granit, jüngerer porphyrischer Granit von Stützersdorf bei Tittling (Grmg,po; s.a. Tab. 2).

Abb. 19. Fein-mittelkörniger, gleichkörniger Granit von Metten (Grfm; s.a. Tab. 2).

Abb. 20. Quarz-Glimmerdiorit von Roßbach/Falkensteiner Vorwald (Dr; s.a. Tab. 2).

Abb. 21. Granodiorit von Treidling bei Nittenau (GDr; s.a. Tabelle 2).

Abb. 22. Pegmatit-Gang im feinkörnigen Granit von Schwarzach (Peg; s.a. Tab. 2).

Abb. 23. Aplit-Gang im feinkörnigen Granit von Fürstenstein (Ap; s.a. Tab. 2).

Abb. 24. Pinitporphyr mit umgewandelten Cordierit-Kristallen von Fischbach-Glashütte nordwestlich des Regenknies (Gg; s.a. Tab. 2).

Abb. 25. Quarzporphyr vom Steinbruch östlich von Kleinramspau (Gg; s.a. Tab. 2).

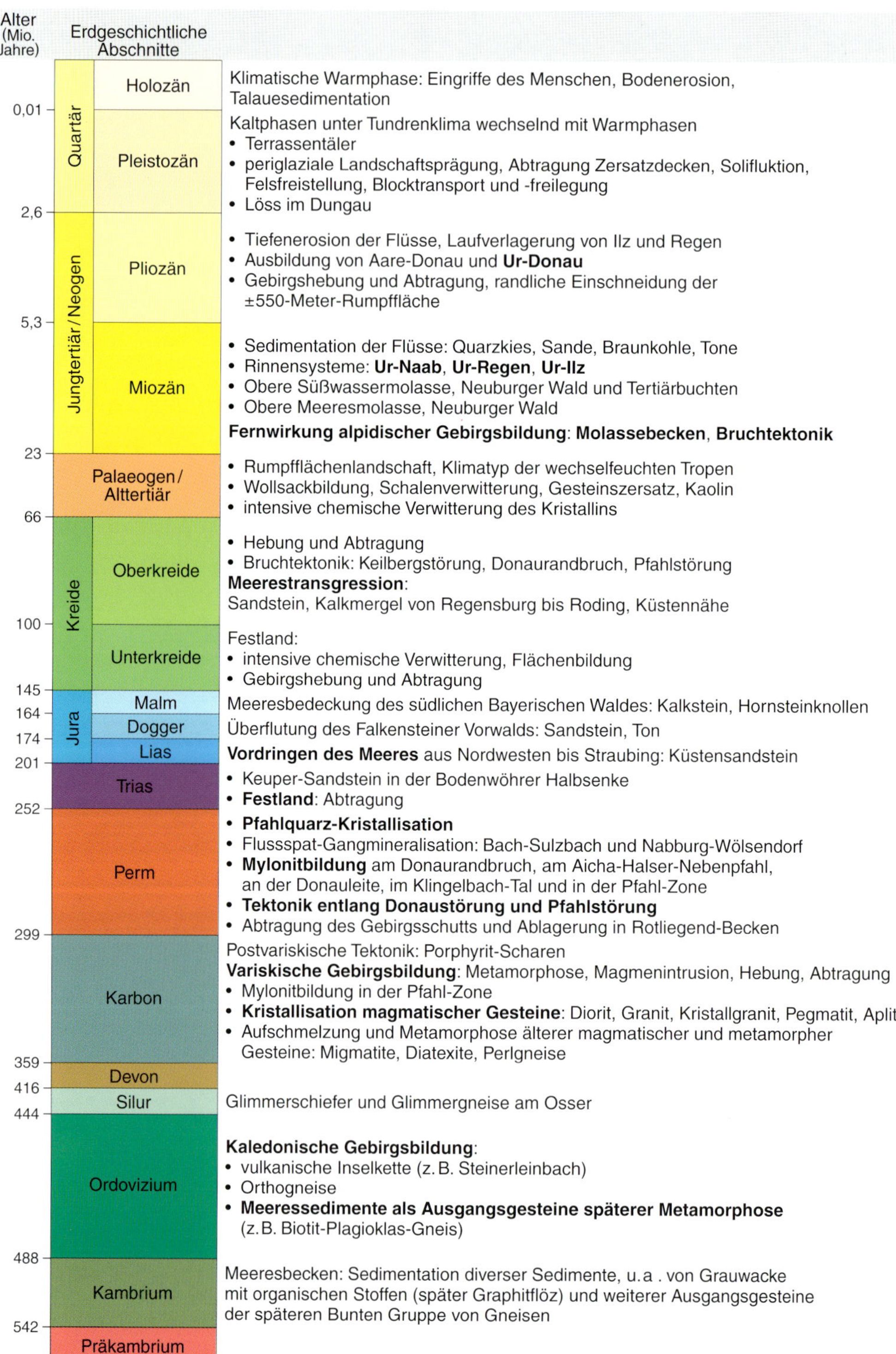

Abb. 26. Erdgeschichtliche Vorgänge im Bayerischen Wald und an seinen Gebirgsrändern.

Mit Blick auf die Entstehungszeit der metamorphen Gesteine im Gebiet der kristallinen Grundgebirgsscholle zwischen Pfahl und Donau ergibt sich, dass die Intrusion der Granit-Plutone sich zeitlich mit der durchgreifenden Hochtemperatur-Niederdruck-Regionalmetamorphose überschneidet (ROHRMÜLLER et al. 2017).

Sedimentgesteine des Deckgebirges

Entlang großer Verwerfungen am West- und Südrand des Bayerischen Waldes (Keilberg-Störung und Donaustörung) und bei Roding wurden **Meeressedimente aus Jura und Oberkreide** durch Gebirgstektonik an der Epochenwende Kreide/Tertiär vom aufsteigenden kristallinen Gebirgssockel hochgeschleppt, verformt und bald bis auf Restschollen erodiert. Sie sind die letzten Zeugen einer zeitweisen Meeresüberdeckung des West- und Südrands des Bayerischen Waldes. Hinzu kommen Fluss- und Meeressedimente im **jungtertiären Molassebecken** am Südrand des Bayerischen Waldes und über dem Kristallin des Neuburger Waldes.

Zur Wahrung des Überblicks über die Chronologie der geologischen Ereignisse im Bayerischen Wald kann die Tabelle der Erdepochen (Abb. 26) mit Hinweisen auf zeittypische erdgeschichtliche Vorgänge nützlich sein.

Exkursionen in den Vorderen Bayerischen Wald zwischen Pfahl und Donau

A Geologie und Archäologie entlang der Donau von Regensburg bis Straubing

A1 Tegernheimer Schlucht: Schnittpunkt dreier Naturräume

Von der Autobahn kommend fahren wir auf der »Hauptstraße« zur Ortsmitte von Tegernheim, biegen in die »Tegernheimer Kellerstraße« ein und erreichen an ihrem Ende bei einem Parkplatz den Ausgangspunkt eines sehenswerten geologischen Lehrpfades.

An dieser geologischen Schlüsselstelle endeten die »Wanderungen in die Erdgeschichte«, Band 32, »Entlang der Bayerischen Donau von Ulm bis Regensburg« (MEYER & SCHMIDT-KALER 2015) mit einem Schwerpunkt auf Meeresablagerungen der Jurazeit.

Hier führt der »**Geopfad Tegernheimer Schlucht**« mit sieben Stationen entlang einer 2,9 Kilometer langen Strecke durch einen wertvollen Geotop und einen reichhaltigen Trockenrasen-Biotop. Die ersten Stationen verdeutlichen mit Schautafeln die erdgeschichtliche Entwicklung am Standort und informieren über die hier vorkommenden Meeressedimente des Erdmittelalters. Am Geopfad liegt ein Weiher in der ehemaligen Opalinuston-Grube (Dogger α), darüber ist Eisen führender Sandstein (Dogger β, siehe Abb. D1.4) aufgeschlossen. Ferner wird man über den ehemaligen Lias-Eisenerzbergbau informiert, kann Weißjura-Fossilien bestaunen oder jungsteinzeitliche Werkzeuge und seltene Pflanzenarten, die sich dem trockenwarmen Standort am Kalkfelshang angepasst haben.

In der Tegernheimer Schlucht befinden wir uns exakt an der Südwest-Ecke des Bayerischen Waldes. Ihr Talverlauf ist tektonisch vorgeprägt und folgt der Nord-Süd bis Nordnordwest-Südsüdost verlaufenden **Keilberg-Störung**. Diese trennt ein auf der westlichen Talseite liegendes, ca. 400 Meter mächtiges Schichtpaket aus Kalken und Sandsteinen (Keuper, Lias, Dogger, Malm und Oberkreide) von dem auf der östlichen Talseite anstehenden Granit und Gneis der kristallinen Grundgebirgsscholle. Die tektonische Störung verläuft relativ geradlinig über den Keilberg in Richtung Irlbach und weiter über Regenstauf (Exkursionspunkt C1) bis nach Schwandorf. Exakt auf dieser Linie hat sich die östlich liegende kristalline Großscholle um ca. 650 Meter (BAUBERGER, CRAMER & TILLMANN 1969) herausgehoben. Dabei wurden die westlich der Störungslinie liegenden mesozoischen Deckschichten mit hochgeschleppt und auf den letzten Metern bis in die Senkrechte aufgebogen

(Abb. A 1.1). Meeressedimente, die östlich der Störungslinie als 300 Meter dickes Gesteinspaket auf dem kristallinen Sockel lagen, verschwanden durch Erosion am Ende der Oberkreidezeit völlig.

Quer zur Schlucht verläuft entlang der Berghänge eine zweite tektonische Störungslinie. Sie grenzt das Donautal klar von den Höhen des Bayerischen Waldes ab. Es ist der sog. »**Donaurandbruch**« (Abb. A 1.2), Teil einer insgesamt 200 Kilometer langen »**Donaustörung**«, die bis nach Linz reicht und mehrfach aktiv war. Dreidimensional betrachtet hat sich der zwischen beiden Störungslinien liegende Bayerische Wald pultartig gegenüber der Süddeutschen Großscholle gewaltig herausgehoben. Auf Grund einer Tiefbohrung bei Barbing, die 500 Meter unterhalb des Donauspiegels auf kristallinen Untergrund gestoßen ist, kann man am Donaurandbruch entlang der Linie Barbing–Donaustauf von einer **vertikalen Versetzung von 700 m** Höhe ausgehen. Der Donaurandbruch setzt sich westwärts im Untergrund des Regensburger Stadtgebiets entlang der Winzerer Höhen fort (MEYER & SCHMIDT-KALER 2015a). Donauabwärts belegen Tiefbohrungen (Abb. A 1.3) zunehmende Sprunghöhen von **1200 m** auf der Linie Straubing–Wiesenfelden und **1500 Meter** auf der Linie Osterhofen–Winzer–Hinterreckenberg am Ostende des Donaurandbruchs bei Winzer.

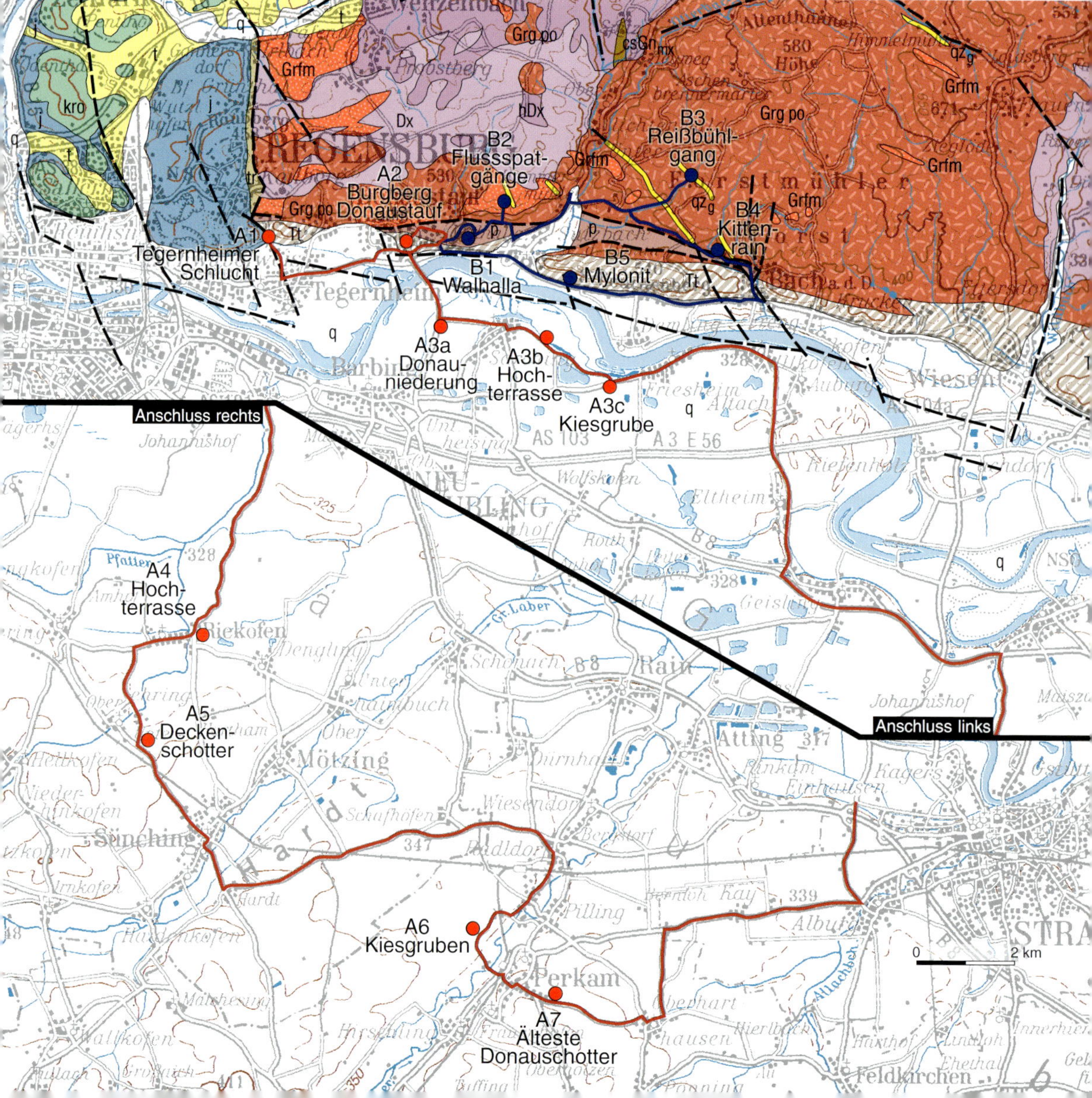

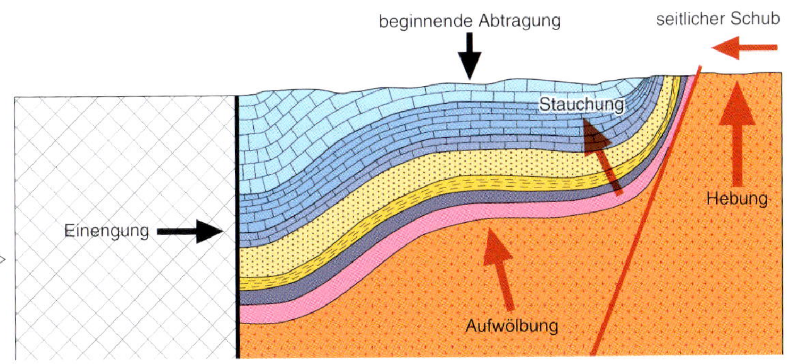

Abb. A1.1. Modell zur Heraushebung der kristallinen Pultscholle entlang der Keilbergstörung. ▷

beginnende Abtragung
seitlicher Schub
Stauchung
Hebung
Einengung
Aufwölbung

Abb. A1.3. Tiefbohrungen südlich der Donaustörung bei Barbing und Straubing. – Quellen: TILLMANN 1959; UNGER, RISCH & MEYER 1995. ▷

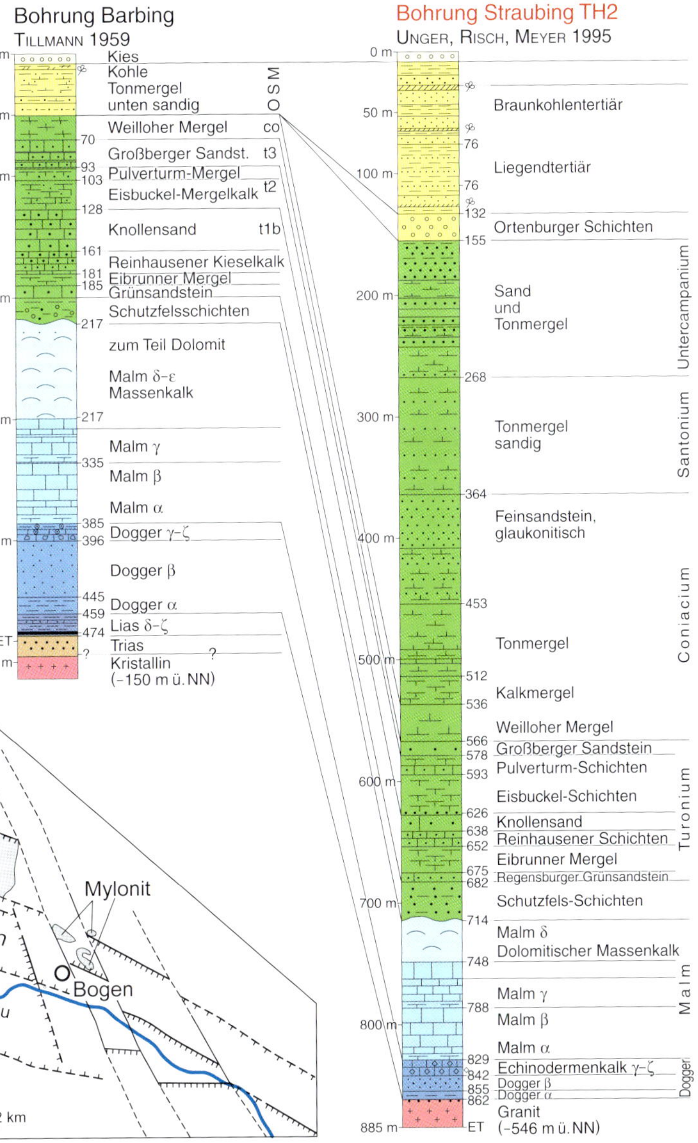

Bohrung Barbing
TILLMANN 1959
0 m
50 m
100 m
200 m
300 m
400 m
500 m
ET
Kies
Kohle
Tonmergel
unten sandig
OSM
Weilloher Mergel co
70
Großberger Sandst. t3
93
103
Pulverturm-Mergel
Eisbuckel-Mergelkalk t2
128
Knollensand t1b
161
Reinhausener Kieselkalk
181
185
Eibrunner Mergel
Grünsandstein
Schutzfelsschichten
217
zum Teil Dolomit
Malm δ–ε
Massenkalk
217
Malm γ
335
Malm β
Malm α
385
396
Dogger γ–ζ
Dogger β
445
Dogger α
459
474
Lias δ–ζ
Trias
?
Kristallin
(–150 m ü. NN)
Bohrung Straubing TH2
UNGER, RISCH, MEYER 1995
0 m
50 m
100 m
200 m
300 m
400 m
500 m
600 m
700 m
800 m
885 m
Braunkohlentertiär
76
Liegendtertiär
76
132
Ortenburger Schichten
155
Sand
und
Tonmergel
Untercampanium
268
Tonmergel
sandig
Santonium
364
Feinsandstein,
glaukonitisch
453
Coniacium
Tonmergel
512
Kalkmergel
536
Weilloher Mergel
566
Großberger Sandstein
578
593
Pulverturm-Schichten
Eisbuckel-Schichten
Turonium
626
Knollensand
638
Reinhausener Schichten
652
Eibrunner Mergel
675
682
Regensburger Grünsandstein
Schutzfels-Schichten
714
Malm δ
Dolomitischer Massenkalk
748
Malm γ
Malm
788
Malm β
Malm α
829
Echinodermenkalk γ–ζ
842
855
862
Dogger β
Dogger α
Dogger
Granit
ET
(–546 m ü. NN)

Abb. A1.2. Heraushebung und Vertikalbewegung der Pultscholle des Bayerischen Waldes, entlang des Donaurandbruchs, Detailausschnitt bei Straubing. – Quellen: UNGER & RISCH 1991, UNGER 1999, BEER 2015. ▽

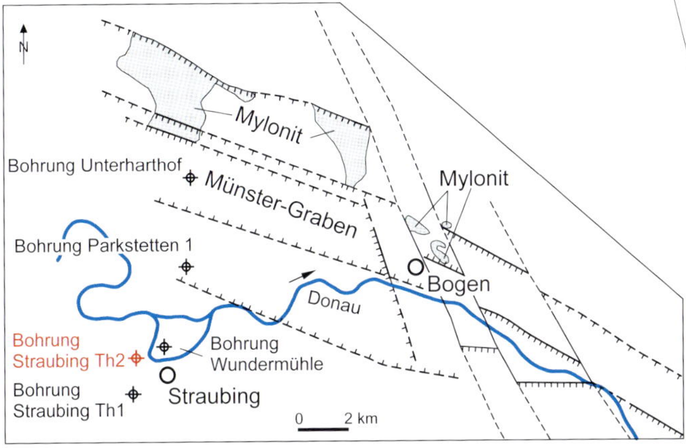

N
Mylonit
Bohrung Unterharthof
Münster-Graben
Mylonit
Bohrung Parkstetten 1
Bogen
Donau
Bohrung
Straubing Th2
Bohrung
Wundermühle
Straubing
Bohrung
Straubing Th1
0
2 km

Abb. A2.1. Burgberg Donaustauf – tektonischer Härtling über dem Altwasser der Donau.

Abb. A2.2. Natursteinmauern des romanischen Teils ▷ der Burgruine Donaustauf.

Die dritte Naturlandschaft, der Dungau mit dem Donautal, liegt südlich des Donaurandbruchs und ist geologisch gesehen ausgesprochen jung. Entlang der Exkursionsroute A3–A7 werden wir ihn durchqueren.

Wieder bei der Tegernheimer Hauptstraße angelangt, fahren wir nach Donaustauf hinein und biegen am östlichen Ortseingang nahe der Salvatorkirche links in die Ludwigstraße ein. Der ausgeschilderte Fahrweg zur Burg bringt uns zu einem Parkplatz auf der Nordseite des Burgberges (Friedhof). Nach kurzer Wegstrecke erreicht man Burggraben, Vorburg und Aussichtsplattform des ehemaligen Palas.

A2 Burgberg Donaustauf (424 m)

Aus der Auenlandschaft der Donau erhebt sich ein 100 Meter hoch aufragender Burgberg (Abb. A2.1). Schon der Weg durch die Vorburg hinauf zur Ruine der romanischen Burgkapelle ist ein kulturgeologisches Erlebnis. Wind und Wetter haben die Gesteinsstrukturen der Steinquader und Bruchsteine (Abb. A2.2) im Laufe von nahezu 400 Jahren bestens herauspräpariert. Verbaut wurden große Blöcke weißen Jurakalksteins, des Grünsandsteins aus der Oberkreide und rötlichbraunen Doggersandsteins. Geologisch besonders wertvoll sind jedoch zwei andere Gesteine im Natursteinmauerwerk der Hauptburg:

1. Ein gefestigtes **rötliches Schuttfächersediment** (Abb. A2.3) mit einer Grundmasse aus zahllosen 1–2 Millimeter großen, kantigen Quarzkörnchen, die durch Eisenoxid teils rötlich eingefärbt sind. Darin eingebacken Quarzbruchstücke unterschiedlicher Größe, Fragmente mittelkörnigen Granits und biotitreichen Perlgneises mit angewitterten Feldspatperlen. Ein bunter Mix kantiger Bruchstücke verschiedenster Gesteine und Minerale des Falkensteiner Vorwaldes, der typisch ist für **terrestrische Schuttablagerungen** vom Gebirgsfuß kristalliner Massive, die sich unter subariden Klimabedingungen ansammeln konnten.

Es sind die ältesten erhaltenen Decksedimente über dem Kristallin des Bayerischen Waldes. Ihr Überleben verdanken sie einem West-Ost verlaufenden Zerrgraben (»pull-apart-Becken«; MEYER & BAUBERGER 2010) von 10 Kilometern Länge und durchschnittlich 500 Metern Breite nördlich der Linie Donaustaufer Burgberg-Scheuchenberg, der zur Sedimentfalle geworden ist. Er wurde mit

Gebirgsschutt des variszischen Hochgebirges (Abb. 26) verfüllt und ist als »**Rotliegend-Graben von Donaustauf**« in die geologische Literatur (BRUNHUBER 1921) eingegangen. Die Rotliegend-Sedimente ziehen sich aber auch noch den Burgberg hoch. Funde eines Steinkohlenflözes mit baumartigen Schachtelhalmen inmitten der Grabensedimente erlaubten bereits bei der geognostischen Aufnahme des Königreichs Bayern (GÜMBEL 1868) eine korrekte Altersdatierung von 300 Mio. Jahren an der Epochenwende Karbon/Perm. Als Gebirgsschuttfächer-Sedimente mit gelegentlichen Kohleflözen und roten Arkose-Sandsteinen (PAUL & SCHRÖDER 2012) gehören sie zu den ältesten Rotliegend-Gesteinen Bayerns.

2. Eine **kompakte Variante des Gebirgsschuttfächer-Sediments**. Die Quarz- und Gesteinsfragmente sind in diesem Fall zugerundet und werden von einer Quarzmasse umschlossen (Abb. A 2.4). Selbst Haarrisse in zersprungenen Feldspatkristallen werden von grau bis rötlich gefärbten Quarzadern ausgefüllt, was nur möglich ist, wenn neu infiltrierte Kieselsäure den Quarzanteil des Gesteins erhöht. Damit wird das Ausgangsgestein verdichtet, härter und verwitterungsresistenter. Diese Bruchsteine stammen vom Burgberg, der mit den benachbarten Härtlingsrücken Scheuchenberg, Bräuberg und Mittelberg in einer Reihe steht und bis zum Bogenberg hinunter eine vorgeschobene Linie von Bayerwaldhöhen bildet. Unter dem Mikroskop sind außerdem Mineralneubildungen erkennbar: chloritumsäumte zerbrochene Feldspäte und Feldspatkristalle, die partienweise durch Quarz oder Serizit ersetzt sind (TROLL & BAUBERGER 1968, BAUBERGER, Cramer & TILLMANN 1969, KNORR 1981).

All dies spricht für eine starke mechanische Beanspruchung und niedriggradige Umwandlung des Rotliegend-Gebirgsschuttfächer-Sediments als Ausgangsgestein. Entstanden ist daraus ein **Tektonit**. Deformation und Mineralneubildung halten sich aber in Grenzen, so dass man von einem »**Kataklasit**« spricht. Entstanden ist er an der bruchtektonischen Störungszone des Donaurandbruchs, exakt am Südrand des »Rotliegend-Grabens«. Am Scheuchenberg (Exkursionspunkt B6) haben wir es mit ungleich größeren Veränderungen des Tektonits zu tun.

Abb. A2.3. Gebirgsschuttfächer-Sediment mit zahlreichen Quarzstücken und Fragmenten mittelkörnigen Granits und biotitreichem Perlgneises. Bruchstein im Mauerwerk der Burgruine Donaustauf aus dem Rotliegend-Graben.

Abb. A2.4. Tektonit (Kataklasit) aus Rotliegend-Sediment mit Mineralneubildung und Chalcedonbändern. Mauerwerk der Burgruine Donaustauf, Gestein des Burgbergs.

Wir überqueren die Donau bei Donaustauf und halten 200 m nach der Brücke links auf einem großen Parkplatz.

Abb. A3.1. Ackerbau auf fruchtbarem Bodenstandort in der Donauniederung gegenüber der Walhalla und dem Bayerischen Wald.

A 3 Donauniederung und Niederterrasse bei Sarching

Der Exkursionsabschnitt A 3 hat drei Haltepunkte: Haltepunkt 1 liegt südlich des Hochwasserdamms in der Donauniederung, also im ehemals natürlichen Überschwemmungsland. Nacheiszeitlich hatte sich die Donau aus ihrer weiten Schotterebene auf eine Hauptstromlinie zurückgezogen. Dabei schuf sie als ursprünglich frei in der Ebene mäandrierender Fluss vor 9000 Jahren durch Eintiefung nach und nach ortsfeste Mäander, z. B. den bei Donaustauf. Der jüngste holozäne Lehm wurde vor 8000–6000 Jahren aufgetragen. Hochwässer sorgten aber bis zum Bau des Donaudamms für eine Aufspülung mineralreichen Feinsediments. Hohe Bodenfruchtbarkeit und Trockenlegung bewirkten einen Nutzungswandel von Nasswiesenflächen zu Ackerflächen (Abb. A 3.1). Am Feldrand registrieren wir feinsandig-schluffige, graubraune Böden.

Dem Wegweiser folgend erreichen wir nach 1 km Sarching und durchqueren den Ort in Richtung Friesheim. Nach dem Ortsende kann man vom naturnahen Niederterrassenrand (Abb. A 3.2) aus die darunter liegende Donauniederung bis zum Anstieg des Bayerischen Waldes überblicken.

Haltepunkt 2 liegt an einer 3 m hohen Geländekante, welche von Barbing kommend über Sarching, Geisling, Pfatter bis nach Straubing führt. Wir stehen also auf der nächst älteren, höheren Ebene des Donautales, der **Niederterrasse**. Während der **Würm-Kaltzeit**, als sich die großen Alpengletscher bis ins Voralpenland erstreckten, bildete die Donau eine gigantische **Schwemmlandebene**. Sie erstreckte sich vom

◁ *Abb. A3.2. Niederterrassenkante bei Sarching, Blick über die Donauniederung mit dem »Renngraben«.*

nördlichsten Punkt der Donau bei Regensburg auf 100 km Länge bis nach Vilshofen und hatte hier eine Breite von 10 km, gemessen vom Südrand des Bayerischen Waldes bis zur rißeiszeitlichen Hochterrassenkante bei Köfering. Streng genommen handelt es sich um einen Komplex dreier Niederterrassenkörper (SCHELLMANN et al. 2010, BEER 2015), die im Hochglazial und im Spätglazial der Würm-Kaltzeit, also im Zeitraum von **25 000 bis 11 500 Jahren** vor heute durch zahllose mäandrierende Flussarme der Donau-Schotterebene angelagert wurden: eine Schotterebene, deren Aussehen sich nach Wasserkraft und Sedimentführung ständig veränderte, ähnlich den heute noch aktiven Schmelzwasserlandschaften im Umfeld der isländischen Inlandeismasse (Abb. A 3.3).

Nach dem Sarchinger Weiher erreichen wir an einer Straßeneinmündung eine Kiesgrube, die Einblick in den geologischen Untergrund bietet. Vor Ort sollte vom Betreiber die Erlaubnis zum Betreten eingeholt werden. Während des Besuches müssen die erforderlichen Sicherheitsvorkehrungen eingehalten werden.

Haltepunkt 3: **Kiesgrube in der Niederterrasse**. Aufschlüsse (Abb. A 3.4) im Gebiet Sarching–Geisling–Straubing zeigen ein wiederkehrendes Bild wechselnder Sand- und Kieslagen. Es sind geschichtete sandige Kieskörper mit eingelagerten Ton- und Schlufflinsen. Die durch eiszeitliche Schmelzwässer des Hochwürm und Spätwürm transportierten Gerölle (Abb. A 3.5) verraten ein großes, überwiegend alpines Einzugsgebiet: helles Kalkgestein aus dem Regensburger Raum und der Fränkischen Alb, aber auch aus den Nördlichen Kalkalpen, rotbraunes Kieselgestein der Lechtaler Alpen (Radiolarit), alpiner Buntsandstein, grauer Rhät-Plattenkalk von Kössen und aus den Zentralalpen Amphibolit und Quarzit.

Abb. A 3.3. Luftbild der Schmelzwasserebene des Jökulsá á fjöllum am Nordrand des isländischen Inlandeises am Gletscherlobus Dyngjujökull/Vatnajökull.

Während der Sedimentation der Niederterrassenschotter war die offene Donaulandschaft **Lebensraum von Mammut, Wollhaarnashorn und Riesenhirsch**. Auf kräuterreicher älterer

◁ *Abb. A 3.4. Bodenprofil (140 cm) mit sandigem Lehm über Kies- und Sandlagen, Eisenanreicherungen im Gundwasserhorizont, spätwürmzeitlicher Niederterrassenschotter bei Sarching an der Donau.*

Abb. A3.5. Gerölle aus dem hoch- bis spätwürmzeitlichen Niederterrassenschotter der Donau bei Sarching: heller Kalkstein, roter und brauner Hornstein, bunter Liaskalk, Kieselkalk und Flysch-Sandstein der Nördlichen Kalkalpen, Malmkalk des fränkischen Jura und alpiner Amphibolit.

Hochterrasse fanden diese großen Pflanzenfresser ausreichend Nahrung, durchquerten aber auch die Schwemmlandebene. Zeitzeugen waren die **Menschen der späten Altsteinzeit (Paläolithikum)**. Als Jäger und Sammler durchstreiften sie die Donauebene, wie Silex-Funde in vereinzelten altsteinzeitlichen Freilandstationen bei Straubing belegen. Bei der Schottergewinnung wurden in Kiesgruben gelegentlich Mammutbackenzähne oder Bruchstücke markanter Stoßzähne (A 3.6) gefunden. Um 1750 ergab sich der sensationelle Fund eines Wollnashornskeletts in einer Reinhausener Kiesgrube. Offensichtlich war das Tier während des Hochglazials im Schwemmland bei der Regenmündung eingesunken und rasch eingebettet worden. Der gesamte Fund kam in das Naturalienkabinett des Regensburger Senators E. TH. HARRER (1714–1767) und später in das Königliche Berliner Naturalienkabinett. Heute befindet er sich im Magazin (Abb. A 3.7) des Museums für Naturkunde in Berlin (HAUNER 1992).

Abb. A3.6. Fragmente zweier Mammut-Backenzähne aus dem würmkaltzeitlichen Niederterrassenschotter bei Sarching und eines Mammut-Stoßzahns von Geisling.

Abb. A3.7. Schädelteile eines Wollnashornfundes aus dem Niederterrassenschotter im Mündungsgebiet des Regens in die Donau, historischer Skelettfund um 1750 in Reinhausen/Regensburg.

Wir fahren von der Kiesgrube weiter über Frieshofen, Illkofen zur B 8 bei Geisling und auf dieser zum Ortsanfang von Pfatter. Hier biegen wir nach rechts dem Wegweiser nach Sünching folgend ab. Erst in Riekofen erreichen wir die nächsthöhere Geländestufe.

A 4 Lössbedeckte Hochterrasse bei Riekofen (335 m)

Entlang der Linie Harting-Köfering-Moosham-Riekofen-Rinkam-Straubing-Stephansposching-Künzing zieht eine **markante Geländestufe** durch das Donautal. Es ist die Terrassenkante einer Schotterebene, die mehr als 5 Meter höher liegt als die Niederterrasse. Es ist eine **Hochterrasse**, die von den gewaltigen Schmelzwässern der Donau bereits während der **Riß-Eiszeit** vor ca. 300 000–127 000 Jahren (LITT et al. 2005) geschaffen wurde. Danach tiefte sich der Fluss im eigenen Schotterbett ein, der Grundwasserspiegel senkte sich und es entstand die auffällige Geländestufe. Streng genommen handelt es sich um einen Komplex aus drei Hochterrassenkörpern (SCHELLMANN et al. 2010, BEER 2015), die nach und nach während der Kaltphasen durch zahllose mäandrierende Flussarme der Donau in einer bis 15 Kilometer breiten Schotterebene durch Akkumulation gebildet wurden, eine Schotterebene, deren Aussehen sich nach Wasserkraft und Sedimentführung ständig veränderte, jedoch die Ausmaße der würmeiszeitlichen deutlich übertraf.

Die Hochterrasse trägt fruchtbaren Boden, der würmzeitlich als Lehmstaub und Feinsand aus den vegetationsfreien Sand- und Kiesflächen der rückschmelzenden Gletscher des Alpenvorlandes ausgeblasen und vor dem Mittelgebirgsanstieg des Bayerischen Waldes auf der **rißzeitlichen Donau-Schotterterrasse** und dem südlich anschließenden Hügelland abgelagert wurde. Diese äolischen Ablagerungen, sog. **Löss,** bestehen aus kleinsten Korngrößen, nämlich Schluff und Ton. Ihr Kalkanteil liegt wegen des kalkalpinen Herkunftsgebietes bei 30 bis 45 Prozent. Daraus resultiert hohe Bodenfruchtbarkeit. Die Mächtigkeit des würmzeitlichen Lössbodens (Abb. A 4.1) schwankt engräumig stark zwischen 1,5 und 6 Metern, da die Ablagerungen ein älteres, etwas unruhiges Bodenrelief bedeckten und es ausglichen. Wind und Niederschlag beeinflussen bis heute seine **Erosionsanfälligkeit**. Lehmeinschwemmung und Lössabtrag an Geländekuppen sind die Folge. Mehr noch hat die Jahrtausende währende ackerbauliche Nutzung einen flächenhaften Bodenabtrag bewirkt, von den Wirkungen des Tiefpflügens in der modernen Landwirtschaft ganz zu schweigen.

Abb. A4.1. Typisches Gäuboden-Lössprofil (humose Auflage, Braunerde, Löss, Lösslehm) über rißzeitlichem Hochterrassenschotter nahe Uttenkofen bei Stephansposching.

Abb. A4.2. Lössboden auf der Hochterrasse im Gäuboden.

Abb. A4.3. Jungsteinzeitliche Klingen, Schaber, Messer und Pfeilspitzen aus Arnhofener Silex, gefunden auf Lössäckern des Gäubodens.

Entlang der Hochterrassenkante des Donautales siedelten sich auf überschwemmungsfreiem Terrain während der **Jungsteinzeit (Neolithikum)** die Pioniere des mitteleuropäischen Ackerbaus an. In Riekofen wurden zwei archäologisch bedeutsame Anlagen aus dieser Zeit gefunden, eine 6000 Jahre alte mittelneolithische Doppelkreisgrabenanlage auf einem ehemals 4 Meter hohen Geländesporn (heute markiert als »Steinzeitplatz«) und ein 5000 Jahre altes endneolithisches Erdwerk inmitten eines größeren Siedlungsareals (BECKER 1995). Sie brauchten Werkzeuge. Hornsteinknollen aus dem Kiesbett der Donau, wie sie in der Altsteinzeit Verwendung fanden, konnten den gestiegenen Ansprüchen nicht mehr Rechnung tragen. So entstanden bereits im 5. Jahrtausend v. Chr. in Arnhofen/Abensberg mehr als 8000 Abbauschächte in **untertägigem Silexbergbau** (BINSTEINER 2005), aus dem die gigantische und ansonsten in ganz Mitteleuropa nicht mehr erreichte Menge von 90 Tonnen Silex geborgen wurde. Das Rohmaterial (in Form von Knollen und Platten) wurde massenhaft zu zweckspezifischen Silexgeräten in Dörfern des Großraums weiterverarbeitet. Dies geschah nachweislich auch hier in der jungsteinzeitlichen Riekofener Siedlung (BINSTEINER 2012), denn die Fülle von Produktionsabfällen belegt eine **Verarbeitung von Silexrohstoff zu Silexgeräten** im endneolithischen Erdwerk der sog. Chamer Gruppe.

Wir fahren dem Hochterrassenrand entlang in westlicher Richtung bis Taimering und biegen links in Richtung Sünching ab. Nach Oberehring erreichen wir eine Anhöhe und parken hier an einer abzweigenden Flurstraße vor der Eisenbahnbrücke.

A5 Altpleistozäne Deckenschotter der Donau bei Oberehring (350 m)

Unsere Anhöhe liegt 15 Meter über den rißeiszeitlichen Donauschottern und besteht aus **Donauschottern** der **Mindel-Eiszeit** mit einem Alter von über 380 000 Jahren. Die Konturen dieser terrassenartigen Schotterdecke sind durch mächtige Lössanwehungen späterer Kaltzeiten (Riß und Würm) und Hangerosion an der Terrassenkante stark verwischt. Von hier aus erstreckt sich der Schotterkörper noch 1,5 Kilometer weiter nach Süden. Die unter den Bedingungen des Tundrenklimas erfolgte Windverfrachtung von Feinstaub im Korngrößenbereich von Ton- und Schluff (äolische Sedimentation) überdeckt auch die geologische Grenze zu den tertiären Schottern der Donau-Isar-Hügellandschaft in Richtung Niederhinkofen und dem Sternberg (400 m).

Wir durchqueren Sünching in Richtung Geiselhöring, fahren bei Hardt links ab und am Gut Schafhöfen vorbei (Kiesabbau rechts der Straße) nach Radldorf. Am Ortseingang geht es rechts in die

◁ *Abb. A5.1. Blick vom lössbedeckten, mindelzeitlichen Deckenschotter (350 m) oberhalb von Oberehring auf die tiefer liegende rißzeitliche Hochterrasse bei Taimering-Riekofen.*

Dürnharter Straße begleitet vom Hinweisschild »Keltenschanze« und weiter auf dem Mühlweg südwärts aus dem Ort hinaus. Nach Unterquerung einer Eisenbahnlinie liegt rechts ein älteres Kiesabbaugebiet (Landschaftsschutzgebiet) mit einer als Geotop geschützten stabilen Abbauwand.

A 6 Kiesgruben im rißzeitlichen Hochterrassenschotter bei Schafhöfen bzw. im Tal der Kleinen Laber bei Perkam

In den Kiesgruben bei Schafhöfen (345 m) und im Tal der Kleinen Laber (340 m) gewinnt man eine Vorstellung vom Aufbau eines **Hochterrassenschotters der Donau**, der während der Riß-Eiszeit sedimentiert wurde. Schon auf den ersten Blick ergibt sich ein Unterschied (vgl. Abb. A 6.1 mit A 3.5) zum würmzeitlichen Niederterrassenschotter der Donau: Die gesamte Kies-Sand-Packung ist stärker abgerollt und gefestigt und besitzt einen hohen Anteil an zentralalpinen Geröllen von Quarzit, Amphibolit, Gneis und Granit. Untergeordnet kommen Sandsteine und Kalke der Nördlichen Kalkalpen und jüngere Flysch-Sandsteine des Alpenrands (GRUNDMANN & SCHOLZ 2005) vor. Einige Gerölle zeigen Verwitterungsrinden, das Sediment ist durch Fe- und Mn-Ablagerungen stark eingefärbt. Kies, Sand und lehmig-sandige Lagen sind weitgehend horizontal geschichtet. Ihre Wechselhaftigkeit ist Folge des Mäandrierens zahlreicher Wasserläufe in der eiszeitlichen Donauschwemmlandschaft. Deren Dynamik führt jedoch auch zu kleinräumigen grabenartigen Vertiefungen und seitlichen Materialabrutschungen Hinzu kommen Fe- und Mn-Verfärbungen im Grundwasserbereich (Abb. A 6.2).

Abb. A 6.1. Kalkfreies, überwiegend zentralalpines Geröll (3–7 cm) aus dem rißzeitlichen Hochterrassenschotter von Perkam: gut abgerundeter Quarzit, Gneis, Granit, brauner Hornstein, roter Kalk und Sandstein.

Überquert man bei Perkam den Bahnübergang, fährt die Bergstraße hoch und biegt in die Harthauser Straße ein, dann ergibt sich am Ortsende von Perkam auf der Straße in Richtung Oberharthausen ein Panoramablick über den Straubinger Gäuboden zum Bayerischen Wald.

A 7 Ältestpleistozäne Donauschotter bei Perkam und archäologische Schätze im Gäubodenlöss

Der Standort am Ortsende (370 m) liegt am Nordabhang des Perkamer Veitsberges (381 m). Dieser ist aus dem ältesten, über 2 Mio. Jahre alten Donauschotter aufgebaut, dem sog. »**Hochschotter**« aus der **Biber-Eiszeit** (SCHELLMANN et al. 2010, BEER 2015). Als oberste, 60 Meter über dem heutigen Fluss liegende Terrassenstufe begrenzt

Abb. A 6.2. Aufschlussprofil des Hochterrassenschotters bei Schafhöfen. ▷

Abb. A7.1. Blick von Perkam über den Straubinger Gäuboden zum Vorderen Bayerischen Wald.

sie das 16 Kilometer breite, quartäre Donautal an ihrem Südrand. Auf dem 5–8 Meter mächtigen Schotterkörper aus sandigem Kies wurde in den folgenden sechs Eiszeiten immer wieder Löss abgelagert, insgesamt 8 Meter hoch.

10 Höhenmeter unterhalb unseres Standorts liegt der bis 6 Meter mächtige, »Ältere Deckenschotter« (BEER 2015). Er folgt dem Nordrand des Hochschotters in Form eines schmalen Streifens am Berghang. Flächenprägend ist jedoch der in 340–350 Metern Höhe liegende **mindelzeitliche Jüngere Deckenschotter**, der unterhalb unseres Standorts in 300 Metern Entfernung mit dem Bocksberg beginnt, bis zur Radldorfer Keltenschanze hinüberreicht, als 4–5 Kilometer breite Donau-Schotterterrasse nach Osten zieht und auf der Linie Alburg – »Auf der Platte« – Kloster Aiterhofen mit deutlicher pleistozäner Terrassenkante an die rißzeitliche Hochterrasse anschließt (SCHELLMANN et al. 2010, BEER 2015). Der aus Feinkies-Mittelkies bestehende Donauschotter hat eine durchschnittliche Mächtigkeit von 10,5 Metern. Er wird bedeckt von einem durchschnittlich 5,5 Meter mächtigen Löss, der in der Riß- und der Würm-Kaltzeit aufgeweht wurde, im Raum Straubing bis 9,5 Meter erreichen kann und die Grundlage der Fruchtbarkeit des Straubinger Gäubodens (Abb. A7.1) bildet: ein ideales **Altsiedelland**!

Hier konnten die Grundrisse massiver Langhäuser der Jungsteinzeit rekonstruiert werden, dunkelbraune Erdflecken im helleren Lössboden, die Pfostenlochreihen dokumentieren und begleitende dunkelbraune Gräben als Eintiefungen von Holzwänden zum Schutz des Wohntrakts. Zusammen mit Fragmenten der Gebrauchskeramik und von Werkzeugen aus Feuerstein (BÖHM 1991) ergibt sich ein raumtypisches Bild der jungsteinzeitlichen Kultur der Agrarpioniere im fruchtbaren Gäuboden. Keramik aus gebranntem Lösslehm reflektiert auch den Geschmack der Zeit und macht selbst ein Arbeitstier zum Kunstobjekt (Abb. A7.2).

Die Ackerbauern der **Jungsteinzeit (Neolithikum, 5500–3200 v. Chr.)** bewältigten die Anpassung an Natur und Gemeinschaft, verstanden es, durch bewusste Aussaat für pflanzliche Nahrung im Überfluss zu sorgen, Vorratshaltung zu betreiben und die Tierhaltung zu fördern (RIECKHOFF 1990). All dies setzte gute Naturbeobachtung und mehrjährige Planungsperspektiven voraus. Im Idealfall musste es darum gehen, eine kalendarische Vorstellung vom Jahresablauf und insbesondere den Zeitpunkten von Aussaat und Ernte zu gewinnen, um den bäuerlichen Jahresablauf sicher planen zu können. Bei **Meisternthal**/Gde. Wallersdorf hat der Lössboden auf exponierter Stelle hoch über den Talterrassen ein ovales **Grabenrondell mit astronomischer Bedeutung** (BECKER 1990) freigegeben. Das Holz-Löss-Bauwerk (Abb. A7.3) belegt, dass dieses hohe Ziel in der niederbayerischen Lösslandschaft 4500 Jahre v. Chr. erreicht wurde. Erblickte man damals vom Mittelpunkt der Anlage aus den Sonnenaufgang exakt durch den Mittelpunkt des Osttores, so war der Zeitpunkt der Tag-und-Nacht-Gleiche (Äquinoktien) gekommen. Analog gibt auch das Westtor zum Zeitpunkt des Sonnenuntergangs diese beiden Termine wieder. Darüber hinaus wurden im Lössboden Pfostenlöcher an jenen Stellen gefunden, die die Brennpunkte einer Ellipse markieren, also deren geometrischen Konstruktionspunkte (BECKER 1994). Weit mehr als nur ein Ort astronomischer Beobachtungen war diese Kreisgrabenanlage aufgrund der Mitwirkung der Sonne ein **heiliger Bezirk** mit schicksalbestimmenden Aussagen zum Wohle der jungen Agrargesellschaft.

Über Oberharthausen, Ringenberg und Alburg erreicht man Straubing.

Abb. A7.2. Stiergefäß, südostbayerisches Mittelneolithikum, Köfering; Ausstellungsobjekt der Vorgeschichtsabteilung des Historischen Museums der Stadt Regensburg.

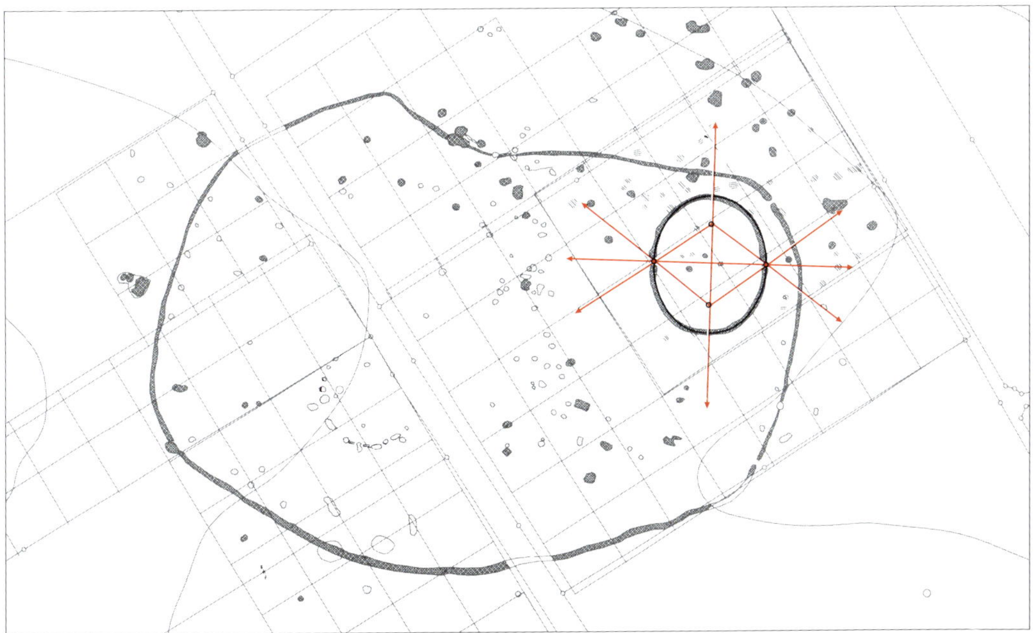

Abb. A7.3. Mittelneolithische Kreisgrabenanlage mit astronomischer Orientierung (ca. 4500 v. Chr.) am Südrand des Gäubodens bei Meisternthal. Plan der Anlage mit äußerem Palisadengraben, Pfostenkreis und Ellipsengraben sowie archäoastronomischer Interpretation (Peilung auf den Sonnenauf- und -untergang der Äquinoktien und der Sonnenwenden). – Das archäologische Jahr in Bayern 1994, S. 35.

B Fahrradexkursion von der Walhalla zu den Flussspatlagerstätten bei Sulzbach und Bach a.D.

Die als Rundfahrt angelegte Exkursion eignet sich wegen der überschaubaren Strecke von 22 km und der Tatsache, dass sie die schöne Waldlandschaft des »fürstlichen Thiergartens« auf Forststraßen durchquert, für die Nutzung von Fahrrädern, wenn man einmal den Walhallaberg erklommen hat. Auch einer PKW-Nutzung steht nichts im Wege.

B1 Kulturgeologie der Walhalla

Von Donaustauf aus führt eine gut beschilderte Straße zum gebührenpflichtigen Walhalla-Parkplatz hinauf.

Vom Ende des Parkplatzes aus bietet sich ein naturräumlicher Überblick an. Vor dem Hintergrund der Donauebene liegt der Scheuchenberg (Abb. B1.1) als Teil der tektonisch bedingten Härtlingskette entlang des Donaurandbruchs. Entlang der steilen Nordseite des Berges ist der »Donaustaufer Rotliegendgraben« (A2, S. 20) eingetieft. Dann steigen die Granithöhen des Hellberges und Dachsberges (B2, S. 31; B3, S. 38) an.

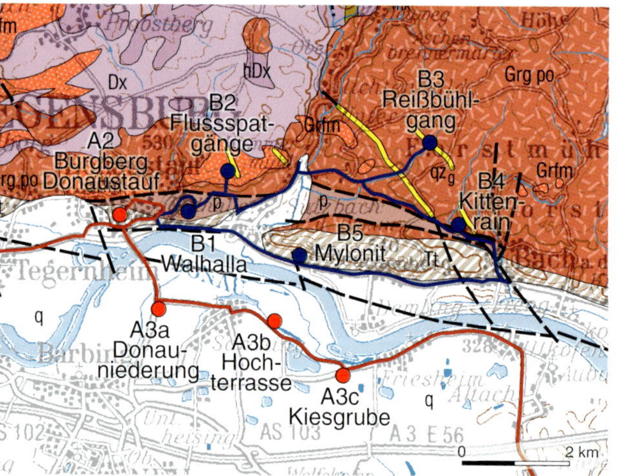

Von der Rückseite des Bräuberges geht es nun hinauf zum künstlich abgeflachten Walhalla-Plateau. An jener Stelle, wo der Wanderweg 015 (Markierung grünes Dreieck) in Richtung Donaustauf in den Wald eintaucht, steht jenes Gestein an, das vom Donaustaufer Burgberg (A2, S. 20) her bekannt ist und auch den Bräuberg als Härtlingsberg am Donaurandbruch kennzeichnet: ein **Rotliegend-Tektonit** mit Spuren der Deformation und Mineralneubildung (Knorr 1981).

Gekrönt wird der Bräuberg von der Walhalla, einem neoklassizistischen Tempel, der dem Athener Parthenon ähnlich weithin sichtbar die Szenerie beherrscht. Von seiner Aussichtsplattform aus bietet sich ein herrlicher Panoramablick über die 100 Meter tiefer liegende Donauebene und den Gebirgsrand des Bayerischen Waldes entlang des Donaurandbruchs.

Abb. B1.1. Mylonit-Härtling Scheuchenberg (503 m) am Rande der Donauebene bei Sulzbach.

Bau- und Dekorgesteine der Walhalla

Gerhard Lehrberger, Hubert Hilpert und Margreta Sonnenwald

Nach dem Sieg Napoleons 1806 über Preußen entschloss sich Kronprinz Ludwig I., ein »Pantheon der Teutschen« errichten zu lassen. Architekt war Leo von Klenze (1784–1864). Er legte großen Wert auf den terrassierten Unterbau, indem er darauf verwies, dass das Heidelberger Schloss gerade durch die dortigen Rampen, Terrassen und Mauern zur »schönsten Ruine Teutschlands« wurde. Der gewaltige Unterbau der Walhalla ist einzigartig unter ähnlichen Schöpfungen. Die Stützmauern sind bis 17 Meter hoch. Nach den Inschriften wurde mit dem Bau am 18. Oktober 1830 begonnen, vollendet war er am 18. Oktober 1842. Schon am Tag darauf wurde der Grundstein für den nächsten großen Bau gelegt, die Befreiungshalle bei Kelheim. Damals waren 96 Büsten und 64 Inschrifttafeln angebracht. Schon bald nach Fertigstellung wurden Schäden festgestellt, vor allem durch eindringendes Regenwasser und durch Kondenswasser, was immer wieder umfangreiche Instandsetzungsarbeiten notwendig machte. Zuletzt wurde die Walhalla von 2004 bis 2014 umfassend saniert, worüber ein Bericht veröffentlicht wurde, der den Angaben auf dieser Seite im Wesentlichen zugrunde liegt (Staatliches Bauamt Regensburg 2014).

Unterbau: Die Stützmauern des Unterbaus sitzen auf einem Rotliegend-Konglomerat auf. Der sichtbare Teil der Vorsatzschale ist 10 Meter hoch. Der Kern des Unterbaus besteht aus Ziegel- und Kalksteinmauerwerk. Die Mauern sind zum Teil 2,50 Meter stark, die Verblendung im Zyklopenverband 30 Zentimeter dick. Für die Terrassenmauer und das Pflaster des Terrassensockels wurde ursprünglich der Weißjura-Kalkstein aus dem Steinbruch bei Ebenwies an der Naab verwendet. Schon in den ersten zehn Jahren nach Fertigstellung wurden an der Verkleidung des Unterbaus rund 1000 Steine aus Ebenwieser Kalkstein durch Kelheimer Kalkstein ersetzt, in den 1930er und 1940er Jahren dann Steine des Blendmauerwerks durch Muschelkalkplatten. 1957 wurde ein weiterer Ersatz von Mauersteinen durch Auerkalkstein beantragt. Danach wurden auch Kunststeine verwendet, ähnlich wie am Regensburger Dom. Bei späteren Reparaturen im 19. Jahrhundert entschied man sich für den wenig geeigneten Gundelsheimer Juratravertin. Bei der letzten Sanierung wurde Kelheimer Auerkalk zum Austausch verwendet, die vorgesetzten Betonscheiben der 1960er Jahre wurden durch Steinplatten ersetzt. Von 597 Blockstufen wurden 60 erneuert. Die Terrassenflächen waren ursprünglich mit einem »Asphaltpflaster« bedeckt, das 1857 bis 1859 durch Oberpfälzer Grünsandstein (»Pfalzler« von Neudorf-Pettendorf) ersetzt wurde. Die Platten sind bis 30 Zentimeter stark. Ein Teil davon wurde früher schon durch Kirchheimer Muschelkalk und Wachenzeller Dolomit ersetzt. Auch bei der letzten Sanierung wurde Kirchheimer Muschelkalk verwendet.

Dach: Der Dachstuhl besteht aus Schmiedeeisen, die Außenschale des Daches aus Kupfer auf Holzschalung, mit Gratleisten, die traufseitig mit steinernen Antifixen enden, am First mit Abschlüssen als Palmettenakroterien in Kupfertreibarbeit. Von den 190 Akroterien an den Traufseiten des Daches wurden 120 restauriert und 70 bildhauerisch ergänzt. Zwischenzeitlich waren sie durch Abgüsse ersetzt worden. Die Sternkassettendecke und die vier Senkgiebel sind eine messingblechverkleidete Eisenkonstruktion, mit polychrom gefassten Figuren und Zierelementen aus Zinkguss. Die 156 Kassettenfelder der Decke bestehen aus »Tombak«, das ist eine Kupfer-Zinn-Legierung mit einem hohen Anteil an Kupfer, blau bemalt mit einem silbernen Stern mit Goldeinfassung. Die originalen silbernen Bereiche der Sterne bestehen zum Teil aus Blattplatin, diejenigen der in der 2. Hälfte des 19. Jahrhunderts restaurierten Sterne aus Blattaluminium. Die Deckengliederung dazwischen wurde aus vergoldetem Metall hergestellt, auf den Kreuzungspunkten befinden sich Zinkgussrosetten.

1
2
3
4
5
6
7

KAISERIÑ KATHARINA II
VON RUSSLAND
GEB: 1729 GEST: 1796
TEUTELINDE
KOENIGIN
D · LONGOBARDEN
+ UM DCXXVI
VOLLENDET
XVIII OCT:
MDCCCXLII
8
9
10
11
12
13
14

Außen

Untersberger Kalkstein:

- Tempelwände, fein gestockt und mit Randschlag
- Die drei Stufen des Sockels, fein gestockt, heute durch die Begehung abgeschliffen.
- Palmetten, Giebelumrandung und Gebälk

Weißjurakalkstein vom Typ Treuchtlingen/Eichstätt: Säulen, Kassettendecke des Umgangs

Grünsandstein (»Pfalzler«): Terrassen

Die Statuen der Giebel aus Marmor

Wände des Unterbaus: Kelheimer Kalkstein, Auerkalkstein, z.T. Riffschuttkalk (»Breistein«), z.T. Mörtelplomben

Obere Treppe: Untersberger Kalkstein, Weißjurakalkstein vom Typ Treuchtlingen/Eichstätt, Auerkalkstein

Unterste Treppe: Ebenwieser Kalkstein?

Innen – Cella

Boden

Marmor (wohl aus Laas, Südtirol)

Schwarzer Kalkstein (wohl aus Tirol)

Weltenburger Kalkstein (auch Hintergrund der Inschriften)

Adneter Kalkstein (Lienbacher; Blattranken um die Inschriften)

Tegernseer Kalkstein (»Knittermarmor«)

Roter Kalkstein (wohl aus Tirol)

Rosenheimer Lithothamnienkalkstein (»Granitmarmor«)

Untersberger Kalkstein

Stühle, Kandelaber, Engel

Carrara-Marmor

Büsten

Carrara-Marmor

Wunsiedeler Marmor (z.B. Jean Paul, Justus von Liebig)

Untere Wand

Roter Adneter Korallenkalkstein (Rottropf)

Postamente (Sockel der ersten Büstenreihe)

Rosenheimer Lithothamnienkalkstein

Carrara-Marmor

Weltenburger Kalkstein

Fries (»Urgeschichte der Germanen«)

Carrara-Marmor

Brüstung des oberen Umgangs

Rosenheimer Lithothamnienkalkstein

Carrara-Marmor

Obere Wand

Devonischer Deutsch-Rot-Kalkstein von Marxgrün/Horwagen bei Naila (Oberfranken)

Carrara-Marmor (Inschrifttafeln)

Das Wandabschlussgebälk, die »Walküren-Karyatiden« und die bemalten Friese bestehen aus Stuckgips.

Standbild Ludwigs I.

Rosenheimer Lithothamnienkalkstein (untere Sockelleiste)

Weißjurakalkstein (»Nerineen-Marmor«) von Sandharlanden bei Abensberg

Carrara-Marmor (Statue)

Innen – Opisthodom (Raum hinter dem Standbild)

Boden

Marmor (wohl aus Laas, Südtirol)

Rosenheimer Lithothamnienkalkstein

Weltenburger Kalkstein

Schwarzer Kalkstein (wohl aus Tirol)

Tegernseer Kalkstein (»Knittermarmor«)

Roter Kalkstein (wohl aus Tirol)

Säulen

Roter Adneter Korallenkalkstein (Rottropf), z.T. Grautropf

Türlaibung, Fensterlaibung, Kapitelle, Basen

Carrara-Marmor, teils skulptiert, gefasst

Wand

Roter Adneter Korallenkalkstein (Rottropf)

Hauptgebälk

Carrara-Marmor

Die kassettierten Decken bestehen aus eisenkorbarmiertem Gipsmörtel.

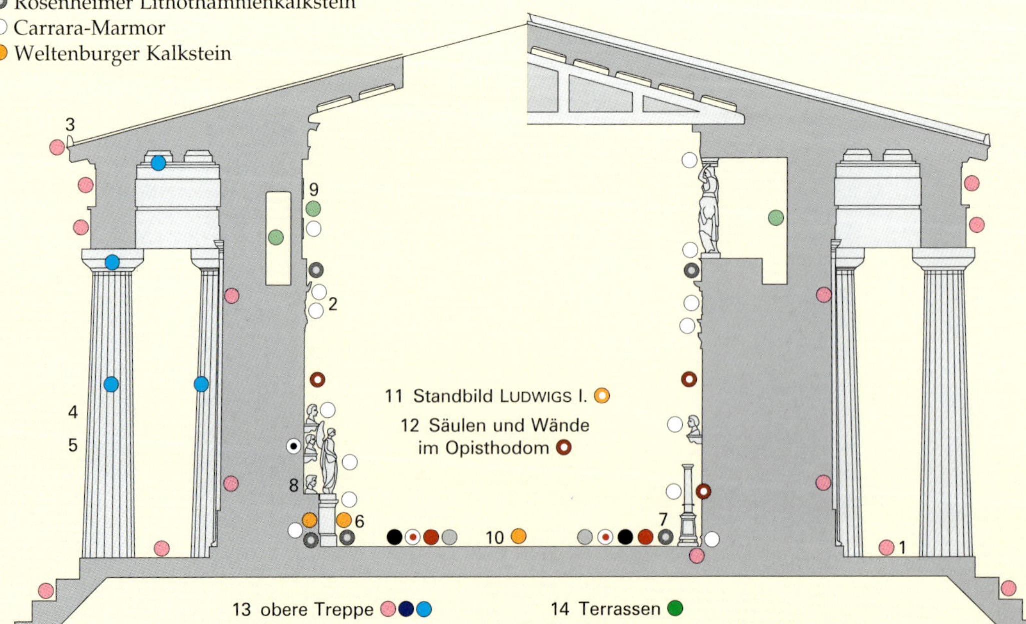

Querschnitt durch die Walhalla mit Angaben zur Verwendung von Natursteinen. Die Ziffern verweisen auf die Abbildungen der vorigen Doppelseite, die farbigen Kreise auf die Steine.

Die Besichtigung des Nationalmonuments ist ein besonderes architektonisches Erlebnis und kulturgeologisch überaus bedeutsam. Öffnungszeiten: April bis September 9.00–17.45 Uhr, November bis März 10.00–11.45 Uhr und 13.00–15.45 Uhr.

Vom Walhalla-Parkplatz geht es auf der kurzen Stichstraße wieder zurück und dann rechts weiter auf der »Weinbergstraße« 800 m weit bis zur Abzweigung einer Forststraße, die links geradewegs in eine waldige Schlucht hinaufführt. Am Waldrand steht rechts ein Gebäude, das aus dem ehemaligen Betriebsgebäude der Flussspatgrube Sulzbach I hervorgegangen ist.

B2 Flussspatgänge im Granit

1916 fand der Nürnberger TH. BURGER bei einem Waldspaziergang von der Walhalla zur Hammermühle blauviolette und hellgrüne Stücke (Abb. B2.1) des Minerals Flussspat (Fluorit, CaF_2). Sie stammten von den Granithängen. 1921 wurde hier das **Flussspatbergwerk Sulzbach I** eröffnet, anfänglich im Tagebau, später im bergmännischen Abbauverfahren (Abb. B2.2) mit Stollensohle (Förderstollen), Blindschacht und vier weiteren Sohlen darunter bis in 120 Meter Tiefe. Diese Ganglagerstätte (Abb. B2.3) lieferte insgesamt 155000 Tonnen Flussspat.

Abb. B2.1. Gebänderter Flussspat aus dem Abbaurevier Sulzbach-Bach a. D.

1923 waren entlang einer 6 km langen Strecke von Reifding bis Bach a. D. bereits 15 Abbaubetriebe tätig. Alle Hauptgänge des »**Flussspatreviers Sulzbach-Bach a. D.**« (Abb. B2.4) waren entdeckt. Im Zusammenwirken einer **Flussspatmühle** und einer Flotations-**Aufbereitungsanlage** wurden vier Qualitätsklassen hergestellt: 20–40 % des Konzentrats ging in die Zementindustrie und musste sulfidfrei sein, 20 % war metallurgischer Spat mit 80–85 CaF_2, 30–50 % Hüttenspat mit 90 % CaF_2 für die Stahlwerke im Ruhrgebiet und in Linz. 10 % ergaben hochwertigen Chemie-Spat und Säurespat mit >97 % CaF_2, dessen Abnehmer nicht nur deutsche Werke der Emailindustrie und Flusssäureherstellung waren, sondern die auch bis nach Australien und in die USA verkauft wurde.

Abb. B2.2. Steiger WAGNER im Flussspatgang, 1955.

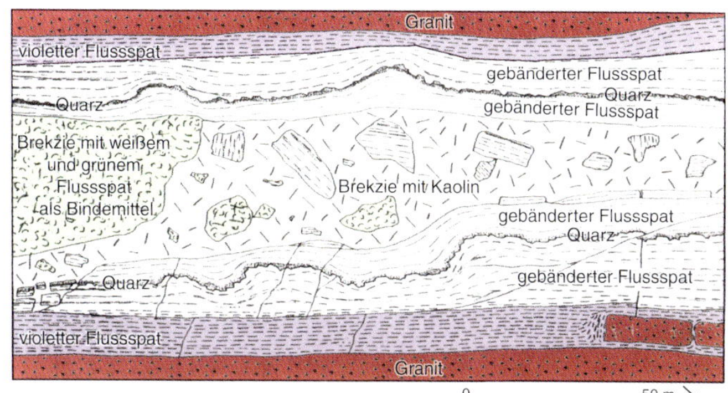

Abb. B2.3. Geologische Aufnahme des Flussspatgangs auf der 55-Meter-Sohle an der Deckenfirste, Grube Sulzbach I, 1957. – Nach KRAUS 1958, verändert.

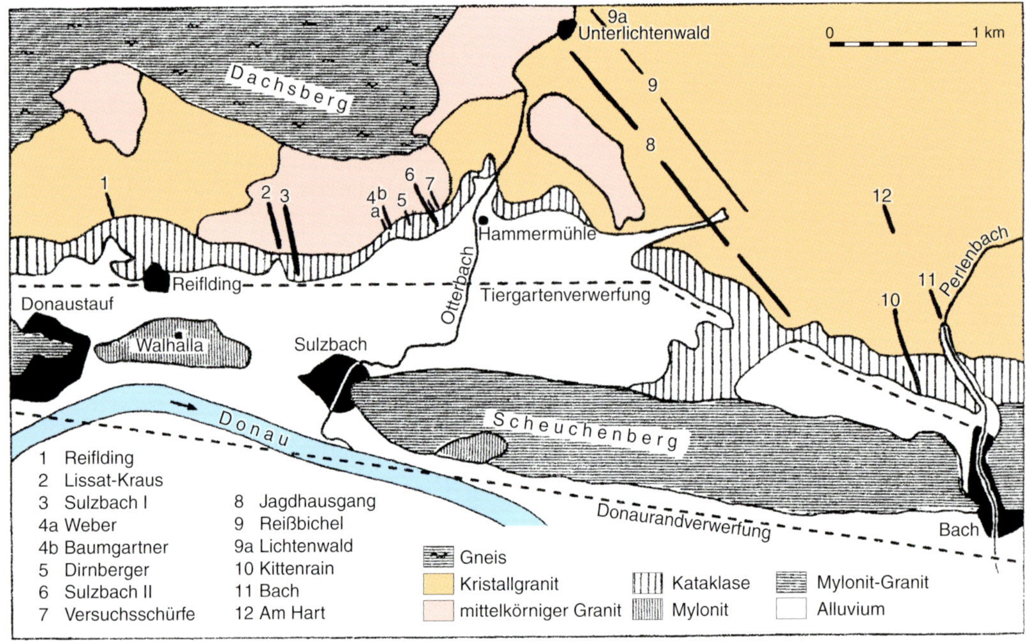

Abb. B 2.4. Lagerstätten-Übersicht zum Flussspatrevier Sulzbach-Bach.

◁ *Abb. B 2.5. Stollenmundloch der Grube Lissat-Kraus am Hellberg, ca. 1925.*

Einen Eindruck von den Anfängen vermittelt heute noch der historische **Stollen der Grube Lissat-Kraus** (Abb. B 2.5). Wer ihn aufsuchen möchte, folgt der steil ansteigenden Forststraße 300 Meter weit den Hellberg hinauf. Beiderseits der Straße mehren sich die Anzeichen ehemaligen Bergbaus (Versuchsschurf, Entwässerungsstollen). Bei nachlassender Steigung und dem Beginn einer sanften Rechtskurve geht es links weglos in einer Lichtung ca. 40 Meter gerade hinauf. Hier stößt man auf eine kleine Halde, dahinter auf eine Pinge mit verschüttetem Stolleneingang und 20 Meter oberhalb vor Erreichen einer höher gelegenen Forststraße den Eingang zum Stollenmundloch der Grube Lissat-Kraus. Hier oben stand fluorithaltiger Fels an und hier setzte der Abbau an. Demzufolge musste das Fördergut unter großen Gefahren mit Ochsengespannen ins Tal zur Aufbereitung gebracht werden. Die Halde brachte Funde blauvioletter Flussspäte in Form des Rhombendodekaeders (Abb. B 2.6), typisch für die **hydrothermalen Ganglagerstätten** von Sulzbach-Bach. Später wurde der Flussspatgang der Grube Lissat-

Abb. B2.6. Fluorit in Form von Rhombendodekaeder-Kristallen, überzuckert mit Quarz-Kristallen, Grube Lissat-Kraus 1924.
Abb. B2.7. Gelbe Fluorit-Kristallwürfel des jüngeren Fluorits II aus dem oberen Lagerstättenbereich der Grube Sulzbach I.
Abb. B2.8. Weiße Fluorit-Kristalle in Oktaederform im Durchlicht, Grube Sulzbach II, 1956.
Abb. B2.9. Blaue Fluorit-Oktaederkristalle von einem 0,3 m breiten Nebengang der Grube Sulzbach II, 1956.

Kraus vom Bergwerk Sulzbach I aus unterirdisch unterfahren. Hellgelbe bis nahezu farblose Würfel waren typisch für die letzte Flussspat-Generation (jüngerer Fluorit II) und führten im obersten Teil der Grube Sulzbach I zu schönen Kristallstufen (Abb. B2.7).

Fluorit-Kristalle in Oktaederform dominierten hingegen im benachbarten Bergwerk Sulzbach II am Dachsberg (Abb. B2.8, B2.9) in blauen, violetten, grünen und weißen Farbtönen.

Wieder am Parkplatz angelangt, fahren wir hinunter Richtung Sulzbach. An der Hauptstraße geht es links zur Hammermühle und dort rechts in den »Fürstlichen Thiergarten«, wo man im Falle eines PKW vor dem Wildschweingatter auf dem Wanderparkplatz parkt. Wenn man den heutzutage abgegrenzten historischen Grubenbereich am Reißbühl sehen will, geht der Weg zu Fuß bzw. per Rad weiter. Auf der Forststraße erreicht man nach 600 m einen Weiher, geht links an ihm vorbei und folgt dem Bach 700 m weit, bis am steilen Berghang Spuren des früheren Untertagebaus sichtbar werden. Diese ziehen sich auf verschiedenen Stollenniveaus senkrecht den Berg hinauf.

B3 Historische Funde am Reißbühl-Gang

Am Reißbühl sieht man im Gelände noch Spuren eines ehemaligen Bergwerks (Abb. B3.1, B3.2), welches in den Jahren 1923 bis 1930 den insgesamt 1,5 Kilometer langen Flussspatgang auf 500 Metern Länge bergmännisch aufgeschlossen hatte und insgesamt 26000 Tonnen Rohspat förderte. Der Abbau erfolgte mit zwei Förderschächten und acht Stollen bis zur 110-Meter-Sohle hinab in einem 2 bis 3,8 Meter breiten Gang. Die Abbaumethode war **Firstenabbau mit Bergeversatz**.

Der Fluorit der Grube ist meist porös und von hellgrüner bzw. hellblauer Farbe. Als historische Funde sind Rhombendodekaeder bis 1 Zentimeter Größe in kleinen Drusen bekannt, aber auch Flussspatwürfel mit hämatitbelegten kleinen Quarzkristallen (sog. Eisenkiesel). Fortsetzung dieses Ganges in südsüdöstlicher Richtung ist der **Versuchsschurf Royeswiese**. Zur Zeit des Abbaus (Geipel & Hauner 1989) während der 1980er Jahre kamen große hellgrüne bzw. hellblaue Fluoritwürfel mit mehreren Zentimetern Kantenlänge zum Vorschein, die nahezu ausschließlich von Quarzkristallrasen (Abb. B3.3) überzogen waren, ebenso hellblaue Fluorite der Kristallkombination Rhombendodekaeder mit Würfel (Abb. B3.4).

Abb. B3.1. Altes Tagebauloch mit durchteufter 7-Meter-Sohle der Flussspatgrube Reißbühl.

Nach Rückkehr zum Parkplatz durchquert man den »Fürstlichen Thiergarten« (Achtung Wildschweinwechsel) mit dem PKW oder dem Fahrrad und erreicht wenige Meter nach dem zweiten Gatter das Bergwerksgelände Kittenrain. Hier ist ein besonders sehenswertes **Besucherbergwerk** (Öffnungszeiten: Sonntag und Feiertag 11–16 Uhr; www.schmucksteinbergwerk.de) eingerichtet, die einzige noch zugängliche Flussspatgrube Bayerns. Im Umfeld des Besucherbergwerks besteht Sammelverbot und Wegegebot.

◁ *Abb. B3.2. Stollenmundloch des Backofenstollens 60-Meter-Sohle der Flussspatgrube Reißbühl. Situation 2009.*

Abb. B3.3. Quarzkristallrasen auf großen Fluoritwürfeln, Versuchsschurf Royeswiese auf dem Reißbühl-Gang, 1984.

Abb. B3.4. hellblaue Fluorite der Kristallkombination Rhombendodekaeder mit Würfel, Versuchsschurf Royeswiese auf dem Reißbühl-Gang, 1984.

B4 Besucherbergwerk »Schmucksteinbergwerk Kittenrain«

Hier erlebt man eine Ganglagerstätte von innen (Abb. B4.1) und kann Arbeitsbedingungen, Abbaumethode mit Firstenstoßbau und Maschineneinsatz (Abb. B4.2) in Schrägstrecken und engem Förderstollen nachvollziehen sowie die Raumweite beeindruckend hoher unterirdischer Abbauräume erleben. Die tektonische Entstehung und hydrothermale Füllung der Minerallagerstätte mit randlichen Chalcedonbändern, Quarz und weiß, blau, violett und grün gefärbtem Fluorit ist an der Stollenfirste sehr gut zu erkennen. Wände aus schönfarbenem Mineral sind auch ein ästhetischer Genuss. Flussspatabbau im Gang Kittenrain fand in den Jahren 1922–1924, 1953–1958 und 1986–1994 statt. Dabei wurde nahezu 400 Meter weit in den Berg hinein aus Gangteufen von 434 bis 335 Metern ü. d. M. gefördert.

Interessant ist auch die Vorgeschichte der Flussspatgewinnung im Kittenrainer Gang ab dem 15. Jahrhundert. Der älteste Bergbau im Bergbaurevier Sulzbach-Bach a. D. geht auf die von Herzog ALBRECHT IV. im Jahre **1496 gegebene Bergfreiheit** für JÖRG VALLDRER (J. G. LORI, Sammlung des baierischen Bergrechts, München 1764, Urkunde Nr. XCI) in der Herrschaft Donaustauf zurück. Er erhielt die Erlaubnis, einen Schacht abzuteufen und einen Stollen anzulegen auf der Fläche einer *»Fundgrub mit zwaien negsten Maßßen«*. Entsprechend bayerischem Berggesetz war dies eine Fläche beliebiger rechteckiger Form im Umfang von 120 Metern zusätzlich zweier weiterer mit jeweils 80 Metern. Die Hoffnung auf Silber ergab sich evtl. aus Erzfunden in einer Querstörung mit Bleiglanz (Galenit PbS), Pyrit (Schwefelkies FeS_2) und Chalkopyrit (Kupferkies $CuFeS_2$), welche später (GEIPEL & HAUNER 1989) untertage nachgewiesen werden konnten. Damals stellte sich das erhoffte Edelmetall auch in 6 Metern Tiefe nicht ein. Von gleicher Stelle erhielt im Jahr **1652** der Regensburger Apotheker JOHANNES LEHNER einen *»schön gefärbten Stein«* (Abb. B4.3). Er war sich sicher, dass es ein **»occidentalischer Smaragd«** sein musste. Dem zeitgenössischen Kenntnisstand der Pharmazie entsprechend stellte er daraus eine *»schöne hochgrüne tinctur«* her und verabreichte sie in *»operatio-*

Abb. B4.1. Besuchergruppe im Flussspatgang der Grube Kittenrain. – Foto © HERBERT STOCKBAUER.

Abb. B4.2. Ladefahrzeug, Grube Kittenrain 2006. – Foto © HERBERT STOCKBAUER.

nes bey einem und anderen Patienten« im Kurort Bad Abbach. Die erneute Hoffnung auf Edelmetalle führte **1703** auf Befehl des bayerischen Kurfürsten MAX EMANUEL zur Einrichtung eines staatlichen **»Schönfärbigen Bergwerks«**. Der Bergbau setzte auf dem alten verfallenen Schacht an, jedoch bereitete ihm der Spanische Erbfolgekrieg wenig später ein rasches Ende (FLURL 1792). So blieb eigentlich nur der Name des Bergwerks.

Abb. B4.3. Schön gefärbte Flussspatschichten aus dem »Schönfärbigem Bergwerk«, Grube Kittenrain.

Abfolge der Gangmineralisation von außen nach innen (KRAUS 1958): In einer ersten Phase: gebänderter Chalcedon I am Salband, dann Fluorit I (zuerst dunkelviolett, dann grün, blau und weiß gebändert) und durch tektonische Störungen geprägt eine Brekzie aus Nebengesteinstrümmern mit großen Mengen eingespülten Kaolins aus Verwitterungsdecken der Erdoberfläche und Nontronit ($Na_{0.3}Fe_2^{3+}(Si,Al)_4O_{10}(OH)_2 \cdot 4H_2O$). Durch nachfolgende tektonische Bewegungen entstanden Gangversetzungen parallel zum Donaurandbruch und es öffneten sich neue Klüfte innerhalb der Brekzie oder neben den Hauptgängen. Deshalb kam es zu einer zweite Phase der Gangmineralisation: Baryt I, Calcit, Chalcedon II, Fluorit II (hellgelb), Baryt II, Aragonit und Metalloxide in einer späten, querenden Kluft (schwach silberhaltiger Bleiglanz, Markasit, Pyrit, Limonit, Hämatit, Siderit und Zinkblende). Fluorit kristallisierte hier in zwei Kristallformen aus,

Abb. B4.4. Hellblaue Fluorit-Kristalle der Kombination aus Würfel und Rhombendodekaeder in einer Quarz-Fluorit-Kluft, Grube Kittenrain.

Abb. B4.5. Fluorit-Phantomkristalle: hellblauer Kristallkern der Kombination Würfel und Rhombendodekaeder, Kristallhülle in Form eines Würfels, Grube Kittenrain. – © Foto und Sammlung JOSEF PENZKOFER.

Abb. B4.6. Orientiert gewachsene Fluorit-Oktaeder-Aggregate von der Grube Bach, 1958.

Abb. B4.7. Perimorphose von Quarz nach skalenoedrischem Calcit am quarzreichen Salband, Grube Kittenrain.

Abb. B4.8. Pseudomorphosen von Quarz nach Fluorit (Kombination Würfel und Rhombendodekaeder) vom Salband eines Nebengangs der Lagerstätte Kittenrain.

Rhombendodekaeder und Würfel. Es gibt auch Kristalle, bei deren Wachstum zwei Kristalltrachten kombiniert (Abb. B5.5, B5.6) sind. Kristall-Oktaeder, die für den Fluorit I der Gruben Sulzbach I und II typisch waren, fanden sich östlich von Kittenrain in der Grube Bach (Abb. B5.7). Abhängig von der Kristallisationstemperatur des Flussspats ergibt sich (DILL & WEBER 2011) im Flussspatrevier die Kristalltracht-Abfolge **Oktaeder** (ca. 165 °C) – **Rhombendodekaeder** (ca. 145 °C) – **Würfel** (ca. 115 °C).

Abb. B4.9. Rezente Sinterbildung aus ausgewaschenem Kaolin mit Fe-Einlagerungen, im Stollen des Besucherbergwerks Kittenrain. – Foto HUBERT HILPERT.

Zu den kristallographischen Besonderheiten zählen Perimorphosen: Kleinste Quarzkristalle überzogen spitz geformte Calcit-Kristalle (Abb. B4.7), die durch eine spätere Zufuhr silikatreicher heißer Wässer wieder aufgelöst wurden. Vom Calcit ist nur der Innenabdruck (Perimorphose) übrig geblieben. Die Zufuhr der Wässer konnte auch Fluorit-Kristalle komplett durch Quarz ersetzen und bildete dadurch Pseudomorphosen von Quarz nach Fluorit (Abb. B4.8.). Als rezente Bildung erfreuen Kaolin-Sinterterrassen an der Stollenwand (Abb. B4.9). Partienweise sind sie durch Eisenhydroxid-Einlagerungen rötlich gefärbt.

Altersdatierungen. Einen mittelbaren Hinweis auf das **Alter der Flussspat-Gangmineralisation** geben zwei K-Ar-Analysen an den Myloniten in nächster Umgebung am Scheuchenberg: Die Altersbestimmungen **ergaben 266 ± 4 und 255 ± 3 Mio. Jahre für das Ende der Bruchtektonik, der Mineralzufuhr und der Gesteinsdeformation am Donaurandbruch** (SIEBEL et al. 2010). Von dieser tektonischen Hauptstörung zweigen die Quarz-Flussspat-Gänge bogenartig in nördlicher Richtung ab. Zeitgleiche Datierungen (K-Ar- und Rb-Sr-Alter von Kalifeldspat innerhalb des Gangsystems) liegen aus dem Nabburg-Wölsendorfer Flussspat-Revier mit 254 ± 6 und 264 ± 4 Mio. Jahren (DILL & WEBER 2003) vor. Da allgemein von einer zeitparallelen Entstehung der beiden größten Flussspat-Gangsysteme der Oberpfalz ausgegangen wird, erhöht sich die Wahrscheinlichkeit einer vergleichbaren Altersstellung für die Flussspat-Gänge im Exkursionsgebiet.

Basierend auf einer thermochronologischen Bestimmung mittels (U-Th)/He-Datierung an zwei Proben von gebändertem Flussspat aus dem Kittenrainer Gang konnte eine thermale Überprägung im Temperaturbereich von 50–80 °C **vor 140–100 Mio. Jahren**, also während der Festlandsphase der Unterkreide (SIEBEL et al. 2010), festgestellt werden. Damit lässt sich regional eine **vertikale Bewegung der oberen Kruste** belegen. Auslöser könnte eine Reaktivierung des Donaurandbruchs und seiner direkten Umgebung im Übergang Jura/Kreide sein.

Es geht nun weiter nach Bach a. D. und entlang der Donau zurück in Richtung Sulzbach. Am Ortsbeginn von Sulzbach befindet sich links der Straße gegenüber dem Anwesen »Regensburger Straße 40« eine kleine Parkbucht. Westlich des Anwesens führt ein befestigter Weg in den 50 m entfernten, allmählich verwachsenden Steinbruch, den man schon von der Straße aus sehen kann.

B 5 Scheuchenberger Mylonit am Donaurandbruch

Der zwischen Bach und Sulzbach sich erstreckende Höhenzug Scheibelberg–Scheuchenberg (540 m) ragt als **Härtlingsrücken** (Abb. B 1.1) bis 200 Meter aus der Donauniederung heraus. Im Steinbruch ist sein tektonisch geprägtes Gestein gut aufgeschlossen. Es besitzt keine Ähnlichkeit mit Gneis oder Granit, gehört aber dennoch zum kristallinen Grundgebirge des Bayerischen Waldes. Seine Sonderstellung ergibt sich aus der Lage inmitten der 700 Meter breiten, plattentektonischen Störungszone des Donaurandbruchs. Hier wurde es durch physikalische und chemische Vorgänge deformiert, zerlegt und auch chemisch überprägt. Der alte Steinbruch bieten noch immer gute Fundmöglichkeiten, doch kein Stein gleicht dem anderen. Ihr höchst unterschiedliches Aussehen hängt vom Ausgangsgestein und dem Grad der tektonischen Überprägung ab.

Am Donaustaufer Burgberg (Abb. A 2.4) und dem Bräuberg mit der Walhalla waren es Rotliegend-Schuttfächersedimente, die weitgehend mechanisch beansprucht (»**Kataklasit**«) wurden. Am Scheuchenberg geht es um wesentlich stärker überprägte Tektonite, die als »**Mylonit**« (Abb. 15, B 5.1) bezeichnet werden und aus einem 325 ± 7 Mio. Jahre alten, Biotit führendem Kristallgranit I (Abb. 16) entstanden, der kaum mehr zu erkennen ist: Bruchstücke von rötlich gefärbtem Kalifeldspat (Orthoklas, $KAlSi_3O_8$), weißem und grünem Plagioklas (Mischkristalle aus natrium- und calciumhaltigem Feldspat), milchig weißem Quarz und grünlich chloritisiertem Biotit sind in

Abb. B 5.1. Scheuchenberger Mylonit: chloritbelegte, quarzreiche Flächen neben rotem Hämatit-Fleck und Fragmenten des Kristallgranits. ▷

eine rötlich eingefärbte Quarzmasse eingebettet. Unter dem Mikroskop kann man erkennen, dass Risse in Feldspatfragmenten mit Quarz und Kaolinit gefüllt bzw. verheilt (TROLL & BAUBERGER 1968, KNORR 1981) sind. Infolge begleitender Temperaturerhöhung und höheren Drucks kam es zur **Zufuhr silikatreicher Wässer und einer Mineralneubildung, was wiederum eine plastische Verformung auslöste**. Dennoch sind wir hier von der höher temperierten »Grünschiefer-Metamorphose« in den donauabwärts gelegenen Mylonit-Vorkommen am Bogenberg (G3, S. 95), Natternberg (G6, S. 103 und am Burgberg Winzer (I1, S. 116) noch ein gutes Stück entfernt.

Kalium-Argon-Datierungen an Scheuchenberger Gesteinsproben ergaben ein **Ende der Bruchtektonik und der Deformation und Gesteinsumwandlung zu Mylonit vor 266 ± 4 bzw. 255 ± 3 Mio. Jahren** (SIEBEL et al. 2010). Diese Zeitmarke könnte auch für die donauabwärts gelegenen Mylonit-Härtlingsrücken entlang des Donaurandbruchs gelten.

C Regenknie, Wackelstein und Schalenstein

Von der Ausfahrt Regenstauf der A93 kommend fährt man zum »Industriegebiet Süd«, biegt in die Dr.-Robert-Eckert-Straße ein und parkt zu Beginn der Galgenbergstraße. In deren Verlängerung führt ein Feldweg 200 m weit nach Süden auf die Anhöhe »Galgenberg« gegenüber dem Waldrand.

C1 Tektonik am Westrand des Bayerischen Waldes

Der Feldweg führt zu einem Sattel hinauf, an dessen Abbruchkante zum Regental am Galgenberg Felsen aus hellem Jura-Werkkalk aufgeschlossen sind. Die Schrägstellung der ansonsten horizontal liegenden Gesteinsbänke (Abb. C1.2) kündigt die nahe Störungslinie an. Lesesteine auf den Feldern des Sattels (Abb. C1.3) bestehen aus bräunlichen Keuper- und Doggersandsteinen und Tonen. Am Waldrand steht bereits Kristallgranit an. Unter uns verläuft die nordnordwest-südsüdost gerichtete »**Keilbergstörung**«. Sie beginnt in der Tegernheimer Schlucht (A1, S. 17) am Rande des Donautals einsetzend und zieht am Regenstaufer Schlossberg vorbei bis zur Bodenwöhrer Halbsenke und markiert den Westrand des Bayerischen Waldes.

Wie extrem die Schubkräfte der kristallinen Großscholle entlang der »Keilbergstörung« gewesen sein müssen, kann man ehesten aus dem Querprofil (Abb. C1.1) erschließen. Immerhin wird ein mehr als 400 Meter mächtiges Paket verfestigter Sedimentgesteine des Erdmittelalters wie ein Stapel Papier seitlich zusammengestaucht, hochgeschleppt und sogar überkippt (Flexur). Bei Schichtgesteinen sind derartige Faltungen möglich, ein konsolidierter Kristallinblock würde Risse bilden, an Verwerfungslinien zerscheren oder an

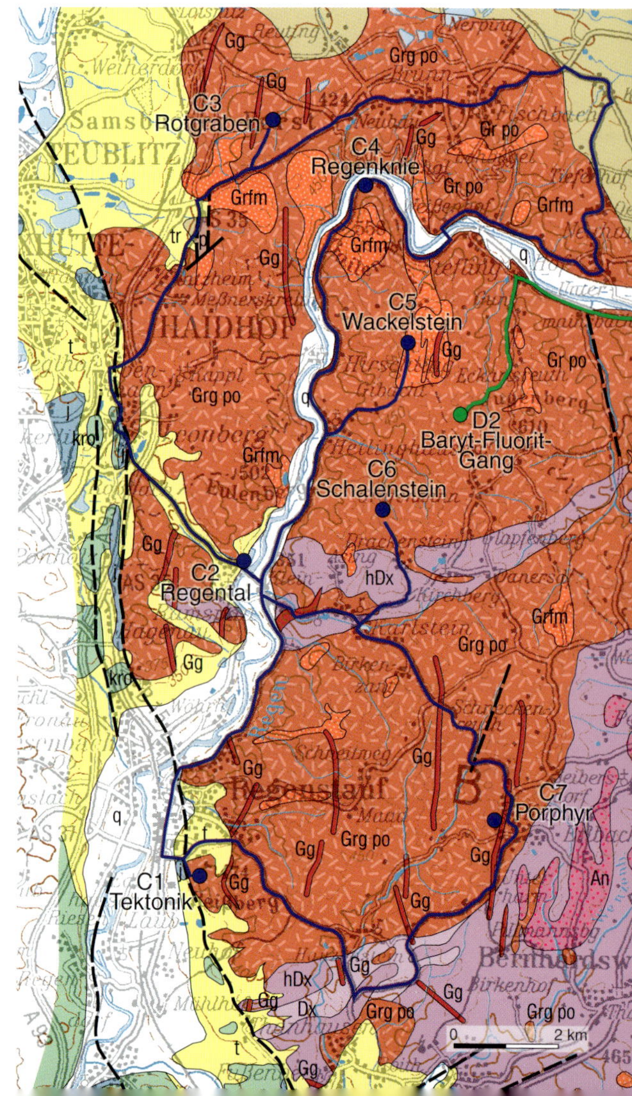

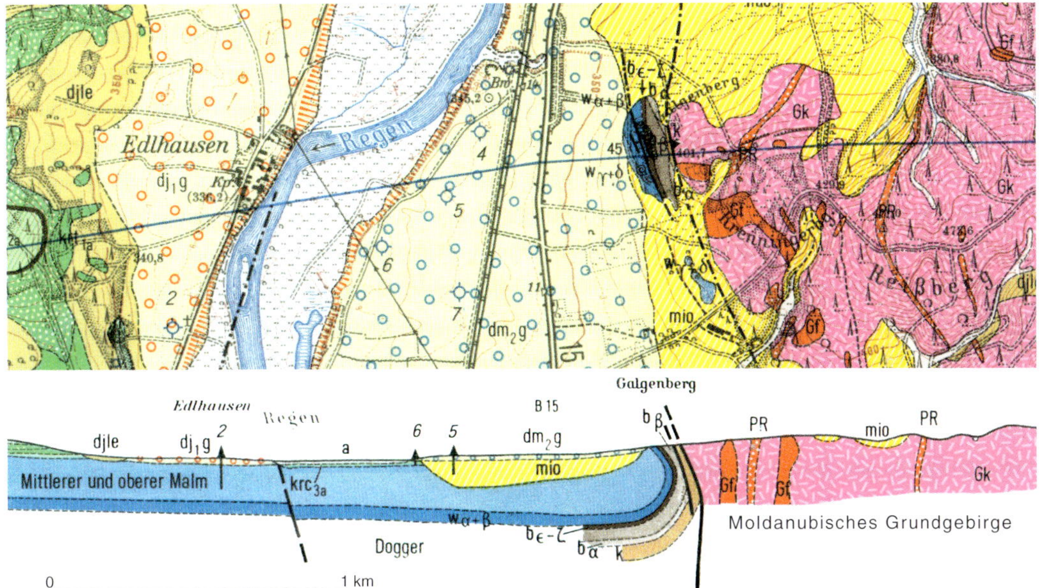

Abb. C1.1. Aufsicht und Querprofil der »Keilbergstörung« am Regenstaufer Galgenberg. Gk, Kristallgranit; K, Grobsandstein Keuper; bα, Dogger-Ton; bβ, Dogger-Sandstein (s. Abb. D1.5); bε-ζ, eisenhaltiger Doggerkalk und Ornatenton; wα+β, Malm-Mergelkalk und Werkkalk; wγ+δ, Malm-Mergelkalk; mio, obermiozäne Sande und Tone; dm$_2$g, pleistozäne Schotter der 10-m-Terrasse; a, alluviale Talau; dj$_1$g, pleistozäne Schotter der 5-m-Terrasse; djle, quartärer Lehm, z. T. Löss; krc$_3$, Cenomaner Grünsandstein und Mergel; krt$_1$, Unterturoner Kalksandstein und Quarzsandstein; krt$_2$, Mittelturoner Kalkstein. – Quelle: BAUBERGER & CRAMER 1961, geolog. Karte Blatt 6838 Regenstauf 1:25000.

Bruchflächen versetzt werden. Die pultartige Heraushebung des Kristallins entlang der Keilbergstörung bringt es nach Jahrmillionen Jahren Erosion heute noch zu Bergeshöhen von 471 Metern (Reißberg, unweit des Galgenbergs) bis 538 Metern (Schwarzberg) westlich des Regenknies von Marienthal. Die lang gestreckte Faltenmulde der Sedimentgesteine parallel zur Störungslinie liegt jeweils 140 bis 170 Meter tiefer. Die Grenze Keuper/Kristallin liegt unter der Anhöhe Birkenschlag mindestens in einer Tiefe von 100 Metern unter dem Meeresspiegel. Daraus lässt sich selbst heute noch am Exkursionspunkt eine **Sprunghöhe der kristallinen Pultscholle von mindestens 650 Metern** nachweisen.

Nach den Ablagerungen des Oberkreidemeeres im Raum Regensburg–Bodenwöhr–Roding fand der **Hebungsvorgang** umgrenzt von Keilbergstörung, Donaurandbruch und Pfahlstörung **vor 75–55 Mio. Jahren** im Übergang Oberkreide/

Abb. C1.2. Schräggestellte Malmkalke an der Keilberg-Störung, Regenstaufer Galgenberg. ▷

Abb. C1.3. Vertikal stehende Keuper und Doggerschichten auf den Ackerflächen neben den Kristallgranithängen, Regenstaufer Galgenberg.

Tertiär statt (UNGER & SCHWARZMEIER 1987). Damit waren intensive Verwitterungs- und Erosionsvorgänge verbunden, die eine Abtragung des aufgeschobenen Deckgebirges und die Ausbildung einer Rumpffläche im kristallinen Untergrund des Falkensteiner Vorwaldes zur Folge hatte. Die Sedimente im benachbarten Ur-Naab-Tal zeigen, dass die tektonische Unruhe vor Beginn der obermiozänen Ablagerungen im Braunkohlentertiär beendet war (BAUBERGER, CRAMER & TILLMANN 1969).

Die unweit des Regenstaufer Galgenberges südwärts fließende **Ur-Naab** transportierte den Verwitterungsschutt vom Westrand der Böhmischen Masse und lagerte ihn weit hinter Regensburg im meergefüllten **Molassebecken** ab. Vor 17 Millionen Jahren nahm dieses zwischen dem Bayerischem Wald und dem Nordalpenrand liegende Becken in der Phase der »Oberen Süßwassermolasse« nach und nach festländischen Landschaftscharakter an. Eine **Ur-Donau gab es noch längst nicht**. Erst an der Wende Obermiozän/Pliozän vor ca. 7 Millionen Jahren war es so weit (vgl. L5, S. 210), als sich im bayerisch-österreichischen Alpenvorland ein ostwärts gerichtetes Entwässerungssystem als Aare-Donau durchsetzte und in Richtung Wiener Becken floss.

Über Regenstauf geht es weiter in Richtung Nittenau. Bei Ramspau überqueren wir den Regen, parken nach der Brücke, wählen diese aber für Ausblicke über den Verlauf des Tales.

C2 Landschaftsgeschichte des Unteren Regentals bei Ramspau

Bei der Anfahrt nach Ramspau (Abb. C2.1) fällt auf, dass der schmale Fluss in einer bis 500 Meter breiten Talaue mäandriert, die in ein doppelt so breites Terrassental eingebettet ist. Dies ist eine

Abb. C2.1. Regental südlich von Ramspau.

Dimension, die zwar vom heutigen Regen genutzt wird, aber nicht von ihm geschaffen worden sein kann. Hinzu kommt, dass in Ramspau (KÖRBER & ZECH 1984) kaolinreiche Feldspatsande aus dem **Pliozän** (5,3–2,58 Mio. Jahre) 15 Meter über dem Talgrund in einer Sandgrube aufschlossen waren. Diese lagerten auf einem alten Talboden aus der **Braunkohlenzeit des Miozäns** (16,5–12,8 Mio. Jahre), der Teil des verzweigten Ur-Naab-Rinnensystems (Abb. C2.2) war. Mit zunehmender Humidität des Pliozän-Klimas entwickelte sich hier in der weiten Talung der östlichsten Ur-Naab-Rinne bei Heilinghausen-Ramspau ein Bach, nennen wir ihn »**Ramspauer Bach**«, der den Westrand des kristallinen Grundgebirges entwässerte und an das Einzugsgebiet der Donau gebunden war. Im Zusammenhang mit der allgemeinen Tiefenerosion verlegte er auch seinen Quellbereich – sozusagen rückwärts schreitend – immer mehr in Richtung Marienthal ins Grundgebirge hinein und schnitt beim »Regenknie« das tertiäre Ur-Regen-Tal an (LOUIS 1984). Es ist nicht die einzige **Flussanzapfung** am Westrand der Böhmischen Masse.

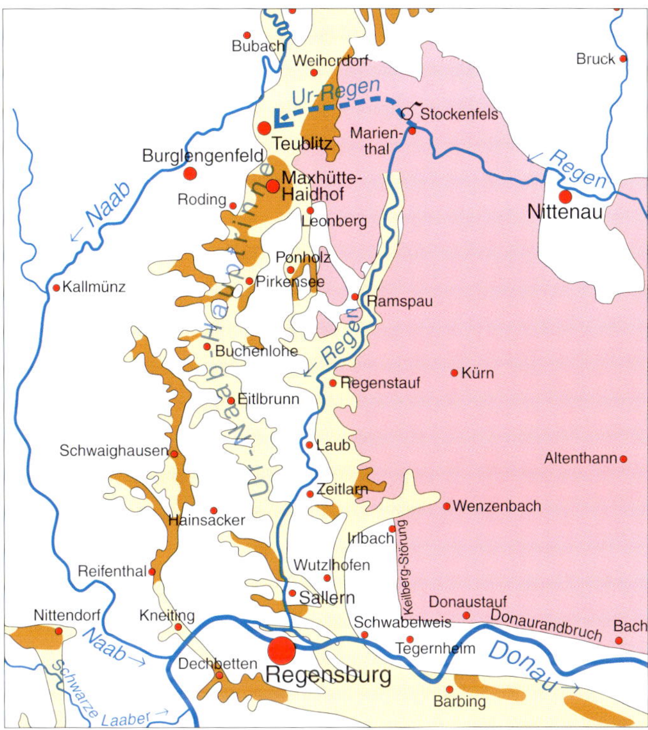

Abb. C2.2. Rinnensystem der miozänen Ur-Naab mit pliozänem Ur-Regen am Westrand des kristallinen Grundgebirges. – Grundlage: Wanderungen in die Erdgeschichte, Bd. 32, Abb. S. 133, verändert.

Wer daran interessiert ist, den Zeitpunkt des Vorgangs bestimmen zu können, wird beim »Rotgraben« (C3, s. unten) nordwestlich der Burgruine Stockenfels fündig. Ansonsten folgt man, die Route verkürzend, dem heutigen Regental bis Marienthal (C4, S. 49).

Von Ramspau geht es über Leonberg in Richtung Meßnerskreith, bleiben aber auf der Schnellstraße, biegen nicht zur BAB-Einfahrt Teublitz ab, sondern fahren von dieser Kreuzung aus noch 1,2 km weiter in Richtung Nittenau und biegen links in die einzige und leicht zu übersehende Einfahrt einer abwärts führenden, schmalen Forststraße ein. Auf ihr wird nach 400 m die Schotterstraße, welche zum »Rotgraben« hinunterführt, steiler.

C3 Rotgraben: Suche nach dem Ur-Regen

Im steileren Abschnitt der Forststraße findet man an der Straßenböschung Steine aus Kristallgranit (Abb. 16) oder Pinitporphyr (Abb. 24) mit Glättungen, Streifungen und markanten Kanten. Sie sind Ergebnis der Winderosion (Abb. C3.1), wie man sie aus Wüstenklimaten kennt. In unserem Fall ist es die Kältewüste aus Kältephasen des Eiszeitalters, die bei fehlender Vegetation auf einer trockengefallenen Schotterfläche Schleifspuren von Quarzsanden an Steinen des Grobsediments hinterließ.

10 Meter über dem Talgrund des Rotgrabens zweigt links eine Forststraße ab. An ihrer Böschung sind auf 150 Metern Länge kiesig-sandige Schotter mit reichlich kantengerundeten bis gerundeten Geröllen von 6–25 Zentimetern Größe aufgeschlossen (Abb. C3.2). Sie sind an ihrer Oberfläche häufig mit Windkantern durchsetzt. Darunter folgt 1,2 Meter mächtiger, fluviatiler Schotter mit teils stark gerundeten Flusskieseln aus Quarz und Kristallgranit in feinkiesig-sandiger Grundmasse (Abb. C3.3), wiederum darunter mehr als 2 Meter mächtiger brauner pliozäner Feinsand (Abb. C3.4).

Abb. C3.1. Pinitporphyr als sog. Windkanter am Hang in 415 m Höhe, Südliche Talseite des Rotgrabens nordwestlich von Marienthal.

Abb. C3.2. Ältestpleistozäne Hochschotterlage des Regen mit fluviatil gerundeten Steinen im kiesig-sandigen Sediment und kaltzeitlich geschliffenen Windkantern in oberster Lage (403 m Höhe). Südliche Talseite des Rotgrabens nordwestlich von Marienthal.

Abb. C3.3. Hellgrauer Schotter des Regen am Übergang Pliozän/Pleistozän mit fluviatil gerundetem Kristallgranit- und Quarzkiesen sowie einzelnen Chalcedon- und Feldspatbruchstücken in sandiger Grundmasse. Südliche Talseite des Rotgrabens nordwestlich von Marienthal.

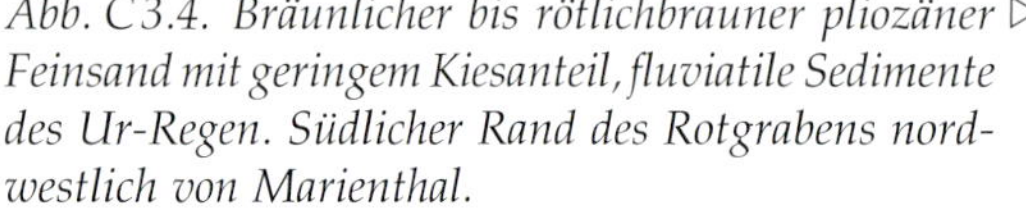

Abb. C3.4. Bräunlicher bis rötlichbrauner pliozäner ▷ Feinsand mit geringem Kiesanteil, fluviatile Sedimente des Ur-Regen. Südlicher Rand des Rotgrabens nordwestlich von Marienthal.

Die Straßenaufschlüsse auf der Südseite des Rotgrabens belegen die ehemals ost-west-verlaufende Laufstrecke des Ur-Regen in Richtung Teublitz (Abb. C2.2). Die entscheidende Zeitmarke für das Trockenfallen der Laufstrecke liefern die eiszeitlich geformten Windkanter der obersten Steinlage: Als sie geformt wurden, war das Flusskiesbett für alle Zeiten trockengefallen. Die Schlüsselstelle für die rechtwinkelige Umlenkung des Flusses liegt nur wenige hundert Meter östlich davon auf dem **Grundgebirgssattel vor Haiderhöf in 423 Metern Höhe**. Hier liegen quarzreiche pliozäne Schotter am Ende der mäandrierenden Laufstrecke des Ur-Regens und hier unterschneidet in Folge der Rückverlegung seines Tals der »Ramspauer Bach« das mäandrierende Ur-Regen-Tal bei Stockenfels-Marienthal.

Nach den mehr als 2,5 Mio. Jahre alten pliozänen Feinsand- und Schotterablagerungen und und der Sedimentation des ältestpleistozänen Hochschotters (Abb. C3.2) war der Zeitpunkt der Flussanzapfung gekommen. Von Kaltzeit zu Kaltzeit besorgte der Regen während des Eiszeitalters den Ausgleich seines Gefälles und stellte sich auf den sich senkenden Flusspegel der Donau als Vorfluter ein. Stufenweise erfolgte die Tieferlegung seiner Talterrassen vom »ältestpleistozänen Hochschotterniveau« über das altpleistozäne »Deckenschotter-Niveau« (JERZ 1996) bis zum würmkaltzeitlichen Niveau der Niederterrasse.

Weiterfahrt nach Kaspeltshub, rechts ab nach Tiefenhof und hinunter nach Neuhaus, rechts des Flusses weiter bis auf Höhe der Steflinger Burg, über die Brücke auf die linke Talseite und hier bis nach Marienthal.

C4 Regenknie bei Marienthal

Hier beginnt die Engtalstrecke mit rechtwinkliger Laufveränderung und zahlreichen Blöcken im Fluss (Abb. C4.1). Die gegenüber liegende, 1340 von Kaiser LUDWIG DEM BAYERN (PFISTERMEISTER 1997) aus Kristallgranit errichtete **Burg Stockenfels** (459 m) liegt 100 Meter über dem Talniveau des Regen. Noch im 14. Jahrhundert wurde sie zur Raubritterburg und verfiel nach wechselvoller Geschichte mit Ausnahme des weithin sichtbaren gotischen Wohnturms zur Ruine. Kein Wunder, dass sich um die »Geisterburg« manche Sagen ranken.

Auf der Flussstrecke von Stefling über Marienthal nach Heilinghausen bezaubern immer wieder stark zugerundete Kristallgranit-Blöcke im Flussbett und im Terrassenschotter. Sie wurden als Wollsackblöcke durch intensive chemische Verwitterung im alttertiären Gesteinszersatz auf den Bergkuppen geformt, später freigelegt und in den Kaltzeiten des Eiszeitalters durch Hangerosion und solifluidale Bodenprozesse unbeschadet die Hänge hinab transportiert und auf der Talsohle abgelagert. Mitunter mag auch fluviatile Überformung

Abb. C4.1. Ältestpleistozäner Durchbruch des Regentals im kristallinen Engtalabschnitt unterhalb der Burgruine Stockenfels nahe Marienthal. ▷

zusätzlich eine Rolle spielen. In der Engtalstrecke steht Kristallgranit I an (s. Abb. 16, S. 13). An einer ehemaligen Steinbruchwand rechts des Flusses ist fein- bis mittelkörniger Granit aufgeschlossen, der teilweise ebenfalls zentimetergroße Feldspatkristalle enthält. Anzeichen einer tektonischen Störung, welche die Entstehung des nord-süd verlaufenden Taleinschnittes im Bereich des Ramspauer Baches bis zum Regenknie begünstigt hätte, liegen nicht vor.

Von Marienthal aus geht es flussabwärts nach Süden bis zum Ortsende von Heilinghausen und links auf der schmalen Teerstraße von Heilinghausen über den »Gibachter Weg« hoch zur Rodungsinsel Gibacht (Wegen geringer öffentlicher Parkmöglichkeiten beim Weiler Gibacht empfiehlt es sich an Wochenenden in Heilinghausen den Wanderparkplatz zu wählen und dem markierten Wanderweg nach Gibacht zu folgen). Zwischen den Anwesen der Rodungsinsel geht es auf markiertem Weg hinauf zum Waldrand und dann auf einer Forststraße gut beschildert weiter zum »Wacklstoa«, der inmitten einer Ansammlung großer Granitblöcke links der Forststraße liegt.

C5 Der Wackelstein beim Hohen Stein/Gibacht

Inmitten einer Gruppe von Kristallgranit-Blöcken finden wir als sportliche Herausforderung für Wanderer einen **Wackelstein** (Abb. C5.1) im Gipfelbereich eines Bergrückens. Er ist Ergebnis eines natürlichen Vorgangs tiefgründiger chemischer Verwitterung des Granits (s. Erläuterungen bei E1, S. 69 f.) und im kristallinen Grundgebirge nichts Ungewöhnliches. Kommen stark zugerundete Blöcke und Granitkugeln (Abb. E1.3, E1.6) auf einer Wollsackplatte zu liegen, so werden sie zu Wackelsteinen. In Sichtweite des Wackelsteins liegt ein sog. **Schalenstein**, ein Block (Abb. C5.2) mit drei Schüsselförmigen Vertiefungen von 30 bis 50 Zentimetern Größe. Die spitzovale Schale besitzt eine geneigte Achse, die kreisrunde ist senkrecht eingetieft und führt in jeder Jahreszeit Niederschlagswasser. Am Rand des Gipfelplateaus mit Blick über das Regental sind weitere schalenförmige Vertiefungen natürlichen Ursprungs auf insgesamt sieben Blöcken der Felsformation zu finden. Als natürliche Auslöser für das Initialstadium der Schalenbildung kommen Gefügeschwächen des Kristallgranits und Ansätze von Trennflächen innerhalb der Wollsackblöcke in Frage.

Dies muss jedoch nicht bei jedem Schalenstein der Fall sein, wie die Exkursionspunkte Lauberberg (E2), Wasserstein (E4) und Igleinsberg (F5) zeigen. Dort gibt es Indizien für bewusste Schaleneintiefungen durch Menschen in Wollsackblöcken als Voraussetzung für die Einrichtung eines Kultplatzes. Ihr Vorkommen konzentriert sich auf eine wiederkehrende topographische Situation: exponierte Plätze im Gipfel- oder Sattelbereich von Bergkuppen mit guter Fernsicht und gut ausgestattet mit Wollsack-Felsformationen (HAUNER 2018).

Abb. C5.1. Gruppe von zugerundeten Blöcken beim Wackelstein Hoher Stein oberhalb von Gibacht.

Abb. C5.2. Wackelstein mit Kette im Hintergrund und schalenförmigen Vertiefungen natürlichen Ursprungs auf einem weiteren Block im Vordergrund. Gibacht.

Auf demselben Weg geht es zurück nach Heilinghausen und weiter nach Kleinsramspau, wo man links Richtung Karlstein abbiegt. Nach 1 km liegt links an der Straße ein alter Steinbruch, an dem man bei Interesse eine Gesteinsprobe von **Quarzporphyr** (Abb. 25) zum Vergleich mit dem Pinitporphyr am Exkursionspunkt C 7 mitnehmen kann. In Karlstein geht es in Richtung Kirchberg weiter, wenig später aber links ab nach Drackenstein. Hier parkt man und hält sich halblinks, um auf einem leicht ansteigenden, unmarkierten Feldweg, der in einen Waldweg übergeht, nach 700 m eine große Felsformation zu erreichen.

C 6 Der Schalenstein am Riesensprung – ein »Naturheiliger Platz« der Jungsteinzeit

Am Südrand aller Wollsack-Vorkommen des Regenknies liegt nahe Drackenstein die nicht weniger bizarre Kristallgranit-Felsenlandschaft des »Riesensprungs« (574 m). Im Umfeld der markanten Wollsack-Felsformation konnte 1935 im Hangschutt ein 7 Zentimeter langes **Steinbeil** geborgen werden, das heute in Kopie im Historischen Museum der Stadt Regensburg aufbewahrt wird. Aus archäologischer Sicht (RIECKHOFF 1990: 180) liegt ein **Depotfund** vor, die wertvolle Opfergabe eines Menschen der »Chamer Kultur«, ca. 3200–2300 v. Chr. Sie macht deutlich, dass Menschen der Jungsteinzeit außergewöhnliche Felsformationen in der Natur als Manifestationen höherer Mächte zu sehen bereit waren und als »**Naturheilige Plätze**« ehrten.

Auf der Oberseite des größten und zugleich besonders exponierten Wollsackblocks der 100 Meter langen Felsformation am Riesensprung ist eine große, steilwandige Wanne von (spitz)ovaler Form (Abb. C 6.2) mit einer Länge von 1,5 Metern ca. 20–40 Zentimeter eingetieft. Der Rand ist südseitig V-förmig ausgespart und ist Folge einer natürlichen Trennfläche innerhalb des Schalenstein-Blocks, wie sie auch am benachbarten Block (Abb. C 6.1) zu sehen ist. Dennoch sammelt die Hohlform heute noch Niederschlagswasser. Als nachweisliches Naturheiligtum wird ihr Ursprung das Ergebnis natürlicher Verwitterung sein. Die Kombination aus unregelmäßiger Großform und starker Eintiefung sprechen für einen jahrtausendelangen natürlichen Entstehungsprozess. Doch auch eine Nachbearbeitung durch Menschenhand für prähistorische Rituale ist denkbar.

Am höchsten Punkt des Bergkamms führt wie am Gibachter Wackelstein ein mehrere Meter langer, von Menschenhand angelegter **Spiralpfad** zu einer randlich überhöhten Schale hinauf, was in Zusammenhang mit dem Steinbeilfund ein Indiz für einen Kultplatz in prähistorischer Zeit ist. Nur 1,5 Kilometer entfernt führte in der Jungsteinzeit im Talgrund des Regen die »**Feuersteinstraße**« (BINSTEINER 2005) als Fernhandelsroute. Begehrtes Handelsobjekt war Arnhofener Silex, das High-Tech-Material der Jungsteinzeit.

Abb. C 6.1. Wollsackformation Riesensprung/Drackenstein, Depotfundplatz eines neolithischen Steinbeils der Chamer Kultur.

Abb. C 6.2. Schalenstein auf Wollsackformation am Sattel (555 m), Riesensprung/Drackenstein.

Auf demselben Weg geht es zurück nach Karlstein und weiter nach Kürn. Von der Ortsmitte aus führt auf dem bewaldeten Schlossberg ein Pfad um die Schlossmauern herum. Auf der Südwestseite passiert man inmitten zugerundeter Kristallgranit-Wollsackblöcke eine turmartige Formation kantengerundeter Blöcke.

C7 Porphyrgänge im Kristallgranit am Kürner Schlossberg und im Westteil des Falkensteiner Vorwalds

Die **turmartig geschichteten, kantengerundeten Blöcke** (Abb. C7.1) am Kürner Schlossberg sind von senkrecht stehenden Klüften begrenzt und unterscheiden sich bereits durch ihre Verwitterungsform vom gewohnten Bild der Kristallgranitkugeln. Die Gesteinsblöcke sind feinkörniger als die eines Granits, wirken dichter und verwitterungsbeständiger. Sie sind Ergebnis einer magmatischen Schmelze, die in einer tiefreichenden Gesteinsspalte des Kristallgranits aufgestiegen und nach Erkaltung noch in der Erdkruste als **Ganggestein** erstarrt ist. Es gehört zu einer großen Schar nord-süd-verlaufender, 10–20 Meter breiter und mehrere Hundert Meter langer Zerrklüfte im Kristallgranitgebiet beiderseits des Regenknies (vgl. C3, S. 47) sowie im Diatexit südlich von Kürn. Der Anschliff einer Gesteinsprobe vom Kürner Schlossberg (Abb. C7.2) zeigt sein **Porphyr-Gefüge** (Abb. 24) und die **Dynamik der Fließstruktur** des Magmas (TROLL & BAUBERGER 1968) entsprechend der Einbettung größerer Kristalle (tafeliger Kalifeldspat) in der feinkörnigen Grundmasse (hier Feldspat, Quarz, Biotit und Pinit). Als Besonderheit enthält der Porphyr eine Menge zuätzlicher dunkler Kristallstäbchen aus dem Mineral Pinit, der nichts anderes als ein hydrothermal verglimmerter Cordierit ($Mg_2Al_4Si_5O_{18}$) ist. Seinetwegen wird die Gesteinsart auch als **Pinitporphyr** (Abb. 24) bezeichnet. Er gehört zur Gruppe silikatischer magmatischer Gesteine, bei denen die Gemengteile in einer mikrokristallinen Grundmasse sitzen.

Abb. C7.1. Turmartig geschichtete kantengerundete Blöcke aus Pinitporphyr, Ganggestein im Kristallgranit des Kürner Schlossbergs.

Während das saure Magma der **Kristallgranitschmelze** vor **325 ± 7 Mio. Jahren** in einer Tiefe von mehr als 10–15 Kilometern (SIEBEL et al. 2010) auskristallisierte, entstand das Ganggestein des Pinitporphyrs ca. 20 Mio. Jahre später während der Epoche des **Unterrotliegenden** (ROHRMÜLLER, MIELKE & GEBAUER 1996) in oberen Stockwerken der Erdkruste, die bereits abgekühlt waren.

Zeitgleich zu den Porphyrgängen – also im Unterrotliegenden – sind möglicherweise auch **Cr-Illit-führende, hydrothermale Quarzgänge** entstanden (FEHR & HAUNER 1991). Sie befinden sich südlich von Kürn bei Steinrinnen und Bernhardswald im Verbreitungsgebiet der Porphyrgänge am Rande des Kristallgranitareals und sind mit kantigen Nebengesteins-Trümmern aus den Kluftwänden (**verquarzte Brekzie**) gespickt.

Zur Herkunft des farbgebenden Chroms: In tonigen Verwitterungsböden kristalliner Gesteine speichern Glimmerminerale als Schichtsilikate, in unserem Fall der Illit, das Chrom. Ein Eintrag glimmerartiger Schichtsilikate von oben in Störungszonen ist denkbar. Chalcedon-Gangfüllungen können chromreichen Illit aufnehmen. Trotz minimaler Menge ergibt sich eine Grünfärbung (Abb. C7.3).

Abb. C7.2. Pinitporphyr-Anschliff mit dunklen Pinit-Stäbchen in unterschiedlicher Lage, Kürner Schlossberg.

Abb. C7.3. Verquarzte Brekzie mit grün gefärbtem Chalcedon als Folge von Cr-Illit-Spuren, Steinrinnen südwestlich Kürn.

Wir verlassen Kürn in nördlicher Richtung, biegen links in den Eichelmühlweg ab, durchfahren nach 2,5 km Schneckenreuth und queren im Talgrund den Schneitweg. Hier liegt rechts der Kreuzung im Wäldchen ein weiteres Pinitporphyrvorkommen, das man sich ergänzend ansehen kann.

D Landschaftsgeschichte zwischen Nittenau und Roding

Die Exkursion beginnt im Ortszentrum von Nittenau am Kirchplatz. Gute Parkmöglichkeiten bestehen nahe dem Bootsverleih am Regen.

D1 Nittenau: Geologisch-mineralogische Schausammlung des Stadtmuseums und Landschaftsgeschichte

Das **Nittenauer Stadtmuseum** verfügt über eine hervorragende Schausammlung ostbayerischer Mineralien und Gesteine aus dem Falkensteiner Vorwald und der mittleren Oberpfalz, die Dr. Gerhard Eigler aufgebaut hat und die in drei Räumen bestens präsentiert wird. Schwerpunkte bilden das Flussspatrevier von Nabburg-Wölsendorf, die historische Braunkohleförderung im Raum Schwandorf, die Schwerspatgruben bei Nittenau (D2) und die kristallisierten Mineralien aus den Pegmatitgängen der Roßbacher Dioritsteinbrüche (D3). Liebhaber von Kristallen und Interessenten am Bergbau dürfen sich diese Regionalausstellung nicht entgehen lassen. Die Exponate ergänzen ideal unser Exkursionsprogramm, zeigen die Ästhetik heimischer Mineralien sowie das Phänomen der Röntgenfluoreszenz und machen mit den Kristallklassen vertraut. (Stadtmuseum am Kirchplatz 2, Tel. 09436 902729, Öffnungszeiten von Mai bis Oktober: Di, Do 9–11 Uhr, Mi, Sa, So 14–17 Uhr).

Abb. D1.1. Sammlung ostbayerischer Mineralien und Kristalle im Stadtmuseum Nittenau.

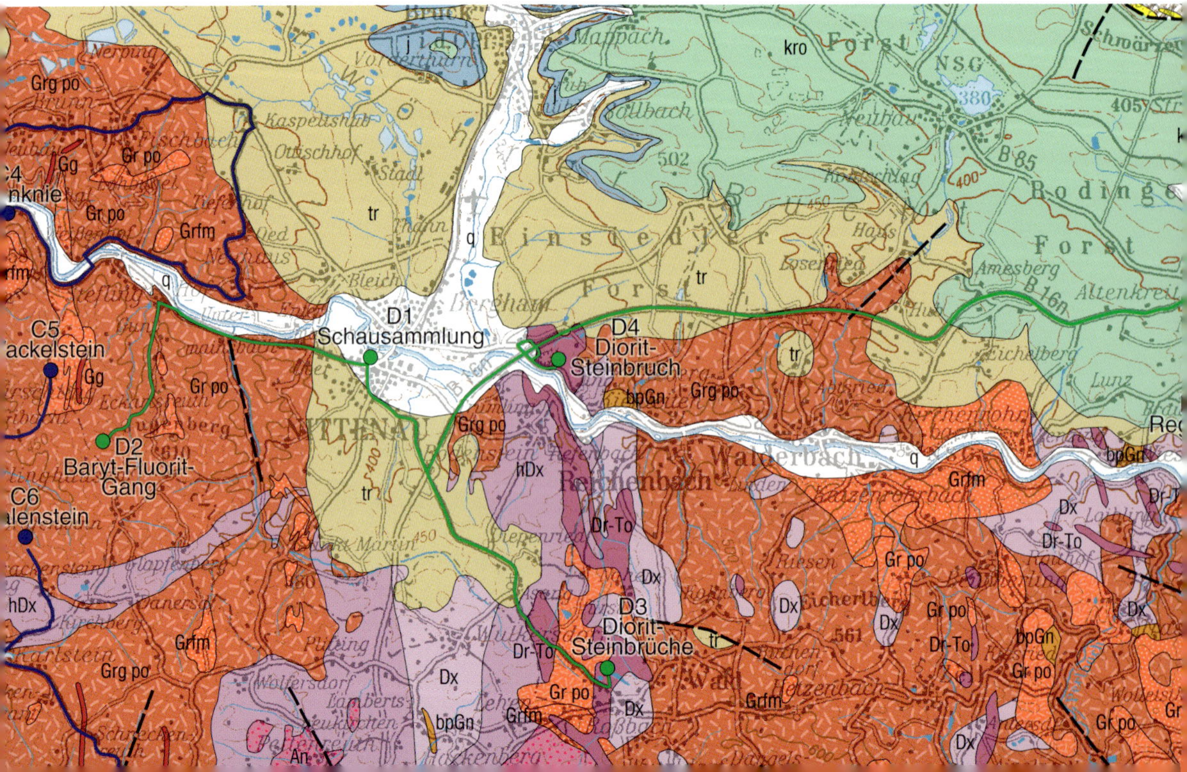

Landschaftsgeschichte des Nittenauer Raumes. Die ältesten Sedimente hier sind Lesesteinfunde aus **rotem Arkose-Sandstein** (Abb. D1.2) von Äckern bei Straßhof südlich von Nittenau. Sie gehören zur Basisserie der nordostbayerischen **Rotliegend**-Ablagerungen (vgl. A2, S. 20) am Westrand der böhmischen Masse. Schichtfluten und Flussläufe verfüllten bei semiarid bis semihumidem Klima vor ca. 300 Mio. Jahren alle Becken mit Abtragungsschutt aus dem variskischen Hochgebirge. Diese Sedimentation setzte sich in der Buntsandstein-Epoche bis vor ca. 250 Millionen Jahren fort (Abb. 26, S. 16).

Abb. D1.2. Roter Arkose-Sandstein, Lesesteinfund des Rotliegenden südlich Straßhof bei Nittenau.

Grundlegend veränderte sich die **Land-Meer-Verteilung bei Nittenau in der Jura-Zeit** (Lias-Dogger-Malm) vor 201–145 Mio. Jahren. Bereits im Lias bekam das **Meer am Kontinentalschelf** nicht nur den Raum Bodenwöhr-Nittenau, sondern – wie die Aufschlüsse an den Exkursionspunkten Tegernheimer Schlucht (A1) und Regenstaufer Galgenberg (C1) gezeigt haben – auch den westlichen Teil des Falkensteiner Vorwalds fest in den Griff. Von Bodenwöhr bis Keilberg bei Regensburg wurden im Lias küstennahe Eisenerze abgelagert, später marine Sande, Mergel und Tone. Im Dogger erfasste die Meerestransgression den gesamten Falkensteiner Vorwald und machte die Linie Straubing–Passau zum Küstenbereich (Abb. D1.3). Drei Viertel des Bayerischen Waldes bildeten zusammen mit dem kristallinen Kerngebiet der Böhmischen Masse eine Insel im Meer. Belege dafür sind die Dogger-β-Sandsteinschichten im Untergrund von Nittenau (Abb. D1.4), auf dem Regenstaufer Galgenberg und in der Tegernheimer Schlucht. Während des Malms (vor 164–145 Mio. Jahren) dürfte der gesamte Vordere Bayerische Wald südlich der Pfahlstörung vom Meer überdeckt gewesen sein. Mächtige Kalksedimente bei der Tegernheimer Schlucht und entlang der Donaustörung zwischen Helmberg/Münster, Flintsbach und dem Neuburger Wald lassen darauf schließen.

Am Übergang vom Jura zur Kreide verlagerte sich die Küstenlinie wieder in weite Ferne als Folge der **Heraushebung der Böhmischen Masse** und weiter Teile Süddeutschlands. Durch Apatit-Spaltspurendatierung (Vamvaka, Siebel, Chen & Rohrmüller 2014) im Kristallgranit von Grub/ Roding, im Granit von Neustift/Vilshofen und im Gneis bei Innernzell konnten für den **Hebungsvorgang Alter von ca. 148 bis 140 Mio. Jahren** ermittelt werden. Die kristalline Grundgebirgsscholle wurde aus einer Tiefe von mindestens 2 Kilometern und einem geothermischen Temperaturbereich von 120–60 °C emporgehoben und kühlte bis zu ihrer Freilegung an der Erdoberfläche ab. **Binnen 20 Millionen Jahren fand eine rasche flächenhafte Abtragung (Denudation) jurazeitlicher Meeressedimente und kristalliner statt.** Dies ist der Grund, weshalb heute Belege für Festlands- und Meeressedimente über dem Kristallin aus dem langen Zeitraum von vor 300 bis 100 Mio. Jahren kaum zu finden sind.

Ein Rundflug über Nittenau (Abb. D1.5) zeigt, dass die Stadt am Südrand eines weit über Bruck und Bodenwöhr hinausreichenden Beckens zwischen den pultartig herausgehobenen Grundgebirgsschollen des Falkensteiner Vorwaldes im

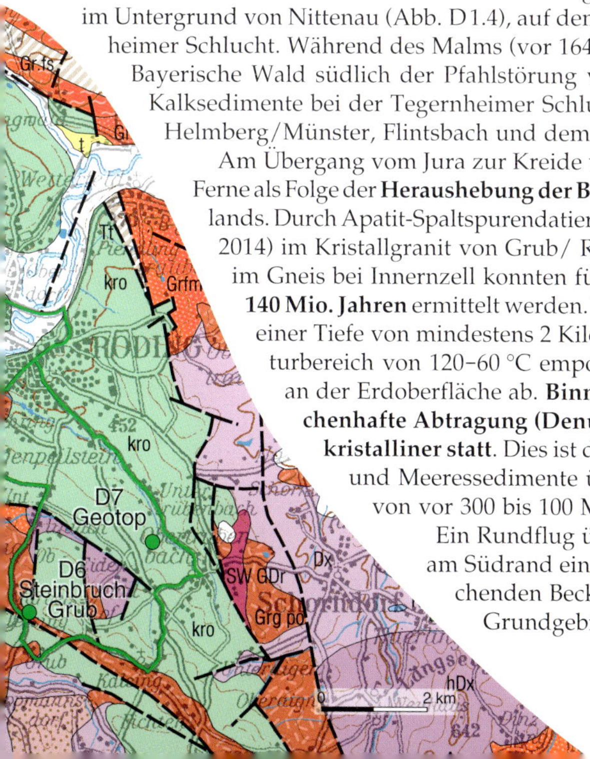

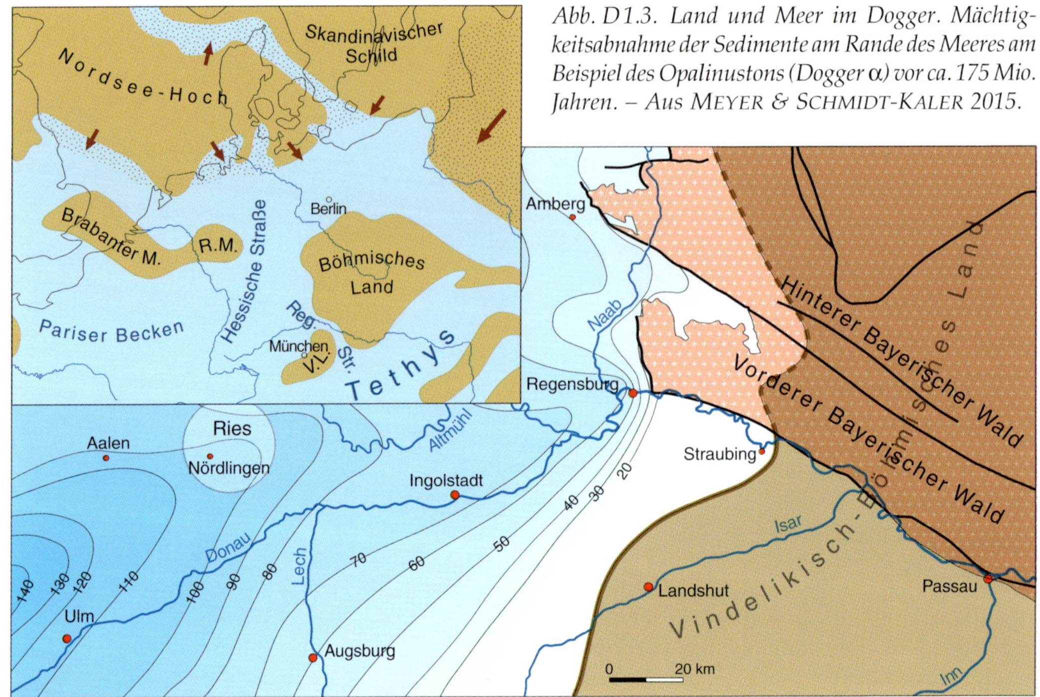

Abb. D1.3. Land und Meer im Dogger. Mächtigkeitsabnahme der Sedimente am Rande des Meeres am Beispiel des Opalinustons (Dogger α) vor ca. 175 Mio. Jahren. – Aus MEYER *&* SCHMIDT-KALER *2015.*

Abb. D1.4. Sandstein des Doggers β von Nittenau, verwendet als Baustein am Torturm.

Süden und des Oberpfälzer Waldes im Norden liegt. Durch Gebirgstektonik entlang der Pfahl-Störung (MEYER 1989, 1993) kippte die kristalline Südscholle zum Pfahl hin als 15 Kilometer lange schiefe Ebene ab. Unmittelbar vor der nordwest-südost-verlaufenden Störungslinie wurden aufliegende Sedimente aus Perm, Trias und Jura – analog zum Modell der Keilbergstörung – von der ruckartig aufsteigenden kristallinen Nordscholle steil hochgeschleppt. Diese **Bodenwöhrer Halbsenke** bewirkte einen Schutz der Nittenauer Sedimente vor Erosion. Im heutigen Landschaftsbild ist die Asymmetrie der Beckenablagerungen nicht erkennbar (Abb. D1.5).

Von der Ortsmitte geht es 4 km in Richtung Regenstauf. In Hof am Regen biegt man links in den Ort ab und folgt der Beschilderung bis kurz vor Eckartsreuth. Beim Hinweisschild »7,5 t« führt rechts eine enge asphaltierte Straße in das Frankenbachtal hinunter. Vor Querung des Baches parkt man am Waldrand, quert zu Fuß den Bach auf einer Forststraße, biegt rechts in den Waldweg (»Wanderweg 5«) ein, verlässt ihn nach 100 m auf einem links abbiegenden Forstweg. Diesem folgt man trotz einer zwischenzeitlichen Wegabzweigung 150 m weit auf der Talsohle und stößt rechts am Wegesrand auf die Abbauspuren (s. Situation in Abb. D2.2) der ehemaligen Grube Paul.

Abb. D1.5. Luftbild der Bodenwöhrer Halbsenke. Blick von Nittenau nach Norden in Richtung Pingarten.

D2 Baryt-Fluorit-Gang bei Eckartsreuth

Westlich von Nittenau wird der Kristallgranit I bei Eckartsreuth und Untermainsbach von **nord-nordwest-südsüdost-verlaufenden Störungslinien** durchzogen. Durch Tektonik wurde das Gestein beiderseits der Kluft zerrieben. Kieselsäure reiche Lösungen konnten aufsteigen, das Material imprägnieren und zu einer verkieselten Kluftfüllung verfestigen. Bei erneuter Gebirgsbewegung brachen entlang der Störungslinie Querklüfte auf, die Raum für eine zweiten Mineralisation boten, so dass Ganglagerstätten (ANDRITZKY 1964) entstanden.

Die im Stollen der Grube Paul (Abb. D2.1, D2.2) abgebaute Lagerstätte im bei Eckartsreuth ergab folgende Chronologie der Mineralausscheidungen: violetter Fluorit I (Abb. D2.3) mit Kristallen als getreppte Würfel-Oktaeder-Kombination > hellgelber Fluorit II in Würfelform > hellbrauner bis rötlicher Baryt ($BaSO_4$) in blättrigen Kristallbüscheln (Abb. D2.4) > wasserklarer Fluorit III in kleinsten Kristallwürfeln. Der Abbau erfolgte von 1952 bis 1954 durch PAUL FREITAG mit kleiner Belegschaft und einfachsten Mitteln (Bohrung durch Druckluft ohne Wasserspülung, Wasserhaltung durch Handpumpe, Förderung mit Schubkarre) zum Zwecke der Flussspatgewinnung mittels eines 30 Meter langen Versuchsstollens ohne großen Erfolg (EIGLER 1970).

Abb. D2.1. Stollenende der aufgelassenen Flussspatgrube Paul bei Eckartsreuth. – Aufnahme 1986 © Dr. GERHARD EIGLER.

Bis 1957 stand 3 Kilometer östlich der Grube Paul auf 100 Metern Länge ein **Baryt-Fluorit-Bleiglanz-Gang bei Kaaghof**/Untermainsbach

Abb. D 2.2. Mineraliensuche auf der Halde der Grube Paul bei Eckartsreuth, 2014.

Abb. D 2.4. Hellgelbe Fluoritkristalle mit blättrigen Kristallbüscheln von Schwerspat (Baryt). Grube Paul bei Eckartsreuth. Sammlung Dr. GERHARD EIGLER.

Abb. D 2.3. Violettblaue Flussspatader im Kristallgranit. Halde der Grube Paul bei Eckartsreuth.

(EIGLER 1970) im Abbau. Das monatliche Schwerspat-Rohfördergut ergab zuletzt 50 Tonnen mit einem Flussspat-Anteil bis 40 %. Das Fehlen einer Aufbereitungsanlage und die unsichere Mineralführung führten zur Betriebseinstellung. In den 1970er Jahren lohnte sich noch die Mineraliensuche nach Flussspatstufen mit bis 4 Zentimeter großen braungelben Kristallen in Würfelform und

Abb. D 2.5. Bleiglanz (Galenit) im Schwerspat, Grube Kaaghof/Nittenau. ▷

aufgewachsenen Barytbüscheln (Abb. D2.6) sowie derbem Bleiglanz (Galenit PbS, Abb. D2.5), der im derben Schwerspat eingewachsen war. Die Abfolge der Gangmineralisation ist identisch mit jener der Grube Paul, allerdings kommt während der Barytbildung noch Bleiglanz hinzu. Schacht und Stollen sind mittlerweile komplett verstürzt und nicht mehr zugänglich.

Auf demselben Weg kehren wir zum Ortseingang von Nittenau zurück und folgen dort der Beschilderung nach Roßbach. Vor Erreichen der ersten Häuser links der Straße ergeben sich Parkmöglichkeiten. 250 m entfernt liegt ein von Steinwällen umgebener künstlicher See, das Areal eines ehemaligen Steinbruches (Himmelleiten) der Fa. Schwinger. Mineraliensammler konnten hier während der Betriebszeit bemerkenswerte Kristallfunde von Pegmatitmineralien machen. Heute bietet sich das Bild eines von steilen Wänden umgebenen »Kratersees.«

Abb. D2.6. Braungelbe Fluoritwürfel mit Baryt-Schuppen, Grube Kaaghof/Nittenau.

D3 Die ehemaligen Diorit-Steinbrüche von Roßbach – historische Fundorte von Pegmatitmineralen

Wir befinden uns im Ostteil des weiträumigen Granit-Plutons (Abb. 4), dessen Schmelze aus dem Bereich der unteren Erdkruste stammt und vor **325 ± 7 Mio. Jahren** in einer Tiefe von mehr als 10 - 15 Kilometern als **Kristallgranit I** auskristallisierte (SIEBEL et al. 2010). Auf der Strecke Roßbach-Treidling wird er von einer etwas jüngeren **Diorit-Gangschar** (**Variante Quarz-Glimmer-Diorit**, Abb. 20) randlich begleitet, die möglicherweise aus dem Gemisch einer basaltischen Erdmantelteilschmelze und einer Krustengesteinsschmelze (BRILL, HOLL & MAAS 1984) entstanden ist. Gegen Ende dringt am Rand des erkaltenden Intrusionskörpers erneut saure Schmelze (**Kristallgranit II**) ein, die ihrerseits kleinere, durch Aufschmelzung zugerundete Dioritschollen einschließt (TROLL 1975).

Die beiden ehemaligen Roßbacher Brüche – Westbruch und Himmelleitenbruch, heute Grundwasserseen – liegen inmitten der Diorit-Gangschar. Auslöser der Natursteingewinnung waren Funde von dunkelgrauen **Dioritkugeln** (Abb. D3.1) auf Viehweiden. Sie wurden bei Bedarf an Ort und Stelle zur Herstellung von Fenster- und Türstöcken gespalten (EIGLER & GEIPEL 1981). Als auch der Gesteinszersatz nach Kugeln durchsucht war, wurde 1876 der erste Steinbruch der Region eröffnet, welcher als »Westbruch« (Abb. D3.2, D3.3) bis 1965 von der Fa. K. Schwinger betrieben wurde. 1913 konnte auf Antrag des Steinbruchbesitzers die Lokalbahn Wutzlhofen–Falkenstein gebaut und eine Verladestation in Roßbach eröffnet werden, was den überregionalen Absatz Roßbacher Pflastersteine, Randsteine und sechskantiger »Wiener Würfel« ermöglichte (EIGLER & GEIPEL 1981). Aus drei kleineren Brüchen entstand 1970 der »Himmelleitenbruch« der Fa. K. Schwinger auf einer Fläche von 400 × 150 m (Abb. D3.4) mit dem Ziel der Schotter- und Edelsplitt-Produktion. 1983 verlagerte sich der Abbau auf andere Steinbrüche des Betriebes. Die Roßbacher Steinbrüche sind auch durch **Funde kristallisierter Pegmatitmineralien** bekannt geworden.

Abb. D3.1. Schalenverwitterte Dioritkugeln von 0,6–1 m Durchmesser aus dem alttertiären Gesteinszersatz des Roßbach-Treidling-Dioritgürtels.

Abb. D3.2. Westbruch von Roßbach, Schrägaufzug. Aufnahme ca. 1915.

Abb. D3.3. Steinbrucharbeiter im Westbruch von Roßbach, Aufnahme ca. 1915. – Foto: HEINZ DÖRR.

Bereits in den 1920er Jahren wurden im »Westbruch« größere linsenförmige dioritische **Pegmatitdrusen** (HEGEMANN 1930) mit einer bemerkenswerten Mineralabfolge entdeckt: Quarz-Feldspat-Glimmer-Gemisch, Albit ($NaAlSi_3O_8$) bzw. Apophyllit ($KCa_4Si_8O_{20}(F,OH) \cdot 8H_2O$), Saponit ($(Ca,Na)_{0.3}(Mg,Fe^{2+})_3(Si,Al)_4O_{10}(OH)_2 \cdot 4H_2O$) und im Zentrum Calcit ($CaCO_3$). In den 1930er bis 1950er Jahren kamen Rauchquarz- und Orthoklas-Kristalle aus Drusen in Pegmatitadern (Abb. D3.5) hinzu.

In den 1970er Jahren führte die Natursteingewinnung im »Himmelleitenbruch« zu Kristallfunden von Rauchquarz mit Orthoklas und hellem Albit (Abb. D3.7). Hellgrüne Apatitkristalle waren wesentlich seltener, ebenso blättrige Calcite und violette sowie grünliche Fluorit-Oktaeder. Dioritische Pegmatitdru-

Abb. D3.4. Luftbild des Roßbacher Himmelleitenbruchs, Aufnahme 1980. – © Dr. GERHARD EIGLER.

Abb. D3.5. Rauchquarz-Orthoklas-Kristallstufe, Pegmatitgang im Roßbacher Westbruch, Fund 1948. Bildbreite 12 cm.

sen führten Analcim, Laumontit, Stilbit und Apophyllit in kristallisierter Form (Abb. D3.6), eine Mineralgemeinschaft, die auch aus dem Hauzenberg-Waldkirchener Pluton bekannt ist. Insgesamt wurden mehr als 30 Minerale gefunden, darunter 20 Silikate (EIGLER & GEIPEL 1981).

Wir fahren zurück zur Kreuzung der Ortsverbindungsstraße Roßbach-Nittenau mit der B16. Auf dieser geht es zur nächsten Ausfahrt jenseits des Regen und dann auf der Staatsstraße in Richtung Walderbach noch 150 m weiter, bis sich links auf asphaltierter Fläche eine Parkmöglichkeit am Rande des Steinbruch-Betriebsgeländes bietet.

Abb. D3.6. Apophyllit-Kristalle aus einer dioritischen Pegmatitdruse im Roßbacher Himmelleitenbruch. – Foto FRIEDRICH PFEIL.

Abb. D3.7. Zwei Feldspat-Kristall-Generationen (Orthoklas und Albit), Pegmatit im Roßbacher Himmelleitenbruch.

D4 Der Dioritsteinbruch Treidling

Wegen der täglichen Bohr- und Sprengtätigkeit im Treidlinger Großbetrieb und des hohen Fahrzeugaufkommens ist der Besuch des Betriebsgeländes aus Sicherheitsgründen untersagt. Jedoch kann man an der Südseite des Steinbruchs vom erhöhten Rand an der Straße nach Reichenbach die Geologie des Bruches überblicken und am Rande des Betriebsgeländes einige große Blöcke des typischen Gesteins in Augenschein nehmen.

Seit 1974 wird der Steinbruch (Abb. D4.1) von der Fa. K. Schwinger betrieben. Im Tagebauverfahren werden Quarzglimmer-Diorit, wie er für Roßbach typisch ist, und **Granodiorit** abgebaut. Dieser ist ein mittelkörniges, gleichkörniges Gemisch aus Quarz, Feldspat und Glimmer mit Hornblende und Augit (Abb. 21). In den Dioriten finden sich gelegentlich Kristallgranit-Schollen und Biotitlinsen. Sie belegen eine mit Roßbach identische Abfolge der magmatischen Intrusionen: **Hauptmasse Kristallgranit I**, Aufstieg von Magmen des **Quarzglimmer-Diorits** in nordnordwest-südsüdost verlaufenden, kilometerlangen und bis 200 Meter breiten Klüften am Nordwestsaum des Plutons und schließlich **Kristallgranit II** am Kontakt (Abb. D4.2) zum Granodiorit (TROLL & BAUBERGER 1968).

Wegen seiner Dichte bei gleichkörnigem Gefüge eignet sich das Gestein Quarzglimmer-Diorit u. a. als Edelsplitt für Asphalt- und Betonfahrbahnen, als Gleisschotter und für Wasserbausteine sowie als Bauzuschlagstoff bei der Beton- und Ziegelherstellung. Die Unterschiede der Rohstoffgewinnung gegenüber der harten körperlichen Arbeit der Roßbacher Steinhauer in früheren Zeiten zeigen sich nicht nur im Zusammenspiel eines Hochlöffelbaggers mit einem Muldenkipper, die heute gemeinsam eine Stundenleistung von 350 Tonnen erbringen. Jeder Schritt im Arbeitsprozess des modernen Abbaubetriebs bei Gewinnung, Aufbereitung, Tonnage und Maschineneinsatz unterliegt heute der Effizienzmessung, Nachbesserung und Modernisierung.

Abb. D4.1. Dioritsteinbruch Treidling.

Abb. D4.2. Schlierige Verwischung von Granodiorit am Kontakt mit eindringender Granitschmelze, Steinbruch Treidling.

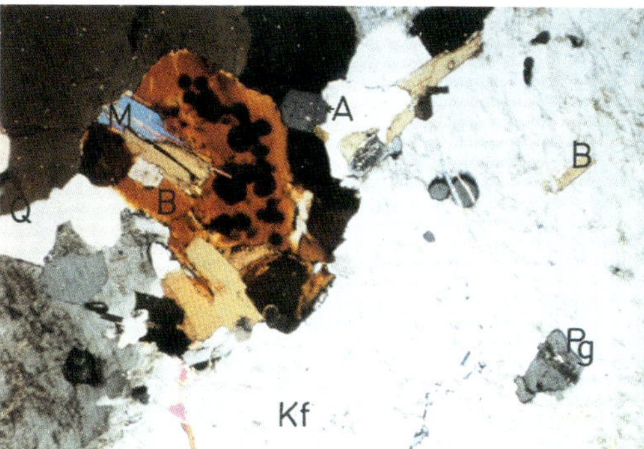

Abb. D4.3. Dünnschliff Kristallgranit I von Roßbach. – © RUDOLF GEIPEL, GERHARD EIGLER.

Abb. D4.4. Dünnschliff, Quarzglimmer-Diorit von Roßbach. – © RUDOLF GEIPEL, GERHARD EIGLER.

Zur **Unterscheidung von Graniten und Quarzglimmer-Dioriten**, die sogar nebeneinander in Steinbrüchen der großen Intrusionskörper des Bayerischen Waldes (z.B. bei Roßbach-Treidling, Fürstenstein-Tittling oder Hauzenberg-Waldkirchen) auftreten können, lohnt sich der Einblick in die Mikrostruktur beider Gesteine (Abb. D4.3, D4.4). Zu diesem Zweck werden Gesteinsplättchen so dünn heruntergeschliffen, dass sie durchsichtig werden. Diese **Dünnschliffe** werden dann im Polarisationsmikroskop untersucht und fotografiert, in unserem Fall bei 52-facher Vergrößerung unter gekreuzten Nicols.

Erstarrungsgefüge eines Kristallgranits (Abb. D4.3): großflächig Kalifeldspat (= Kf, hellgrau, strukturiert) mit Einschlüssen von eigentlich schwarzem Biotitglimmer (= B, bräunlich bis rötlich), der interessanterweise Strahlungshöfe (= kreisrunde schwarze Flecken) von Spuren eines radioaktiven Minerals aufweist. Im Gestein ist ferner eine zweite Feldspatvarietät Plagioklas (= Pg, grau), Quarz (= Q, weiß) und Muskovit, eigentlich ein weißer Glimmer (= M, blau-rosa-beige) eingewachsen, dessen Struktur als blättchenartiges Schichtsilikat gut zu sehen ist. Zufällig wurde in der Schnittfläche ferner ein eigentlich hellgrüner Apatit (= A, dunkelgrau) erfasst, dessen sechseckige Kristallsäule quergeschnitten ist.

Beim **Quarzglimmer-Diorit** (Abb. D4.4) kommt als Gemengeteil noch die gesteinstypische Hornblendekristalle (= H, grünlich) hinzu. Auch dem Plagioklas sieht man seine leistenförmige Kristallform an.

Weiterfahrt auf der B16 nach Roding. Vom Stadtzentrum Roding aus auf der Regensburger Straße bis Stadlhof. Hier links ab nach Regenpeilstein. Auf der Straßenkuppe besteht rechts Parkmöglichkeit. Wenige Meter danach ergibt sich ein Blick hinunter ins tief eingeschnittene Regental, beherrscht von einer Burg.

D5 Landschaftsgeschichte des mittleren Regentals

Die urkundlich erstmals 1270 erwähnte **Burg Regenpeilstein** (Abb. D5.1) mit ihrem hochmittelalterlichen Wohnturm steht 35 Meter über der Talsohle am Ausgang einer engen Flussschleife. Hier hat sich der Regen 60 Meter in mittelkörnigen, durch Verwitterung rötlich getönten Granitfels eingetieft und einen steilen Prallhang im Regental geschaffen.

Anfang des Tertiärs vor 60–50 Mio. Jahren existierte hier klimabedingt ähnlich den wechselfeuchten Tropen ein weiträumiges **Flachmuldentalsystem** mit Gebirgsschuttfächern über Oberkreidesedimenten, das die gesamte Bodenwöhrer Bucht bis Cham erfasste. Hier floss gegen Ende des Tertiärs im Pliozän vor 5,3–2,58 Mio. Jahren der mäandrierende Ur-Regen aus dem Raum Cham-Regen auf einer Ebene, die heute ±425 Meter hoch liegt, über Nittenau, Marienthal und in westlicher Richtung weiter mit der Laufstrecke Rotgraben (C3, S. 47) und Teublitz bis zur Ur-Naab.

Aus freien Mäandern in Lockersedimenten entstanden auf der gesamten Strecke mit der Zeit gebundene Durchbruchsmäander im härteren Granitgestein. Maßgeblich hierfür waren zunehmende Niederschläge mit der Folge vermehrter Flussdynamik und eine Hebung der Großscholle. Sie förderten die Tiefenerosion und schufen ein **epigenetisches Durchbruchstal**. Die während des Eiszeitalters erfolgende Flussanzapfung am Regenknie bei Marienthal wird noch zusätzlich erosive Kräfte durch Laufstreckenverkürzung bewirkt haben, da sich zeitgleich auch das Vorfluterniveau der Donau deutlich absenkte.

Abb. D5.1. Luftbild von der Burg Regenpeilstein über dem Regental bei Roding.

Zurück an der Parkbucht fahren wir hoch in Richtung Wacherling, parken nahe dem Ortseingangsschild und folgen beim Wegekreuz dem links auf die Kuppe führenden Weg, um die Landschaft besser überblicken zu können.

Zu unserer Überraschung finden wir hier im klassischen Granitgebiet am Feldrand Lesesteine aus Kalksandstein: Fossilien belegen, dass sie nicht aus der Jurazeit stammen. Vielmehr handelt es sich um Meeresablagerungen aus der Oberkreide, die vor 95 Mio. Jahren, also weit vor der Talgeschichte des Regen, in einem Flachmeer am Rande des kristallinen Grundgebirges abgelagert wurden. Unwillkürlich hat man den Eindruck einer schmalen, in das kristalline Grundgebirge hineingreifenden Bucht von Bodenwöhr bis Roding. Die Meeresbucht der Kreide-Zeit war aber viel weiträumiger, wie der auffällige Grünton in der Exkursionskarte (S. 55) zeigt.

Ab Wacherling folgen wir der schmalen Straße nach Unterlintach, biegen dort rechts ab Richtung Woppmannsdorf, durchqueren zwei Waldstücke und erreichen links einen großen Steinbruch. Es handelt sich um einen Großbetrieb der »Fa. Haimerl GmbH Schotterwerke« in Grub. Wegen laufenden Bohr-, Spreng- und Transportarbeiten und auch wegen der instabilen Wände ist allergrößte Vorsicht geboten. Eine Anfrage in der Verwaltung zum Betreten des Betriebsgeländes ist unumgänglich und wäre nur mit ausdrücklicher Erlaubnis und auf eigenes Risiko möglich. Um einen geologischen Überblick zu bekommen, ist jedoch wegen der optimalen Sichtbedingungen vom Westrand des Betriebsgeländes aus ein Betreten des Steinbruchs keineswegs nötig.

D6 Landschaftsgeschichte der Oberkreide: Granit-Steinbruch Grub bei Roding

Vor ca. 95 Millionen Jahren stieß das »alpine« Mittelmeer (**Tethys**) in Richtung Böhmisches Massiv vor und bildete ein **Schelfmeer**, dessen Schichtenfolge in der Danubischen Kreide dokumentiert ist (Abb. A1.3, S. 19; NIEBUHR et al. 2011). Es überflutete den heutigen Bereich der südlichen Oberpfalz und der Bodenwöhrer Senke und Teile des Falkensteiner Vorwaldes. Heute sind über dem Kristallin des Bayerischen Waldes nur noch an jenen Stellen entsprechende Meeressedimente zu finden, wo sie durch spätere tektonische Absenkung vor erneuter Abtragung geschützt waren, speziell also im Bereich Roding–Michelsneukirchen.

An der 50 Meter hohen Steinbruchwand der »Haimerl GmbH Schotterwerke« zeichnet sich die **Grenze zwischen der marinen Oberkreide und dem kristallinen Grundgebirge** (Abb. D6.1) messerscharf ab. Der Kristallgranit I ist auf seinen oberen 10 Metern durch Verwitterungsvorgänge, die zeitlich vor der Meerestransgression liegen, rötlich eingefärbt. Feldspäte sind teils lehmig zersetzt und kaolinisiert. Im Liegenden geht er in unverwitterten grauen Kristallgranit I über. Dieser wird von geglätteten und geschrammte **Harnischflächen** (Abb. D6.2) überprägt, an denen Gesteinsmassen unter extremem Gebirgsdruck aneinander vorbeischrammten. Sie belegen die Verschiebung der kristallinen Platte des Falkensteiner Vorwaldes auf einer schiefen Ebene als kombinierte Aufwärts-Westwärts-Bewegung.

Erdgeschichtlich besonders bemerkenswert ist die gut sichtbare **horizontale Kappungsfläche des Granits** in der Steinbruchwand, eine Schichtlücke durch Erosion: An der Epochenwende Jura/Kreide hatte sich neben anderen Teilen Süddeutschlands der Westrand der Böhmischen Masse um ca. 1000 Meter über den Meeresspiegel gehoben. Diesen Hebungsvorgang belegt die »Apatit-Spaltspurendatierung« (VAMVAKA, SIEBEL, CHEN & ROHRMÜLLER 2014) einer im unzersetzten Kristallgranit des Steinbruchs Grub genommenen Probe mit dem Alter von 148 Mio. Jahren. Im Zeitraum von **140–120 Mio. Jahren** kam es während einer **Festlandszeit in der Unterkreide-Epoche** zur Abtragung aller marinen Jurasedimente auf dem Kristallin des Bayerischen Waldes und – wie der Aufschluss im Steinbruch Grub bestens belegt – einer klimagesteuerten **kreidezeitlichen Rumpfflächenbildung**. An der Steinbruchwand sieht man auch, dass jüngere

Abb. D6.1. Grenze zwischen Oberkreide und Kristallin im Steinbruch Grub bei Roding.

Abb. D6.2. Harnischflächen im unverwitterten grauen Kristallgranit I, Steinbruch Grub bei Roding. Bildbreite 12 cm.

Abb. D6.3. Meeressedimente der Oberkreide (Cenomanium–Turonium) über Granit, Steinbruch Grub bei Roding.

Abb. D6.4. Flache Schalenhälfte der Auster Rhynchostreon suborbiculatum (alter Name: Exogyra columba) an der Glaukonit führenden Basis der marinen Oberkreidesedimente, Steinbruch Grub bei Roding.

Deckschichten aus Kalksandstein der Oberkreide diese alte Einebnungsfläche bis heute schützen.

Die Meerestransgression der Oberkreide wird von der ca. 20 Meter mächtigen **abwechslungsreichen Sedimentfolge mariner Ablagerungen** (Abb. D6.3) oberhalb der Kappungsfläche an der Steinbruchwand abgebildet. Es beginnt mit einer wenig gefestigten dunkelgrauen, mergelig-feinsandigen Schicht, die zahllose kleinste gerundete Quarzkörnchen und grünliche, kugelig-walzenförmige Körner des Minerals Glaukonit $(K,Na)(Fe^{3+},Al,Mg)_2(Si,Al)_4O_{10}(OH)_2$ enthält. Dieses Schichtsilikat entsteht gerne an Festlandsrändern mit Brackwasser, wenn beispielsweise Biotit, der reichlich im Kristallgranit vorkommt, unter reduzierenden Bedingungen am Meeresgrund verwittert, unter Sauerstoffabschluss zersetzt wird und anschließend rekristallisiert. Austernschalen (Abb. D6.4) sind zeittypische Fossilien im Flachmeer. Darüber liegt kalkiger **Glaukonit führender Grünsandstein** (Abb. D6.5) wie er für das **Cenomanium** der Regensburger Oberkreide typisch ist. Es folgen Wechsellagen mit erhöhtem Kalkgehalt, Kalksandstein und Kalkmergel, die auf leicht veränderte Ablagerungsbedingen hinweisen. An Feldrändern der Umgebung (z. B. bei der Weiterfahrt vor Kalsing und bei Oberprom-

Abb. D6.5. Grünsandstein, Cenomanium/Oberkreide, Steinbruch Grub bei Roding.

Abb. D6.6. Muschel Neithea sp. im turonen Kalksandstein, Lesesteinfund auf landwirtschaftlicher Flur, Oberprombach.

Abb. D6.7. Crassatella sp., Muschel aus dem kreidezeitlichen Knollensandstein, Turonium von Mitterkreith bei Roding.

bach) findet man vermehrt Oberkreide-Muscheln im Kalksandstein aus dem **Turonium** (Abb. D6.6), ebenso bei Mitterkreith nahe Roding (Abb. D6.7).

Diese Fossilien aus Flachmeersedimenten wie auch die Schichtenfolge der küstennahen »**Roding-Formation**« (NIEBUHR, RICHARDT & WILMSEN 2014) gehören zur **Danubischen Kreide-Gruppe** und lassen sich gut mit der altersgleichen Gesteinsfolge und dem Fossilinhalt der »Regensburg-Formation« (BAUBERGER, CRAMER & TILLMANN 1969, HAUNER 1971) vergleichen. Am Westrand (Bergrücken zwischen Triftersberg und Kalsing) sowie dem Südende des Rodinger Kreidetrogs (oberhalb Hinterer Reishof bei Unteraigen, 470 m) findet man am Feldrand als Lesesteine sog. **Hornsandstein** (Abb. D6.8). Es ist ein mit Quarzkörnern gespickter, überaus harter Kalkstein, der zusätzlich Feldspatkörner aus Schuttfächern vom benachbarten Festland enthält: ein Beleg für küstennahe Meeresablagerungen.

Über Grub geht es auf einem 580 m hoch liegenden Bergrücken mit Lesesteinen aus Hornsandstein nach Kalsing und dann hinunter über Oberprombach nach Obertrübenbach. Dort fahren wir Richtung Roding zurück, um nach 1 km Strecke einem Geotop-Hinweisschild folgend links zu Fuß die Bachmulde zu überqueren und auf einem Waldweg links herum einen wissenschaftsgeschichtlich wichtigen Aufschluss mit Informationstafel zu erreichen.

Abb. D6.8. Hornsandstein mit kantigen Feldspat-Gemengteilen, terrestrische kreidezeitliche Schüttung am Südende des Rodinger Kreidetrogs, Hinterer Reishof, Hochfläche 470 m bei Unteraigen. Bildbreite 7 cm.

D7 Geotop Obertrübenbach (430 m)

Über feinkörnigem rötlichen Granit liegen die vom Steinbruch Grub bereits bekannten cenomanen Kalksandsteine und Glaukonit führenden Kalkmergel einer Flachwasserbucht der Oberkreide. Hier kann man die Grenze zwischen beiden Gesteinen erfassen: Besonders auffällig ist grobes gerundetes Schuttmaterial aus der Meeresbrandung, ein **Transgressionskonglomerat** (Abb. D7.1). Ferner greifen helle Verwitterungsrillen aus der vorherigen Festlandsphase (Unterkreide vor 140–120 Mio. Jahren) tief in den Granituntergrund hinein und zeigen lehmig zersetzten Feldspat und Kaolin.

Zwei Kilometer südlich von Obertrübenbach endet nicht nur das Gebiet der Überdeckung durch Meeressedimente der Oberkreide, sondern zugleich das Falkensteiner Kristallgranitgebiet. Die geologische Exkursionskarte zeigt metamorphe Gesteine an: heller, sog. **leukokrater Gneis** (Abb. 7) auf der Anhöhe beim Hinteren Reishof nahe Unteraigen und **diatektischer Gneis** von Wiedenhof bei Sattelbogen (Abb. 8), der bei sehr hohen Temperaturen (Diatexis) aufgeschmolzen ist, so dass der ursprüngliche Aufbau aus hellen und dunklen Lagen kaum mehr erkennbar ist.

◁ *Abb. D7.1. Grenzschicht Granit/Oberkreidesediment im Steinbruch Obertrübenbach bei Roding: Granitgerölle (Konglomerat) auf unebenem Küstengrund unter Glaukonit führendem Sandstein.*

E Rumpfflächen, Wollsäcke und Schalensteine – prähistorische Kultplätze im Falkensteiner Vorwald?

Im Bayerischen Wald gibt es drei großflächige Verebnungen im kristallinen Grundgebirge, sog. »Rumpfflächenlandschaften«. Zwei befinden sich im Inneren Bayerischen Wald (»Wanderungen in die Erdgeschichte«, Band 31): Die eine in ±1250 m Höhe im grenzüberschreitenden Nationalpark Bayerischer Wald – Šumava, die andere in ±750 m Höhe prägt die Tallagen des Nationalparks und die Wegscheider Hochfläche (Abb. 3). Die dritte **Rumpfflächenlandschaft in ± 550 m Höhe** bestimmt das Landschaftsbild im Falkensteiner (Abb. 2) und Passauer Vorwald und ist Ziel dieser Exkursion. Wie die anderen ist sie im Alttertiär (Paläogen) **vor ca. 55–23 Mio. Jahren** entstanden. Dies ergibt sich

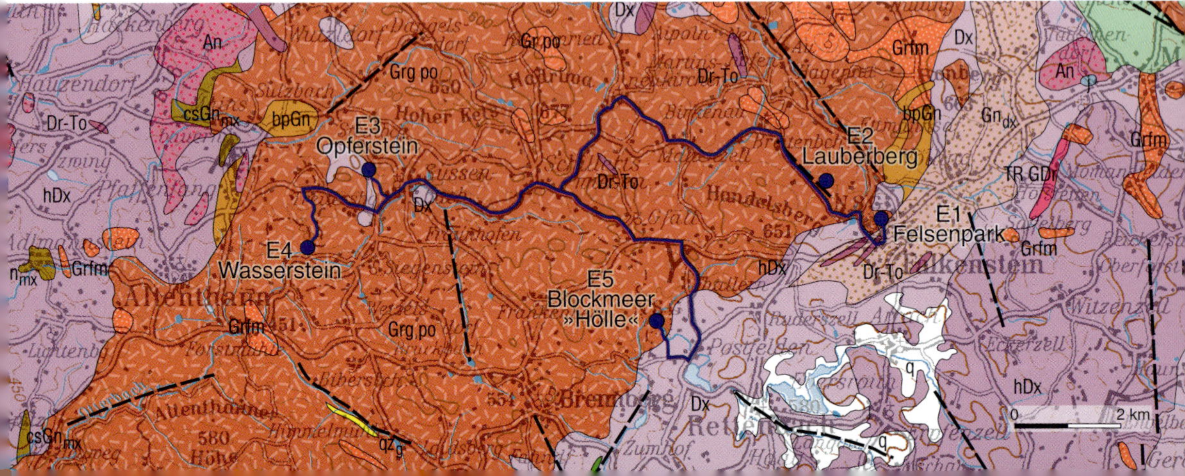

aus Apatit-Spaltspurendatierungen im Kristallin (VAMVAKA, SIEBEL, CHEN & ROHRMÜLLER 2014), welche für diesen Zeitraum zwischen Pfahl und Donau eine flächenhafte Abtragung (Denudation) unter nachlassenden Beträgen belegen. Der anschließende Klimawandel zum Miozän begünstigte die Talbildung und ließ in unseren Breiten keine flächenbildenden Prozesse von Großlandschaften mehr zu.

Im Ortskern von Falkenstein fährt man die Burgstraße hinauf zum großen Parkplatz für Besucher des Schlosses und des Schlossparks mit der Attraktion »Felsenpark«. Er ist als Naturschutzgebiet ausgewiesen. Es besteht Wegegebot. An Tagen mit Bodenfeuchte sind Profilgummisohlen unumgänglich. Vor Ort kann man zur besseren Orientierung im Gelände ein Faltblatt mit der Beschreibung von vier Steigen erhalten. Ausgangspunkt ist eine Informationstafel 50 m oberhalb des Parkplatzes.

E1 Felsenpark am Burgberg Falkenstein (625 m)

Die Rumpfflächenlandschaft des Falkensteiner Vorwalds erstreckt sich über 350 km² im Raum Zell-Altenthann-Falkenstein-Brennberg-Wiesenfelden-Michelsneukirchen. Sie entstand durch intensive chemische Tiefenverwitterung des Gesteins unter Klimabedingungen, die jenen der heutigen wechselfeuchten Tropen entsprechen. Ihre landschaftstypischen Elemente sind Hochflächen mit markanten Kuppen und Blöcken. Ideale Landschaften findet man im Bereich des Regenknies, bei Zell (Abb. E1.1) und bei Falkenstein. Der 75 Meter hohe Burgberg Falkenstein mit seinen Granitkugeln und Wollsackformen ist also ebenso Teil der Rumpfflächenlandschaft wie die offene Landschaft in der weiteren Umgebung bis zu den randlichen Mulden mit Bächen, die zum Donautal hin entwässern. Im Exkursionsgebiet greift die Rumpfflächenbildung gleichermaßen über Kristallgranit, Granit, Diorit und Diatexit hinweg.

Abb. E1.1. Granitkugeln auf exponierter Stelle auf dem Burgberg von Zell.

Entlang vertikaler und horizontaler Gesteinsklüfte drang unterirdisch die Verwitterungsfront tief in das Quarz-Feldspat-Glimmer führende Gestein ein und zersetzte ausgehend von den Gesteinstrennflächen den Granit zu sandigem **Granitzersatz (Saprolith)** bis in Tiefen von 50 Metern. Dabei lockerte sich der Zusammenhalt des Mineralgemenges, Tonminerale, z.B. Kaolinit und Halloysit (HAUNER & KROMER 1984) konnten sich neu bilden, aber auch alle Blöcke entstanden.

Da die Kluftsysteme im Granit typischerweise aufeinander senkrecht stehen, ergaben sich quader- bis plattenförmige Festgesteinskerne, aus denen sich nach und nach Restblöcke wollsackartiger bis kugeliger Form im Gesteinsverbund bildeten. Bei der fortschreitenden chemisch-physikalischen Zersetzung wurden Kanten und Ecken eines Blockkerns durch den aus zwei bis drei Richtungen kommenden Lösungseffekt zugerundet (Abb. E1.2). Aufschlüsse im Bayerischen Wald, z.B. bei Prünst und Saunstein, früher in Roßbach, belegen auch den Vorgang zwiebelschalenartiger Absonderungen der Außenhaut (Sphäroidalverwitterung) von Blöcken bis zur Kugelform (Abb. E1.3).

Große plattenförmige **Wollsackblöcke** und alle zugerundeten bis kugeligen Blöcke (STRODL 2004) mit Längen-, Breiten- oder Höhenmaßen von über zwei Metern setzen ein »kompaktes Kluftsystem« im Granitkörper mit über 200 Zentimetern Trennflächenabstand voraus und finden sich heute bevorzugt in Felsformationen auf Bergrücken und Plateaus. »Weitständige Kluftsysteme« mit Trennflächenabständen von 60–200 Zentimetern hinterlassen kleinere Blöcke in kugeliger und zugerundeter Form, aber auch noch vom Wollsacktypus und sind heute auf waldbedeckten Bergkuppen und Hängen des Falkensteiner Vorwaldes als Blockstreu weit verbreitet.

Abb. E 1.2. Kugelige Gesteinskörper in der Zersatzdecke der granitartigen Variante des dunklen Diatexits (Palit), Steinbruch Saunstein.

Abb. E 1.3. Zwiebelschalenartig verwitterter Kristallgranitblock aus der alttertiären Zersatzdecke des Kristallgranits im Steinbruch Prünst.

Die unterirdisch geformten Blöcke kamen durch Abtragung der Landschaftsoberfläche nach und nach an der Erdoberfläche zum Vorschein. Damit begann Phase II der Blockformung, unter völlig neuen Vorzeichen und mit individuellen Gestaltungsergebnissen. Unter tundrenklimatischen Bedingungen der Kaltzeiten des Eiszeitalters

Abb. E 1.4. Burgberg Falkenstein (625 m) mit zahlreichen Felsformationen aus Kristallgranit I und gelegentlichem Körnelgneis.

glitten sie gesteuert durch Gefrier- und Auftauvorgänge des Bodens abhängig von Exposition, Sonneneinstrahlung und Hangneigung hangabwärts und Blockansammlungen entstanden. Granitzersatz wurde von Felsformationen abgespült und Wollsackplatten und Blöcke auf Bergkuppen und Plateaurändern freigelegt. Hinzu kamen die Folgen der Frostverwitterung (Spaltenfrost und Frosthebung), die für offene Spalten in Felstürmen und scharfkantige Rissen von Blöcken sorgten.

Eine Wanderung durch den **Felsenpark** (Abb. E1.4) unterhalb der 1074 erstmals urkundlich erwähnten Falkensteiner Burg der GRAFEN VON WINDBERG-BOGEN wird zu einem Spiel mit unserer Phantasie. Der »Himmelssteig« führt uns sinnigerweise erst durch den »Teufelssteg« zu einem »Froschmaul«. Natürlich wird es zuerst richtig eng, bevor man in einer Kluft zwischen Wollsacktürmen die »Himmelsleiter« erklimmt und befreit aufatmen darf. Auf schmalem Steig geht es durchs »Herzbeutelgässchen«, vorbei am »Hohlen Stein« und durchs »Steinerne Gässchen«. Ein wunderbares Labyrinth der Natur. Die im ursprünglichen Gesteinsverband liegenden, aufeinandergestapelten, kantengerundeten Gesteinsplatten in Matratzen- oder Wollsackform sind ausgezeichnete Beispiele für typische Formungen (Abb. E1.6) im Kristallgranit-Gebiet des Naturraums Falkensteiner Vorwald.

Abb. E1.5. Sog. »Große Schanze« (620 m), 4 m hohe Körnelgneis-Formation als vorgelagerte Verteidigungswehr, Burgberg Falkenstein.

Trotz ähnlicher Mineralisation (Quarz, Feldspat und Glimmer als Hauptgemengteile) kommt metamorpher Gneis auf Grund seines Lagenbaus, der Faltung und zahlreicher Quarzlinsen, nicht für eine Wollsackbildung in Frage. Es fehlt ihm an Homogenität, wie man am Beispiel des lagigen Körnelgneises der »Großen Schanze« am Burgberg sieht (Abb. E1.5).

Am unteren Rand eines Granit-Wollsacks hält sich die Feuchtigkeit länger und kann, selbst wenn sie gering ist, an der Unterseite und der Außenkante eines Blocks eine zersetzende Wirkung entfalten (Abb. E1.7, E1.8). So ergibt sich das häufige Bild randlich etwas herabhängender Matratzen bzw. Wollsäcke. Der obere Rand eines Granit-Wollsacks erfährt durch die starke Sonneneinstrahlung eine physikalische Verwitterung, die eine stärkere Zurundung bewirkt. Auf oberstem Niveau eines Felsturms funktioniert dies besonders gut, wie die natürliche Kugel zeigt (Abb. E1.9).

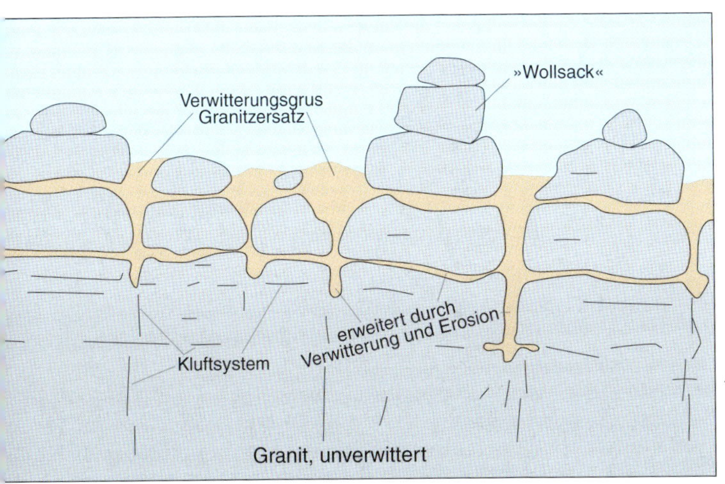

◁ *Abb. E1.6. Schema der Bildung von Wollsäcken. – Nach KEIM et al. 2004, S. 66; verändert nach LEHRBERGER & HECHT 1997.*

Abb. E1.7. Fog. »Froschmaul« (550 m), 7 m hohe Wollsackformation mit einer Breite von 15 m aus Kristallgranit I und tief zurück gewitterten horizontalen Trennflächen, Burgberg Falkenstein.

Abb. E1.8. Ungewöhnlich breitgezogene Horizontalklüfte im Kristallgranit I mit typischer Wollsackverwitterung, Burgberg Falkenstein.

Abb. E1.9. Zwiebelschalenartig verwitterte Kristallgranit-Kugel auf minimaler Auflagefläche oberhalb der Himmelsleiter, Burgberg Falkenstein.

Kaum mehr zugänglich sind zwei Felsformationen auf dem stark verwachsenen Gipfelplateau des Mantelberges bei Falkenstein, die mit unserer Phantasie spielen: **Großskulpturen aus dem Naturreich** (Abb. E1.10, E1.11) in der Waldeinsamkeit. Zwei uralte Wesen, nicht unsympathisch wirkend. Eines scheint in sich zu ruhen, das andere blickt mit Neugier auf den unerwarteten Besucher.

Wir umfahren den Falkensteiner Burgberg im Uhrzeigersinn, biegen rechts in die Straße Richtung Zell ein, um kurz danach links noch weitere 700 m in Richtung Martinsneukirchen weiterzufahren. Auf der Straßenkuppe kreuzt ein Wanderweg. Hier parken wir rechts und nehmen den halbrechts abbiegenden Weg (Markierung rotes Rechteck und Wanderweg 114) auf den Lauberberg. Er führt uns über den »Südgipfel« entlang des Hauptkammes zum »Nordgipfel«. Dann geht es auf demselben Weg wieder zurück.

E2 Wollsäcke, Schalen und ein Wackelstein auf dem Lauberberg (594 m)

Der nordwest-südost-verlaufende, 700 Meter lange Lauberberg ist ein 50 Meter hoher Bergrücken aus **Kristallgranit II** (Abb. 17) mit großen Feldspat-Kristallen. Im Gegensatz zum Kristallgranit I besitzt er eine feinkörnigere Grundmasse, ist dadurch dichter und etwas widerstandsfähiger. Das genügt, um im Laufe von Millionen Jahren anhaltender alttertiärer Verwitterungsvorgänge allmählich aus der umgebenden Kristallgranit-I-Rumpffläche herauszuwachsen. Ein schönes Beispiel dafür, wie im Rahmen der Ausbildung eines Flachreliefs geringe Unterschiede durch Gesteinsgefüge, Gesteinsgrenzen oder kaum sichtbare tektonische Verwerfungen genügen, **Geländekuppen inmitten einer Rumpfflächenlandschaft** entstehen zu lassen.

Abb. E1.10. Skulptur 1 aus Kristallgranit II, Mantelberg-Plateau bei Falkenstein.

Abb. E1.11. Skulptur 2 aus Kristallgranit II, Mantelberg-Plateau bei Falkenstein.

Der Südgipfel zeigt eine markante Felsklippe von 12 Metern Höhe. Ihr ist durch kaltzeitliche Gelifluktion begünstigt ein Blockstrom aus großen Granitkugeln vorgelagert. Der Nordgipfel zeigt talseitig große Wollsack-Klippen (Abb. E2.1). Die natürliche Kluftflächen lassen hier keine runden Blöcke zu. In Sichtweite des Wanderwegs liegen drei tonnenschwere Fragmente einer ehemaligen Kristallgranit-Großplatte. Der größere Teil (Abb. E2.2) hängt meterweit in der Luft, seine Unterseite zeigt natürliche Zurundung und ist freigelegt. Oberseitig ist das Relief jedoch uneben, auch wegen Niederschlagswasser gefüllter Schalen von rundlicher und der spitzovaler Form, wie wir sie beim Gibachter Wackelstein (C5, S. 50) schon gesehen haben. Irritierend wirkt ein Phänomen, welches bislang nicht bekannt war. Es kommt dabei auf ein Experiment an, das vorsichtig und verantwortungsvoll angegangen werden muss: Wenn man sich nämlich oben auf der Platte breitbeinig vor die beiden Schalen stellt, um die Spiegelung der beiden kleinen Wasserflächen zu sehen, lässt sich die tonnenschwere Platte bei geringer Gewichtsverlagerung wippend bewegen

Spuren zeigen, dass hier ohne Einsatz metallischer Werkzeuge in einem ersten Arbeitsschritt zwei bis zu 50

Abb. E2.1. Wollsack-Formation am Gipfelkamm des Lauberbergs. ▷

Abb. E2.2. Schalen in einem Fragment einer ehemaligen Großplatte aus Kristallgranit II, Nordgipfel des Lauberbergs.

Abb. E2.3. Wackelstein-Effekt, sichtbar in zwei wassergefüllten Schalen (Abb. E2.2) am prähistorischen Kultplatz Lauberberg-Nordgipfel.

Zentimeter tiefe, U-förmige Rinnen von 1–2 Metern Länge eingetieft wurden. Dann wurden mittig auf ganzer Länge wohl Holzkeile angesetzt und gewässert, was schließlich zum künstlichen Spaltbruch der Platte führte. Durch geringfügige seitliche Versetzung wurde erreicht, dass der Schwerpunkt des Fragments auf dem Scheitel der darunter liegenden Platte zu liegen kam. Die Schaukelbewegung spiegelt sich in den Interferenzwellen des Schalenwassers zweier nachträglich eingetiefter Schalen (Abb. E2.3) wider. Der überraschende Befund eines von Menschenhand in aufwändiger Arbeit abgetrennten Plattenteils, der fortan als Wackelstein mit eingetieften Schalen zu gebrauchen war, kann als wichtiges Indiz für die Aufwertung eines Kultplatzes in prähistorischer Zeit gelten.

Wir setzen die Fahrt über Martinsneukirchen und Schillertswiesen nach Süssenbach fort. Kurz hinter dem Ort folgt man rechts dem Wegweiser nach »Heilig Bründl« und parkt am Waldrand. Auf einem Wanderweg (Nr. 133) passiert man die Marienkapelle mit Quelle und folgt dem Weg in einem Halbbogen gegen den Uhrzeigersinn auf das 40 m höher liegende Plateau oberhalb der Marienkapelle. Hier verlässt man den Weg, um die am Rand des Plateaus bereits sichtbare Felsengruppe zu erreichen.

E3 »Opferstein« bei Süssenbach (570 m)

Schon die Lage der Wollsackformation (Abb. E3.1) über der 30 Meter hohen Abbruchkante beeindruckt. Unten häuft sich Blockwerk, oben dominieren naturbelassene Platten bis 10 Meter Länge und 2 Meter Dicke. Über diesen Platz). gibt es eine örtliche Sage von einer germanischen Opferstätte (SEIDLMAYER 1927. Es wäre nicht das einzige Mal, dass an Plätzen heidnischen Aberglaubens vor Jahrhunderten mit einer Marienverehrung Zeichen des christlichen Glaubens gesetzt wurden, wie es hier durch die Marienkapelle und den begleitenden Kreuzweg geschah.

Sucht man den Zugang zum Wollsackturm von der Bergseite her, passiert man eine separat liegende **Wollsackplatte mit eingetiefter Schale** (Abb. E3.2), die von Menschenhand sein könnte. Wie bei Igleinsberg (F5, S. 87) ergibt sich eine räumliche Anordnung von Wollsackturm und Schalenstein im unmittelbaren Vorfeld und die mittige Positionierung einer exakt gerundete Schale von ca. 30 Zentimetern Durchmesser. Sie erinnert an Bohrlöcher in jungsteinzeitlichen Amphibolitbeilen, deren Druckfestigkeit im frischen

Abb. E3.2. Schalenstein der Felsgruppe Opferstein, Süssenbach.

◁ *Abb. E3.1. Wollsackformation am Opferstein, Süssenbach.*

Zustand sogar beim 5-fachen unserer Granitblöcke aus Granit-Zersatzzone liegen. Die Idee einer Schaleneintiefung entsprechend den Methoden einer Kernbohrung mit größerem Durchmesser ware durchaus denkbar, da es im weiten Umkreis an einer zweiten Schale fehlt.

Archäologische Untersuchungen an **Felsheiligtümern** im oberen Donautal erbrachten Funde zerbrochener Keramikgefäße der Jungsteinzeit, Bronzezeit und Latènezeit auf dem Top der Kalkfelsen aber auch an ihrem Fuß. Es lassen sich überwiegend Schalen- und Schüsselformen rekonstruieren, deren Inhalt geopfert werden sollte, nicht aber die Gefäße selbst. »Die exponierte Lage auf den Fels- und Berggipfeln gibt auch den Hinweis, dass sich Opfer und damit verbundene Bitten wohl an überirdische Mächte richteten, die man im Himmel oder der Luft wähnte und denen man bei der Opferhandlung möglichst nahe sein wollte« (Wieland 2012: 278). Ohne Einschränkung kann dies auch für die möglichen Kultplätze auf Bergkuppen des Falkensteiner Vorwaldes gelten. Hier fehlen allerdings Keramikschalen: Im Kristallgranit der naturheiligen Plätze erübrigten sie sich vielleicht wegen ortsfester Schalen- und Schüsselformen und machten ihren Transport zu den Kultplätzen überflüssig. Der Mangel an Gebrauchskeramik erschwert zugleich die archäologische Datierung und Bewertung der Plätze.

Falls man dem Wanderweg 133 weiter folgen würde, könnte man auf ihm, die Straße oberhalb von Treitersberg überquerend das nächste Exkursionsziel, den Wasserstein, gut erreichen. Ansonsten geht es auf gleichem Weg zur Teerstraße im Tal zurück. Hier biegt man rechts ab Richtung Siegenstein, fährt bei der Bushaltestelle Wiesmühle rechts im Taleinschnitt von Treitersberg hoch und parkt nach der Bergkuppe linkerhand bei einer Kapelle. Hier hat man einen wunderbaren Ausblick über die 550-Meter-Rumpffläche.

E4 Wasserstein bei Süssenbach (560 m)

Hinter der Kapelle folgt man einem in Richtung Süd führenden Waldweg (teilweise beschildert als Wanderweg 133). An zwei aufeinander folgenden Gabelungen nimmt man jeweils den linken Pfad und folgt auf gleicher Höhe dem Bergrücken. Nach insgesamt 800 m Wegstrecke erreicht man das plateauartige Ende des Bergrückens. Hier lohnt es sich, kleinräumig nach einer Gruppe relativ flacher Wollsackblöcke Ausschau zu halten, die ca. 20 m rechts des Pfades in einem Birkenbestand ein Felsplateau bilden. Erst wenige Meter davor wird man eines großen kreisrunden Wasserbeckens gewahr.

Abb. E4.1. »Wasserstein« bei Süssenbach über dem Otterbachtal auf exponierter Stelle des Plateaus mit eingetiefter Schale von 1,2 m Durchmesser.

Allein schon die 25 Kubikmeter messende Plateauplatte aus Kristallgranit II wirkt beeindruckend. Am Top ist eine stets Wasser gefüllte Riesenschale eingetieft. Mit 1,2 Metern Durchmesser und 25 Zentimetern Wassertiefe ist er der größte Schalenstein (Abb. E4.1, E4.2) des Bayerischen Waldes. Zum Ensemble gehören drei weitere Schalensteine mit kreisrunden, ca. 50 Zentimeter messenden flachen Schüsseln und eine benachbarte spitzovale Form von ca. 70 Zentimetern Länge und randlicher Ausflussrinne.

An exponierter Stelle über dem Otterbachtal und dennoch abgeschieden gelegen erweist sich der »Wasserstein« als kulturgeologisch besonders wertvolles Denkmal. Prädestiniert durch die exponierte Lage der natürlichen Wollsackformation bietet sie sich als »naturheiliger Platz« zu **rituellen Zwecken** an, worauf das von Menschenhand gefertigte Schalenensemble hinweist.

Positionierung, Dimensionierung und Exaktheit der Form der Riesenschale sind herausragend. Wären Menschen beispielsweise der Jungsteinzeit mit den ihnen zur Verfügung stehenden Werkzeugen in der Lage gewesen, eine derartige Schale herzustellen? Noch fehlt es an Versuchen der experimentellen Archäologie. Vielleicht wurde mit spitzen Steinbeilen aus Amphibolit gearbeitet. Vielleicht begann man mit einer Reihe von Bohrungen vergleichbar jener in Steinbeilen. Dann hätte man in einem erweiterten Kreis kleine Bohrungen setzen oder Keilbüchsen meißeln können. Holzkeile mit Wasser begossen, würden durch Aufquellen die Sprengarbeit übernehmen. So ähnlich wurden noch Mitte des 19. Jahrhunderts auf der Viehweide westlich der Roßbacher Steinbrüche mittels Keilbüchsen und Eichenholzkeilen Spaltarbeiten an Dioritkugeln durchgeführt.

Abb. E4.2. Sieben Meter hohe Wollsack-Formation auf dem Felsplateau über dem Otterbachtal bei Zwiglhof.

Baugeologische Untersuchungen an vergleichbaren Blöcken aus der tertiären Zersatzdecke des mittel- bis grobkörnigen Vydra-Granits ergaben eine einaxiale Druckfestigkeit von 57–77 MPa (STRODL 2004). Die Messwerte der kompakt wirkenden und dennoch der Kategorie »leicht verwittert« zugehörigen Wollsackplatten entsprechen damit der halben Festigkeit unverwitterten Granits. Dies kommt sowohl der weiterführenden chemisch-biogenen Verwitterung des Gesteins an der Oberfläche aber auch der menschlichen Arbeit an Schalen entgegen. Von besonderer Bedeutung ist dies für prähistorische Zeiträume mit Holz und Stein als Arbeitsmittel. Dass sich der Kristallgranit bestens zur

Herstellung von Schalenformen mit einfachen Werkzeugen eignet, beweisen auch die zahlreichen Granittröge, welche ehemals in den Bauernhöfen des Vorderen Bayerischen Waldes als Futtertröge und Wasserbecken für Generationen ihren Dienst taten.

Auf demselben Weg geht es zurück zur Kapelle und weiter über Süssenbach und Schillertswiesen nach Gfäll. Kurz danach rechts ab nach Postfelden bis zum großen Parkplatz am südlichen Ortsende. Der Wanderweg 149 bringt uns zum Exkursionsziel. Ein Schild am Bach weist uns unmissverständlich den Weg zur »Hölle«.

E5 Wanderung zum Blockmeer »Hölle« bei Postfelden

Während der Bach zu Beginn der Wanderung im Wiesengrund noch ruhig in einem weiten Mäander fließt, der heute ca. 6 Meter eingetieft ist, ist wenig unterhalb die Hölle los. Der Höllbach verlässt die ±550-Meter-Rumpffläche und überwindet auf einer Laufstrecke von knapp einem Kilometer bis zur Einmündung des Ruderszeller Baches einen Höhenunterschied von fast 50 Metern. Das enge Tal schneidet sich im Gesteinsuntergrund ein und hat am sonnenexponierten Talhang Wollsacktürme freigelegt. Schnell vermehrt sich die Zahl gut zugerundeter Blöcke. Anfangs überwiegen **Blöcke des metamorphen Diatexits** (Abb. 12) aus der Zersatzdecke der ±550-Meter-Rumpffläche. Mit dem Eingang zur »Hölle« wird die Gesteinsgrenze Diatexit/Kristallgranit erreicht. Dann nehmen die **Kristallgranitblöcke** (Abb. E5.1) überhand: grundsätzlich plattig massiv und kantengerundet, meterlang und tonnenschwer, gelegentlich durch Frostsprengung gebrochen und im Laufe der Zeit durch fluviatile Erosion wieder an den Kanten überschliffen.

Abb. E5.1. Höllbach inmitten des Blockmeeres, Postfelden.

Dann beginnen Wasserkaskaden, das Rauschen des Höllbaches nimmt durch den Blockreichtum zu, bis der Bach komplett im Blockmeer verschwindet. An welchen Stellen er wieder auftaucht, hängt maßgeblich von der schwankenden Wassermenge ab. Hauptlieferant der Blöcke im Engtalabschnitt sind die bis 30 Meter breiten und 15 Meter hohen Wollsackformationen (Abb. E5.2) sowie die oberen Hangabschnitte mit ihrer kantengerundeten Blockstreu aus der periglazialen Solifluktionsdecke.

Gegen Ende mündet der Ruderszeller Bach und legt weitere Blöcke frei. Ein rauschendes Inferno auf 7000 m^2. Dann lohnt es sich umzukehren. Am Rückweg ergeben sich andere Perspektiven und das höllische Rauschen verflüchtigt sich.

Abb. E5.2. Wollsack-Formationen am Talhang ▷ des Höllbaches, Postfelden.

F Windbergabtei, Predigtstuhl, Rattenberg und Teufelsmühle

Die Rundfahrt startet an der Ausfahrt Bogen der BAB A3, hat als erstes die gut ausgeschilderte Klosterkirche Windberg zum Ziel, quert dann den Vorderen Bayerischen Wald auf der Linie Sankt Englmar–Rattenberg und geht über Schwarzach wieder zurück.

F1 Die romanische Abteikirche in Windberg, ein kulturgeologisches Ziel

Im Jahr 1140 entschieden sich GRAF ALBERT I. VON WINDBERG und seine Frau HADWIGA die Burggebäude am Windberger Stammsitz umzuwidmen und hier ein Kloster des Prämonstratenserordens zu gründen. Neuer Adelssitz des mächtigen altbayerischen Adelsgeschlechts wurde der Bogenberg, nach dem sie sich fortan benannten und zum äußeren Kennzeichen weiß-blaue Rauten im Wappen führten. Zu diesem Zeitpunkt beherrschten sie nicht nur die Donauebene, sondern hatten begonnen, den Bayerischen Wald durch Lehensträger bis zur böhmischen Grenze zu erschließen.

Die von ihnen gestiftete und im Jahr 1167 eingeweihte romanische Abteikirche von Windberg, eine dreischiffige Basilika mit Apsiden im »Hirsauer Baustil«, ist unser kulturgeologisches Ziel. Ihre beiden Portale entstanden um 1220. Spätere Kirchenumbauten haben romanische Architektur und Plastik der überaus sehenswerten Abteikirche nie zerstört. Besonders bemerkenswert ist, dass die behauenen Außenmauern mit den epochentypischen Verzierungen und Portalen in bester **Steinmetzkunst des 12./13. Jahrhunderts komplett aus Granit** gefertigt sind.

Ansonsten lassen sich nennenswerte Beispiele romanischer Plastik aus Granit an einer Hand abzählen: Fragmente der romanischen Basilika der Benediktinerabtei Metten, das Tympanon des Klosters Vornbach, die mit stilisiertem Blätter-Kapitell verzierte Mittelsäule der romanischen Krypta im Passauer Kloster St. Nikola, der romanische Taufstein aus Chamerau (PRAXL 2013) und das Portal der ehemaligen Reichsabtei Niedernburg in Passau.

Was die Abtei Windberg so hervorhebt, ist nicht nur die ausschließliche Verwendung des Werksteins Granit für den Mauerbau sondern die Detailgenauigkeit der Steinmetzarbeit an den Plastiken und Säulen der Portale. Minimale Verwitterungsanfälligkeit der Steinfassade nach 800 Jahren verweist auf die herausragende Qualität (vgl. H1, S. 105) des Werksteins am wetterexponierten Giebelfeld des Westportals (Abb. F1.1, F1.2) mit Maria und Jesuskind und dem knienden gräflichen Stifterehepaar. Die Säulenkapitelle sind figürlich geschmückt. Im Tympanon des Nordportals (Abb. F1.3) bewegt

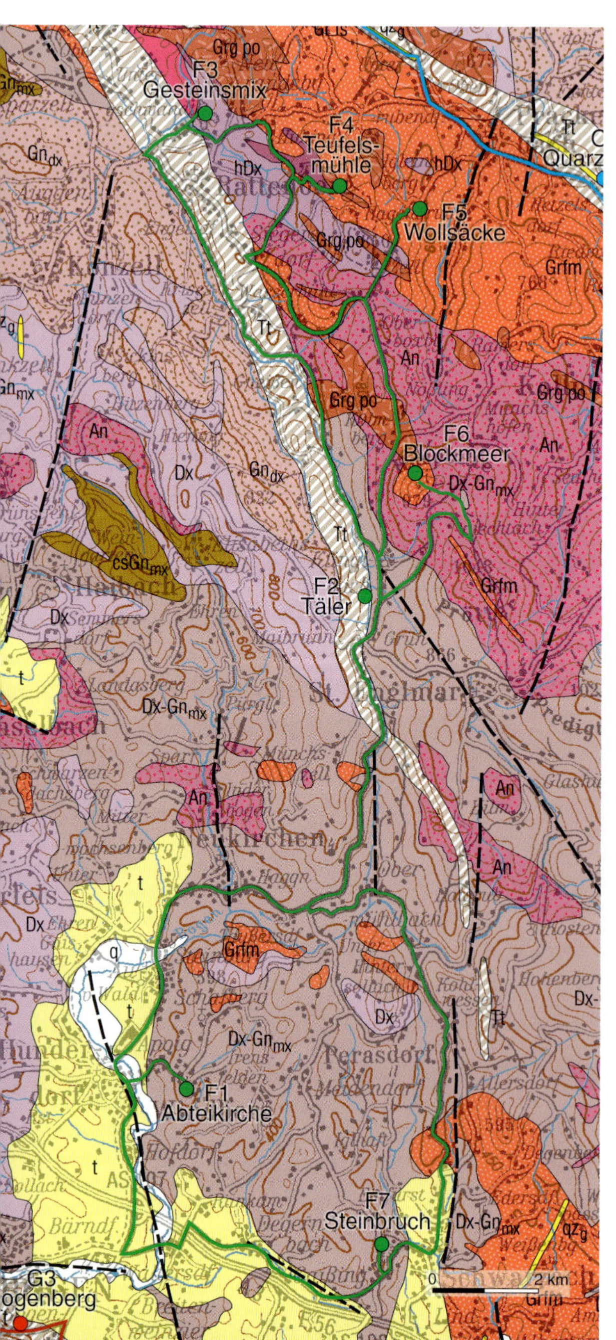

Abb. F1.1. *Granit-Hauptportal der romanischen Abteikirche Windberg, um 1220.*

Abb. F1.2. *Säulenkapitelle aus Granit am Hauptportal der Klosterkirche Windberg.*

sich ein riesengroßes, Angst einflößendes löwenähnliches Raubtier, das der Mensch mit seinem Schwert abzuwehren versucht (LEUSCHNER 1981).

Der verwendete Werkstein ist »**Luhhofer Granit**«. Er zeichnet sich nicht nur durch Feinkörnigkeit und somit höhere Druckfestigkeit aus, sondern vor allem durch die Gleichkörnigkeit seiner Hauptgemengeteile Quarz (ca. 39 Vol.-%), Alkalifeldspat (33 Vol.-%), Plagioklas-Feldspat (13 Vol.-%) und Biotit-Glimmer (12 Vol.-%). Selbst die Feldspäte als größte Komponenten erreichen selten mehr als einen Millimeter. Kalifeldspäte umschließen kleinere, früher auskristallisierte Biotite und Plagioklase eng. Der Quarz kristallisierte im Mineralgemenge spät und füllte die restlichen Hohlräume zwischen den anderen Mineralen aus (SCHULZ 2014). So entstand ein dichtes, homogenes Gestein, das gut zu spalten und auch filigran zu formen war, während der Steinmetzarbeit aber eines häufigen Nachschleifens der Meißel bedurfte.

Abb. F1.3. *Romanisches Granit-Nordportal der Klosterkirche Windberg, um 1220.*

Abb. F1.4. *Romanischer Taufstein aus Jurakalk, Klosterkirche Windberg, um 1225.*

Wo wurde der Werkstein abgebaut? Mittelkörniger dunkler Perlgneis und mittelkörniger Diatexit (KRENN et al. 2009) bilden den Gesteinsuntergrund der Windberger Abteikirche. Der Werkstein des Kirchenbaus, der wohl auch bereits beim Bau der Burg verwendet wurde, ist als feinkörnige Granitvariante am nördlichen bis westlichen Rand des **Mettener Granit-Intrusivkomplexes** verbreitet und reicht bis zum Buchenberg bei Windberg. Der historische Waldsteinbruch (frdl. Mitteilung von JOSEF BREM/Flurl-Kreis Straubing) liegt beim Weiler »Hof« in 550 Metern Höhe. Von der Steinbruch-Abbausohle führt ein 2,6 Kilometer langer Weg mit stetigem Gefälle über Oberbucha und Heiligkreuz geradewegs zum Kloster hinunter.

Die hervorragende Handwerkskunst der beim Bau der Abtei tätigen Steinmetze zeigt sich ebenso beim romanischen Taufstein (Abb. F1.4), der um 1225 angefertigt wurde und im Chor der Abteikirche steht. Es ist ein Monolith aus kompaktem Malmkalk, wie er donauaufwärts in dieser Qualität nur bei Kapfelberg und Kelheim vorkommt. Dieser Werkstoff wurde bereits beim Bau des römischen Legionslager Castra Regina verwendet, später beim Bau der Regensburger Klöster sowie in der Regensburger Dombauhütte.

Auf der Weiterfahrt in Richtung Englmar erreichen wir nördlich des Buchenbergs bei Neukirchen **Perlgneis-Gebiet** (Abb. 14), welches auf 45 Kilometern Länge von Mitterfels im Westen bis zum Brotjacklriegel reicht: endlich ein hübscher Name für ein metamorphes Gestein mit zahllosen 1–2 Millimeter großen weißen Feldspat-Perlen aus Plagioklasen. Am schönsten wirken sie im Umfeld schwarzer Glimmerblättchen (Biotit), dazwischen liegen rundliche leicht getrübte Quarzkörner. Von richtungslos körniger Prägung bis zum Lagenbau reicht die Gesteinsstruktur. Gelegentlich sind kleine Schollen von Cordierit-Gneisen und Biotit-Plagioklas-Gneisen eingeschlossen. Sie sind zwischen Pfahl und Donau rar, im Inneren Bayerischen Wald aber häufig vertreten. Diese Einschlüsse älterer Gneise verraten Entscheidendes zur Entstehungsgeschichte der Perlgneise. Infolge tektonischer Absenkung einer Großscholle innerhalb der Erdkruste schmolzen ältere metamorphe Ausgangsgesteine unter weitgehender Auslöschung des alten Gefüges um und durchmischten sich auch (SCHREYER 1967a). Dies geschah vor ca. 335 Mio. Jahren (ermittelt durch Rb/Sr-Datierung). Belegstücke findet man im Wald beiderseits der Straße in Richtung Englmar reichlich.

Nach Neukirchen folgt die Straße dem nord-süd verlaufendem tiefen Taleinschnitt »Obermühlbach–Grüner Bach«, der zur Donau hin entwässert. Am Sattelpunkt der Straße bei Grün geht es weiter nach Klinglbach. Vor dem Ortsanfang sollte man parken und kann das Tal queren. Gleiches ist 3 km später bei der Abzweigung nach Maierhof-Almhofen möglich.

F2 Tektonisch angelegte Täler bei Grün und Klinglbach

Wenn im Bayerischen Wald von tektonischen Störungen die Rede ist, denkt man in erster Linie an den nordwest-südost-verlaufenden »Bayerischen Pfahl« und den »Donaurandbruch«, die einfach nicht zu übersehen sind. Anders verhält es sich mit einer ganzen **Schar nord-süd bzw. nordnordwest-südsüdost- verlaufender Störungslinien**, die das kristalline Grundgebirge des Bayerischen Waldes auf seiner gesamten Breite streifenartig zerstückeln. Ursache war der fortwährende, nordwärts gerichtete plattentektonische Druck auf den konsolidierten Block unseres kristallinen Grundgebirges **während der Alpenentstehung im Tertiär** (UNGER 1996b). Dabei entluden sich extreme Spannungen in der Erdkruste in einem bruchtektonischen Szenarium. Die »Donaustörung« wurde aktiviert, der Vordere Bayerische Wald als Ganzes herausgehoben und zur Druckentlastung entstanden auf breiter Front die vertikalen Bruchlinien.

Im Gelände sind die Störungslinien kaum erkennbar, auch weil die geologische Situation beiderseits der Verwerfungen meist gleich ist. Entlang größerer Störungslinien entwickelten sich tiefe Taleinschnitte (Abb. 1), die seitdem den Vorderen Bayerischen Wald in Richtung Donau auf kürzester Laufstrecke entwässern. Landschaftsgeschichtlich sind es **junge Talungen aus dem Jungtertiär (Neogen)**, welche sich auch im Eiszeitalter (Pleistozän) zu blockreichen, steilen Engtalstrecken eintieften.

Die Fahrstrecke folgt einer **Nord-Süd-Störung zwischen Obermühlbach (420 m) und Grün (746 m)**. Rechts der Straße ist der Bach **V-Tal** förmig im Perlgneis eingetieft.

Flugzeuggestütztes Laserscanning mit einer Pixelgröße von einem Meter ermöglicht dem Bayerischen Landesamt für Vermessung und Geoinformation die Herstellung **digitaler Gelände-**

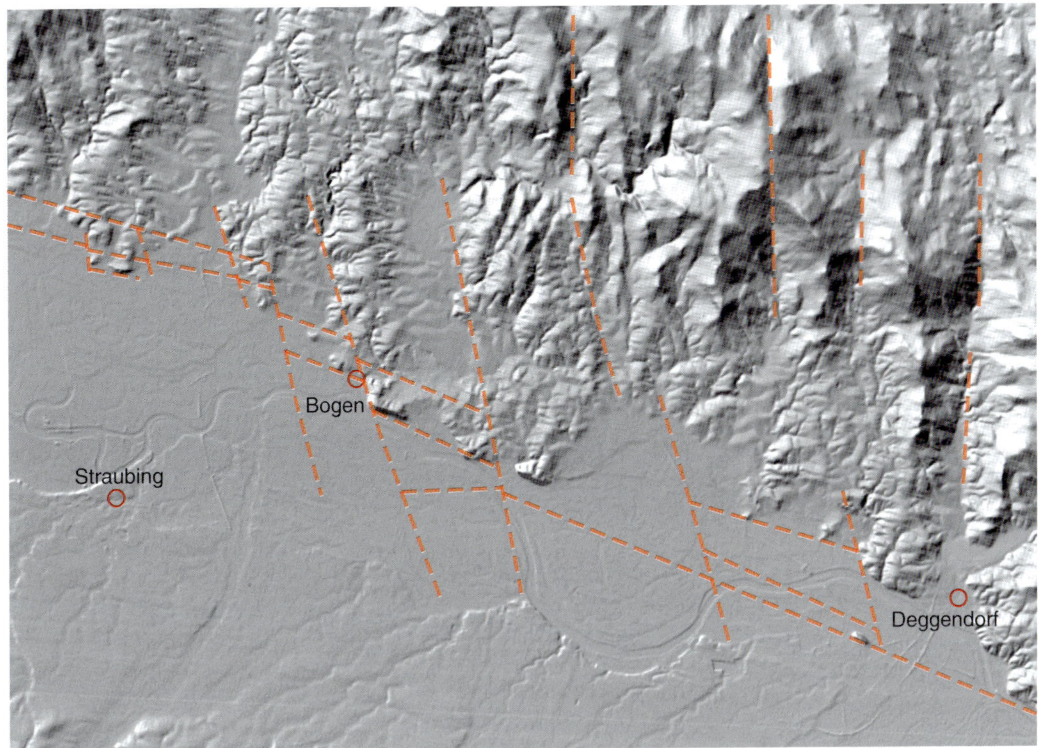

Abb. F2.1. Lineare Strukturen als bruchtektonische Störungen im Reliefbild des Bayerischen Waldes – Datenquelle (Relief): Bayerische Vermessungsverwaltung – www.geodaten.bayern.de.

modelle. Sie berechnen das Relief der Landschaftsoberfläche ohne Vegetation. **Lineare Strukturen (z.B. bruchtektonische Linien)** eines gebirgigen Naturraums werden großräumig sichtbar. Dies kann man anhand von Abbildung F2.1 selbst ausprobieren. Zu finden wären also die parallelen Nordwest-Südost-Störungen der Pfahllinie und des Donaurandbruchs sowie die schwächeren Nord-Süd-Störungen. Es zeigt sich, dass letztere an der Donaustörung beginnen und mitunter weit über die Pfahllinie hinaus nach Norden reichen (LEHRBERGER, SAURLE & HARTMANN 2003). Für den Abschnitt Straubing–Bogen–Natternberg ergibt sich im Vergleich mit Abbildung G3.4 eine gewisse Kontrollmöglichkeit. Der Vergleich zeigt aber auch, dass man mit dieser Methode in Räumen mit starker Sedimentbedeckung, z.B. in der Donauebene, nicht weiter kommt.

Nach dem Ort Grün schwenkt die **tektonische Störung bei Klinglbach (693 m) in Nordnordwest-Richtung** ein. Man wird eine Fortsetzung der jungen Störungslinie nördlich des Sattels vermuten, doch der Talboden ist jetzt auffällig weit und folgt wohl einer deutlich breiteren Störungszone. Sie ist in der Exkursionskarte zwischen den Haltepunkten F2 und F3 (Signatur Tt und Schrägschraffur) deutlich zu erkennen. Am Ortseingang von Klinglbach bestehen die Felsblöcke am Hangfuß jenseits des Baches nicht mehr aus Perlgneis bzw. Diatexit sondern zeigen ein völlig verändertes, nahezu **vollständig zerriebenes und mylonitisiertes Aussehen** (Abb. F2.2). Es ist ein kräftig deformierter **Ultramylonit** mit Lagentextur (OTT 1979). Sein Ausgangsgestein wurde bei hohen Temperaturen und hohem Metamorphosegrad durch plastische Verformung und Mineralneubildung stark verändert. Wir befinden uns also in einer **Mylonit-Zone** die an die Kategorie Donaurandbruch erinnert und auf die Pfahlstörung zuläuft.

Westlich der Klinglbach-Störungszone gibt es im Raum Stallwang–Konzell–Haibach noch weitere nordnordwest-südsüdost orientierte Bruchlinien. Es sind überwiegend **quarzgefüllte Scherspalten** (Extensionsbrüche) im Diatexit bzw. Cordierit-Sillimanit-Gneis (HANN, ROHRMÜLLER & SIEBEL

Abb. F2.2. Ultramylonit aus hellen, feinkörnigen Bestandteilen, westliche Talseite des Klingenbachtales bei St. Englmar.

Abb. F2.3. Zwei Generationen von Bergkristallen im Scherspaltensystem, Konzell südwestlich von Rattenberg.

Abb. F2.4. Milchquarz-Kristalle mit Limonit-Überzug aus der Sandgrube im Cordierit-Sillimanit-Gneis nördlich von Haibach.

2007). Die linsenförmigen Quarzfüllungen entstanden durch niedrigthermale (100–200 °C), kieselsäurehaltige Lösungen und enthalten gelegentlich hübsche Milchquarze und Bergkristalle (Abb. F2.3, F2.4). In einer Quarzkluft bei Konzell fand sich zusätzlich Grünbleierz (Pyromorphit, $Pb_5(PO_4)_3Cl$). Selbst auf quarzfreien Kluftflächen des Diatexits war Grünbleierz in spitz zulaufenden, hexagonalen Kristallen (Abb. F2.5) aufgewachsen (Rewitzer 1982).

Abb. F2.5. Kristallrasen aus spitz zulaufenden, hexagonalen Pyromorphit-Kristallen in einer Gesteinskluft aus Diatexit, Konzell südwestlich von Rattenberg.

Auf der Fahrt von Klinglbach über Gneißen zum Steinbruch Rattenberg bleiben wir immer im Tal des Klinglbaches und biegen erst unmittelbar vor Wies rechts zu dem noch 800 m entfernten großen Steinbruchgelände ab. Der Ort Rattenberg wird also umfahren.

F3 Gesteinsmix und Micromounts im Steinbruch »Hartsteinwerk Rattenberg«

Das Betreten des Steinbruchs ist grundsätzlich verboten. Im Einzelfall muss vor Betreten beim Betreiber eine Genehmigung eingeholt werden. Eine Parkmöglichkeit besteht vor der Einfahrt in den Steinbruch, wo auch größere Gesteinsblöcke aufgestellt sind.

Der Steinbruch Rattenberg liegt im spitzen Winkel zwischen Pfahlstörung und Klinglbach-Mylonitzone. In unmittelbarer Umgebung gibt es Mylonit, Perlgneis (homogener Diatexit), Granodiorit, Quarz-Glimmer-Diorit, fein- bis mittelkörnigen Granit und Kristallgranit I. Die nordexponierten Steinbruchwände offenbaren den Einfluss der Störungszonen auf die örtliche Vielfalt der Gesteinsarten. Abhängig vom fortschreitenden Abbau (Abb. F3.1) kann man folgende Gesteine in vertikaler bis etwas gekippter Lage erkennen: heller, aus magmatischem Ausgangsmaterial entstandener Orthogneis (Abb. F3.2), dunkler Körnelgneis (teilweise mit kleinen Kalksilikatschollen), rekristallisierter Quarz-Glimmer-Diorit, mechanisch zerbrochener und teilweise neukristallisierter Granit, Mylonit sowie Amphibolitschollen. Die Gesteinsserie wirkt tektonisch stark durchmischt und durch Deformation und Rekristallisation geprägt (TROLL 1979). Dies betrifft gleichermaßen ehemals metamorphe und magmatische Gesteine.

Die Gebirgstektonik bewirkte zusätzlich **Kluftmineralisationen**, die alpinotyp wirken und Einblick in die Zauberwelt der Mineralien bieten. Es beginnt mit Pyrit (Abb. F3.3) als 10 Zentimeter breite Erzkluft mit verrückt geformten Pyrit-Kristallen (Abb. F3.4). Das Kristallwachstum dieser langgestreckten, mehrfach rechtwinklig abgeknickten, filigranen Aggregate von nadeligem und würfeligem Habitus spricht für niedrig temperierte hydrothermale Bedingungen. Und wer hätte gedacht, dass

Abb. F3.1. Steinbruchwand mit der schräg einfallenden, tektonisch geprägten Gesteinsserie, Rattenberg.

Abb. F3.2. stark mylonitisierter, aus ehemaligem Kristallgranit hervorgegangener Orthogneis mit Feldspat, Quarz und Biotitlagen, Steinbruch Rattenberg.

◁ *Abb. F3.3. Pyriterz-Kluftfüllung, Rattenberg.*

Abb. F3.4. Bizarre Pyrit-Kristallverwachsung auf Quarz, Rattenberg. – Foto und Sammlung Josef Penzkofer.

Abb. F3.5. Fluorit-Oktaeder als Phantomkristall, Rattenberg. – Foto und Sammlung Josef Penzkofer.

Abb. F3.6. Epidot-Kristalle in seltenem roten Farbton, Rattenberg. – Foto und Sammlung Josef Penzkofer.

◁ *Abb. F3.7. Anatas-Kristall, Rattenberg. – Foto und Sammlung* Josef Penzkofer.

Abb. F3.8. Hornblende-Kristall, Rattenberg. – Foto und Sammlung JOSEF PENZKOFER.

Abb. F3.9. Titanit-Kristall, Rattenberg. – Foto und Sammlung JOSEF PENZKOFER.

Abb. F3.10. 7 mm hohes Prehnit-Kristallbündel, Rattenberg. – Foto und Sammlung JOSEF PENZKOFER.

Abb. F3.11. Quarzkluft im Diatexit mit grünen Prehnit-Kristallen, Rattenberg. Bildbreite 4 cm

ein Mineral, welches täglich tonnenweise im Flussspat-Revier Sulzbach-Bach a. D. gefördert wurde, seine Vorliebe für Kaleidoskop-Effekte (Abb. F3.5) verrät, zudem der immergrüne Epidot in ein rotes Kostüm (Abb. F3.6) schlüpft und es der üblicherweise unauffällig braune Anatas farblich mit edlem Saphir (Abb. F3.7) aufnimmt. Hornblende (Abb. F3.8) und Titanit (Abb. F3.9) setzen mit hübscher Kristalltracht auf Show und auch Prehnit (Abb. F3.10, F3.11) bemüht sich wirklich um einen guten Eindruck.

Den Steinbruch umfahren wir auf seiner Südseite 2 km weit bis Hubing und biegen rechts Richtung Siegersdorf ab. Nach 1 km parken wir am Waldrand bei der Straßenabzweigung Richtung Oberstein und nehmen den Wanderweg 2 (rot markiert), der auch als Teufelsmühl-Rundweg bezeichnet wird.

F4 Teufelsmühle (690 m) bei Oberstein

Im Wald liegt Blockstreu, die sich auf der 600 Meter langen, gut ausgeschilderten Wanderstrecke verdichtet. Unvermittelt ragen auf einer Waldlichtung zwei jeweils 15 Meter hohe Wollsacktürme empor. Sie sind Ergebnis alttertiärer Tiefenverwitterung. Ihre Entstehung war begünstigt durch die relativ enge horizontale und vertikale Klüftung des feinkörnigen Granits. Diese bewirkte auch die hohe Blockzahl in der näheren Umgebung des exponierten Platzes. Von der tertiären Zersatzdecke wurden die markanten Wollsackformationen während des Pleistozäns durch Solifluktion befreit. Am Ende waren die kompakten Kerne der Felsgebilde (Abb. F4.1) aus dem klüftigen Gesteinsverband heraus präpariert (KEIM, GLASER & LAGALLY 2004).

An der schattigen und bemoosten Nordwand des südlichen Felsgebildes sind flach wabenartige Überformungen (Abb. F4.2) erkennbar. Es handelt sich um Formen der Granitverwitterung an stark durchfeuchteter Wand.

Abb. F4.1. Wollsackformation Teufelsmühle bei Oberstein nahe Rattenberg.

Weiterfahrt über Siegersdorf nach Steinachern und weiter Richtung Prackenbach. Vor Igleinsberg tauchen rechts der Waldstraße Kreuzwegstationen auf, die zur »Kesselbodenkapelle« führen und es quert ein Wanderweg. Hier findet man an der Straße auch eine Parkmöglichkeit und folgt dem Waldwanderweg (blaue Markierung 6) zum »Keltenstein«.

F5 Wollsack-Formation und »Keltenstein« bei Igleinsberg

Der Weg führt durch ein Blockmeer aus mittelkörnigem Granit den Hang hinauf. Den kurzen Abstecher zum »Aussichtspunkt« sollte man unbedingt nehmen, denn der exponierte Härtlingsrücken verschafft eine **grandiose Aussicht** auf das Bayerwald-Böhmerwald-Gebirgspanorama »Rachel – Falkenstein – Arber – Kaitersberg – Hoher Bogen – Čerkov« mit 60 Kilometern Länge. Am Aussichtspunkt wird Gottes Schöpfung (Abb. F5.1) gepriesen.

Weiter geht es den Hang geradewegs hinauf zum »Keltenstein« unterhalb der Kuppe P. 731 (ohne rechts zur Kapelle abzubiegen). Die Blöcke sind gut zugerundet, haben überwiegend wollsackartigen Charakter und wurden wie jene unterhalb der Teufelsmühle während des Pleisto-

Abb. F4.2. Mikroformen der Verwitterung an der durchfeuchteten Nordwand der Wollsackformation, Teufelsmühle bei Oberstein.

Abb. F5.1. Wegekreuz am Aussichtspunkt unterhalb der Felsklippen, Igleinsberg bei Prackenbach.

Abb. F5.2. Schalenstein am Fuß der Wollsack-Formation, Igleinsberg bei Prackenbach.

zäns durch Abspülung vom tertiären Granitzersatz befreit und durch Bodenbewegung unter Tundrenklima blockmeerartig angereichert. Dem darüber aufsteigenden Gipfelgrat mit 20 Metern Höhe und 50 Metern Länge hat die Frostsprengung stark zugesetzt. Dies belegen kantige Abrissflächen abgerutschter Blöcke. Die quaderartige Form vieler Blöcke war durch das rechtwinklig-quadratische Kluftsystem des Granits vorprogrammiert.

Am Fuß der Felsformation liegt ein quadratischer **Wollsackblock mit eingetiefter Schale** (Abb. F5.2, vgl. Abb. E3.2). Die beiden eingravierten **Runen** sind keltische Schriftzeichen. Wann jedoch erstmals Menschen diesen Ort als naturheiligen Platz auserwählt haben, an dem man den Göttern nahe war und kultische Handlungen vornehmen wollte, bleibt offen. Die im Internet verbreitete Information über einen Steinbeilfund in nächster Nähe des Keltensteins bedarf der Korrektur: Der Fund wurde 1982 in einer Entfernung von 1,4 Kilometern am Waldrand bei Bartlberg/Gde. Prackenbach gemacht und steht nicht im Zusammenhang mit dem Schalenstein.

Über Kolmberg geht es nach Klinglbach und nach dem Ortsende hoch zum Bergsattel Hinterwies bei Ahornwies. Vom großen Parkplatz führt ein Wanderweg (Markierung 16 rot) auf 1,7 km Länge zur gut ausgeschilderten Käsplatte. Am Hanichelriegel vorbei geht es auf dem Bergsattel links hoch zum »Gipfelkreuz« als letztem Anstieg.

F6 Blockmeer Käsplatte (978 m) bei St. Englmar

Das Gestein der Käsplatte besteht ausschließlich aus grau verwittertem fein- bis mittelkörnigen Granit mit Kalifeldspateinsprenglingen. Oberhalb von 850 Metern Höhe wird die Bergkuppe (Abb. F6.1, F6.2) von mehreren vegetationsfreien und auch vegetationsbedeckten, miteinander verbundenen Blockmeeren bedeckt. Sie überdecken weite Bereiche des Bergkegels. Mit insgesamt 60 000 Quadratmetern Größe ist es das größte Blockmeer zwischen Pfahl und Donau. Die Bildung seiner Blöcke und das Entstehen der Blockmeere erfolgte analog zu jenen im ehemals periglazialen Gebiet des Inneren Bayerischen Waldes (vgl. »Wanderungen in die Erdgeschichte«, Band 31). Nach Abtragung der tertiären Verwitterungsdecke durch Abspülung im Pliozän und Solifluktionsprozesse im Pleistozän hatte auf Grund der reichlichen Vertikal- und Horizontalklüftung des Gesteins die kaltzeitliche Frostsprengung auf der exponierten Bergkuppe leichtes Spiel. Am Ende kam es im Tundrenklima zu intensiver Blockmeerbildung (Keim, Glaser & Lagally 2004) mit Blockströmen, vor allem in Südwest- bis Nordwestexposition.

Abb. F6.1. Blick über das Blockmeer auf der Käsplatte (978 m) in Richtung Pfahlsenke bei Prackenbach.

Der Granit leistete der Blockbildung auf der Käsplatte besonderen Vorschub, denn am 750 Meter östlich davon gelegenen, gleich hohem Hanichelriegel bildete sich nur ein vergleichsweise kleiner periglazialer Blockstrom. Im Gipfelbereich des Hanichelriegels steht sogar verwitterter Fels (Abb. F6.3) an, der aus Diatexit besteht: ein dichtes metamorphes Gestein mit Lagenbau und dunklem Zusatzmineral Hornblende (Abb. 13). Erdgeschichtlich ist interessant, dass der Käsplatte-Granit als Magma in Form eines schmalen Granitstocks am Kontakt zwischen einem älteren, vor ca. 325 Mio. Jahren entstandenen Kristallgranit (bei Kolmberg) und dem noch älteren Diatexit (am

Abb. F6.2. Luftbild in Richtung Süd auf mehrere vegetationsfreie Blockmeerabschnitte der Käsplatte bei St. Englmar.

Abb. F6.3. Verwitterungsform des Diatexits am Gipfel des Hanichelriegels (970 m) neben der Käsplatte.

Hanichelriegel) in das abgekühlte Gesteinsdach hochgestiegen war und dort auskristallisierte. Seine geringere Verwitterungsbeständigkeit gegenüber dem Diatexit führte 320 Mio. Jahre später zur spektakulären Blockmeerentstehung.

Über Klinglbach und Grün fahren wir nach Schwarzach und erreichen den Steinbruch »Granitwerk Venus« kurz nach dem Ort rechts. Das Betreten des Steinbruchs ist verboten und wegen der intensiven Steingewinnung und dem hohen LKW-Aufkommen während des Betriebs viel zu gefährlich. Dennoch bestehen Fundmöglichkeiten außerhalb des Steinbruchs im Haldenmaterial neben der Zufahrtsstraße. Eine Parkmöglichkeit besteht vor der Einfahrt in den Steinbruch, wo auch größere Gesteinsblöcke aufgestellt sind.

F7 Steinbruch Schwarzach

Der Tagebautrichter (Abb. F7.1) der »Fa. Venus Ludwig GmbH Granitwerk« liegt am Südrand des Perlgneis-Gebietes und besteht maßgeblich aus einer Wechselfolge von Perlgneis (Abb. 14), metatektischem Cordierit-Sillimanit-Gneis und Diatexit (Krenn et al. 2009). Der Perlgneis ist ein dunkler Quarz-Biotit-Plagioklas-Gneis mit körnig-massigem Gefüge, der im Steinbruch mitunter auch seine lagige Struktur (Abb. 7.2) gut erkennen lässt. An der Ostseite des Bruches verläuft eine Zone mit mittelkörnigem Diatexit. Das Steinbruchgelände wird von einer Schar fein- bis mittelkörniger Granitlinsen durchquert.

Abb. F7.1. Luftbild des Steinbruchs Schwarzach, Blick nach Süden.

Abb. F7.2. Perlgneis von lagiger Struktur und durchkreuzendem Pegmatitband, Steinbruch Schwarzach.

Abb. F7.3. Perlgneis mit randlich aufgeschmolzener Biotitlinse, Steinbruch Schwarzach.

Einzelne Pegmatitschnüre (Abb. 23) als jüngste Begleiter des Granits folgen diesem, ziehen in schmalen Klüften aber auch durch den Perlgneis.

Der Perlgneis enthält Biotitgneisschollen bzw. Biotitnester (Abb. F7.3) und gelegentlich auch Kalksilikatlinsen mit orangefarbenem Grossular ($\{Ca_3\}[Al_2](Si_3)O_{12}$) und leicht rosafarbenem sowie olivgrünem Klinozoisit ($Ca_2Al_3(SiO_4)_3(OH)$). Eine Besonderheit sind Grüngesteinseinschlüsse, die optisch den Anthophyllit-Kugeln aus Heřmanov/Tschechien ähneln. Dieses variantenreiche Gesteinsspektrum wird durch eine dunkles, hornblendehaltiges Gestein mit Plagioklaseinsprenglingen ergänzt. Mineralogisch interessant sind hydrothermale Klüfte aber auch vererzte Quarzgänge mit dem Mineral Pucherit (Abb. F7.4), eine seltene Wismut-Vanadium-Verbindung ($BiVO_4$).

Abb. F7.4. Pucherit-Kristallsonne, Steinbruch Schwarzach. – Foto und Sammlung Josef Penzkofer.

G Donaugold, Donaurandbruch, Donautalterrassen und Donauhochwasser

G 1 Helmberg bei Münster: Jura-Scholle am Donaurandbruch

Die Exkursion beginnt im ehemaligen Kalksteinbruch Helmberg, der von der Autobahn A3 aus kurz vor der BAB-Ausfahrt Straubing bestens zu sehen ist. Man erreicht ihn am schnellsten, wenn man an der BAB-Ausfahrt nach Norden Richtung Bayerischer Wald abbiegt und nach 800 m auf der ersten Parallelstraße die 2,5 km lange Strecke am Schloss Helmberg vorbei wieder zurück fährt und in Wiedenhof an der Südwestecke des Helmberges parkt. Es sind nur noch wenige Meter zum ehemaligen Steinbruch.

Der historische Steinbruch wurde in einem 50 Meter hohen Bergrücken am Rand des Donautales angelegt. Dieser besteht nicht aus kristallinem Gestein, sondern aus Weißjurakalk. Im Westteil des Steinbruchs steht kompakter **Massenkalk** eines ehemaligen Schwammriffs an, im Ostteil (Abb. G 1.1) **Kalkbänke** mit mergeligen Zwischenlagen. Die steil nach Südosten einfallenden Kalkschichten weisen darauf hin, dass es sich um eine Jura-Reliktscholle am Donaurandbruch (KEIM, GLASER & LAGALLY 2004) handelt, die bei der Heraushebung des kristallinen Grundgebirges in der Bruchzone hängen

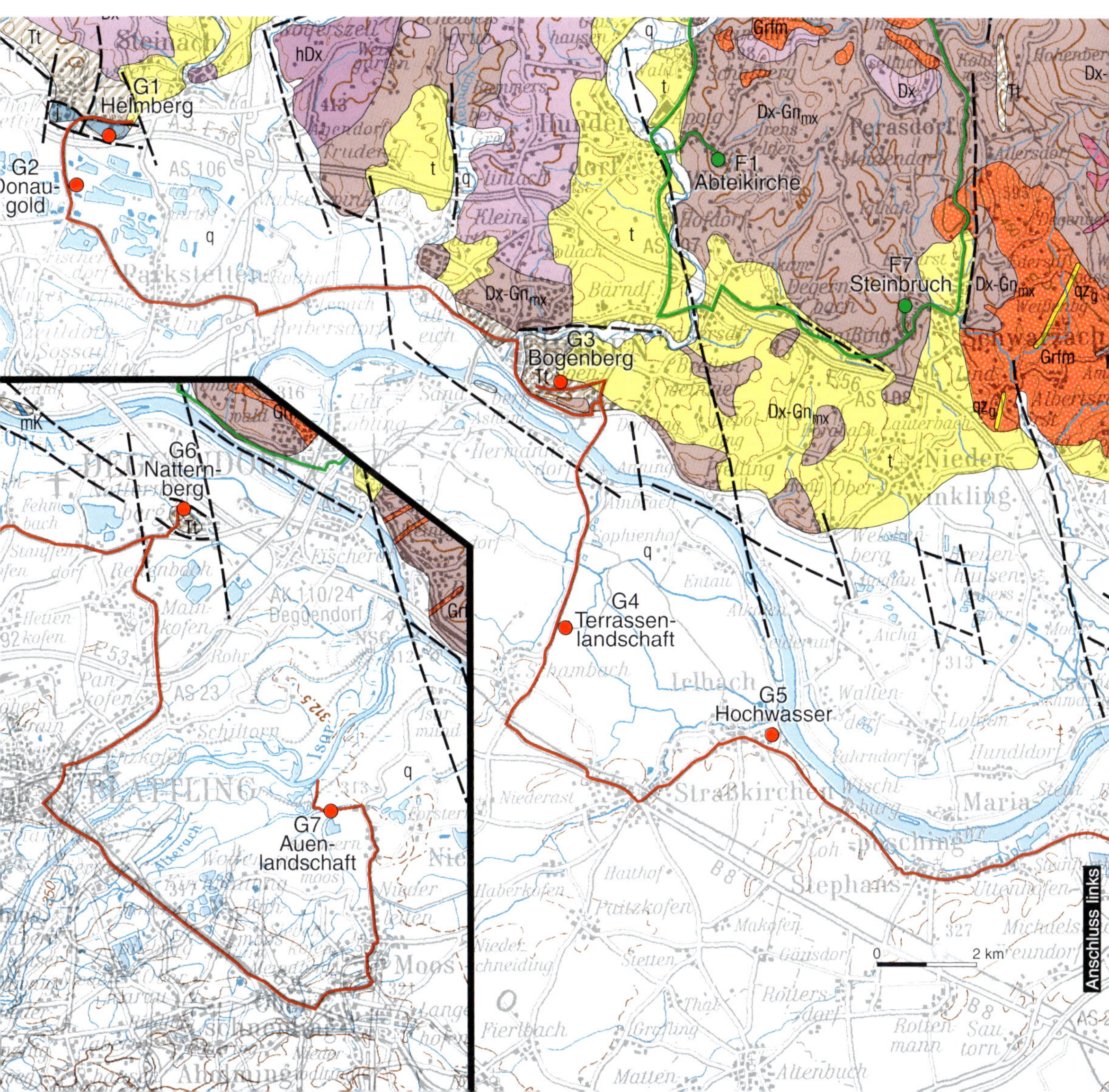

Abb. G1.1. Jura-Steinbruch Helmberg mit Massen- und Bankkalken.

Abb. G1.2. Harnisch-Fläche im Malm-Kalk, Steinbruch Helmberg bei Münster.

Abb. G1.4. Ammonit im Jurakalk, Malm α (Oxfordium), Steinbruch Helmberg bei Münster. Bildbreite 13 cm. – Sammlung GERHARD LEHRBERGER.

Abb. G1.3. Kieselschwämme Tremadictyon reticulatum Goldfuß, Malm α (Oxfordium), Steinbruch Helmberg bei Münster. Bildbreite 6 cm. – Sammlung GERHARD LEHRBERGER.

geblieben ist. **Harnisch-Flächen** (Abb. G1.2), also Schleifspuren der an Verwerfungsflächen aneinander vorbei gleitenden Gesteinspakete, sind untrügliches Zeichen der ehemaligen Gebirgsbewegungen.

Massenkalk und bankige Kalke gehören dem **untersten Malm** (Weißjura) an, sind aber am Helmberg durch Tektonik neu zusammengefügt worden. Fossilfunde erleichtern die zeitliche Zuord-

Abb. G1.5. Belemnit (Länge 14 cm) Hibolites, Malm α (Oxfordium), Steinbruch Helmberg bei Münster. – Sammlung GERHARD LEHRBERGER.

nung: Malm α, Oxfordium, Voglarn-Formation, **Alter ca. 155 Mio. Jahre**. Vielfach findet man Gerüstfragmente von plattigen bis becherförmigen Kieselschwämmen, seltener auch komplette Kieselschwämme (Abb. G1.3). Kennzeichnend für die Fauna der Zeit (GRÖSCHKE 1985) waren auch Ammoniten (Abb. G1.4), Belemniten (Abb. G1.5) und Seeigel bzw. deren Stacheln (Abb. G1.6).

Abb. G1.6. Seeigel-Stachel (Länge 3 cm) von Plegiocidaris coronata, Malm α (Oxfordium), Helmberg bei Münster. – Sammlung GERHARD LEHRBERGER.

Und wo ist das kristalline Grundgebirge geblieben? Ausgehend von den Messergebnissen der nahe gelegenen Tiefbohrung Straubing TH2 (vgl. Abb. A1.3, S. 19), liegt es vielleicht in 60 Metern Tiefe. An der Erdoberfläche taucht es auf der Nordseite des Helmbergs jenseits der Straße nach Münster auf. Hier zieht die zum Donaurandbruch (Abb. G3.4) gehörende Mylonitzone durch. Südlich der Autobahntrasse wurde eine Parallelstörung erbohrt, als **Teil eines Staffelbruchs** und ein mit tertiären Sedimenten gefüllter Grabenbruch (sog. »Münster-Graben«, UNGER 1999). Also eine kilometerbreite Bruchzone (Abb. G3.4) und nicht nur eine schmale Störungslinie.

Überquerung der Autobahn bei Wiedenhof und Fahrt zu den Baggerseen in der Donauebene bei Oberharthof-Parkstetten.

G2 Donaugold

1879 erhielt die Münchner Münze letztmals Waschgold aus bayerischen Flüssen. Nahezu 50 Kilogramm Goldkörnchen waren es insgesamt, die in der 350-jährigen Geschichte bayerischer Flussgoldproduktion aus Donau, Isar und Inn ausgewaschen wurden. Donaugold nahm nach dem Isargold die zweite Stelle ein. Wenngleich man von einem geschätzten Edelmetallgehalt von 10 mg Gold/t Flusskies in Isar und Donau ausgehen kann, erfordert es technischen Einsatz, viel Geschick im Umgang mit der Waschpfanne und noch mehr Geduld, überhaupt fündig zu werden. Das Flussgold aus der Donau (Abb. G2.1) trägt zu Recht den Namen »Goldflinserl« wegen seines durchschnittlichen Durchmessers von 0,1 Millimeter bei einer Dicke von 0,02 Millimetern. Im trockenen Zustand haben wir Goldstaub vor uns.

Goldwäscherei galt seit dem Mittelalter als Regal des Landesherrn, war für Privatpersonen genehmigungspflichtig und ein mühsames Geschäft. Im Jahr 1506 wurde in Bayern erstmals eine Münze aus bayerischem Flussgold geprägt, der **Goldgulden Herzog Albrecht IV** zu 3,26 Gramm. Von 1508 bis 1510 erfolgte dessen Prägung zusätzlich in Straubing (GRASSER 1980). Die steigende Nachfrage nach Goldgulden an der Wende 15./16. Jh. stand jedoch im Missverhältnis zum verfügbaren Rohstoff. Da die Goldseifen

Abb. G2.1. Abgeplattete Goldflinserl von 0,05–0,5 mm Größe. Flussgold aus der Donau im Raum Deggendorf. – Foto: FRIEDRICH PFEIL.

Abb. G2.2. Moderne Nachprägung des Flussgolddukatens »ex auro danubii« von 1760 mit dem Flussgott Danubius aus Goldkörnern des Donau-Niederterrassenschotters bei Parkstetten.

des Inneren Bayerischen Waldes (Lehrberger et al. 2000, Hauner 2015) nahe der böhmischen Grenze bereits im 14. und in der ersten Hälfte des 15. Jahrhunderts ausgebeutet worden waren, beflügelte dies die Flussgoldgewinnung an der Isar unterhalb von Moosburg und an der Donau ab Straubing. Über die gängigen Waschmethoden berichtete Flurl (1792) als Zeitgenosse.

1756 ließ Kurfürst Maximilian III. Joseph von Bayern erstmals **Flussgoldmünzen** als solche kennzeichnen. Neben dem obligatorischen Herrscherbild auf der Vorderseite nun zusätzlich rückseitig ein sitzender Flussgott mit Quellfass und kurbayerischem Wappen, dem Ausgabejahr und der stolzen Inschrift **»EX AURO DANUBII«** (Abb. G2.2). Diese 3,49 Gramm schweren Donaugolddukaten galten als ehrenvolles Geschenk aus adeliger Hand und wurden in elf Auflagen bis 1857 geprägt (Grasser 1980).

In den 1970er Jahren wurden im Donautal enorme Kiesmengen ausgebaggert. Die Waschanlagen der Kieswerke bewirkten eine Anreicherung des Schwermineralsandes und begünstigten die die Auffindung größerer Goldkörner aus dem Niederterrassenschotter (Abb. G2.2). Ein Schwerpunkt der Kiesgewinnung lag dort, wo sich heute große Fischweiher im Donaubogen (Abb. G2.3) bei Parkstetten in durchschnittlich 313 Metern Höhe auf der mittleren der drei jungquartären Donauterrassen, der hochwürmzeitlichen **JW_{II}**-Terrassenfläche (Beer 2015) erstrecken.

Als Herkunftsräume (Lehrberger 1996) des Edelmetalls kommen das Fichtelgebirge, die Münchberger Gneismasse und der Raum Oberviechtach in Frage. Für die Ur-Naab waren Goldkörnchen immer Teil der Sedimentfracht. Bis vor 10 Mio. Jahren wurde diese direkt in das Molassebecken eingeschüttet, denn eine Donau gab es damals noch nicht. Erst **während des Obermiozäns ent-**

Abb. G2.3. Kiesgrube im würmglazialen Donau-Niederterrassenschotter bei Oberharthof-Parkstetten, Situation 2007.

Abb. G2.4. 5 cm hoher Goldschmelztiegel aus der endneolithischen Siedlung von Köfering. – Aus: Das archäologische Jahr in Bayern 1991, S. 29.

stand das Ur-Donau-Entwässerungssystem und die Sedimentfracht der Naab konnte an die Donau weitergegeben werden. Vielfache Umlagerungen der Sedimente und Anreicherungen der Körner an strömungsgünstigen Stellen in Form sog. Goldseifen waren die Folge.

Die Gewinnung von Waschgold aus Flüssen war bereits in prähistorischer Zeit bekannt. Als sensationell kann der Fund eines **Schmelztiegels mit Goldspuren** im Rahmen einer archäologischen Ausgrabung der **endneolithischen Siedlung in Köfering-Kelleräcker** (Abb. G2.4) bezeichnet werden. Das 5 Zentimeter hohe Gefäß belegt die Kenntnis metallurgischer Techniken durch Menschen der Jungsteinzeit im Dungau (sog. »Chamer Gruppe«) und gehört zu den ältesten Nachweisen für Goldverarbeitung im Mitteleuropa (MATUSCHIK 1992). Am Südrand der Hochterrasse im Übergang zum tertiären Hügelland gelegen, war die Siedlung nur 7 Kilometer von der Donau entfernt.

In **Wallersdorf**, 25 Kilometer südöstlich von Straubing und 6 Kilometer von der Isar entfernt, gelang ein keltischer Münzschatzfund (EGGER, FISCHER & KRAINER 1989) mit 364 Goldmünzen vom Typ süddeutscher, glatter Regenbogenschüsselchen (Abb. G2.5) mit jeweils 8 Gramm Masse: prägefrische Münzen, Statere vom Typ VA aus der späten Latène-Zeit (Ende 2. bis Mitte 1. Jh. v. Chr.), also keine Importmünzen. Fundort, Größe und Unversehrtheit des Goldhorts nahe dem Mündungsgebiet der Isar in die Donau legen eine Herkunft des benötigten Flussgoldes aus beiden Flüssen nahe. Denn auch die Isar nahm durch ihre pleistozänen Schmelzwasserströme unterhalb von Moosburg Goldkörner aus Sedimenten der tertiären Süßwassermolasse mit und reicherte sie in Goldseifen an.

Abb. G2.5. Keltischer Münzschatz von Wallersdorf am Mündungsgebiet der Isar in die Donau. – Aus: Das archäologische Jahr in Bayern 1988, S. 89.

Wir bleiben auf der nördlichen Seite der Donau und fahren über Parkstetten, Oberalteich und Bogen zur Ostseite des Bogenbergs und parken beim Wegweiser »Hofweinzier« unterhalb der St.-Ulrich-Kapelle an einer alten Steinhalde.

G3 Der Bogenberg am Donaurandbruch

Der erste Haltepunkt liegt an der Staatsstraße unterhalb der St.-Ulrich-Kapelle: Die Lesesteine am Hangfuß bestehen aus einem dichten, grüngrauen Gestein (Abb. G3.1), das durchmischt, zermahlen und plastisch verformt wirkt. Makroskopische Anzeichen der gängigen Mineralkörner Quarz oder Feldspat fehlen. Es ist ein **Mylonit,** dessen Ausgangsgestein an einer Störungszone unter einem Druck von 2–8 kbar und Temperaturen von 350–420 °C (sog. **Grünschiefer-Metamorphose**) in einer Entstehungstiefe von bis zu 10 Kilometern zerschert und verformt wurde. Die Minerale kristallisierten teils neu, veränderten Größe und Form, umschlossen andere Gesteinsteile, z. B. rötlich und grünlich verfärbte Feldspatbruchstücke und wurden teils plattiggepresst.

Wir kennen das Phänomen bruchtektonisch entstandener, mylonitisierter Gesteine vom Scheuchenberg (B5, S. 43, Abb. 15). Hier am Bogenberg und auch bei Anning (Abb. G3.2) setzt es sich unter heftigeren Bedingungen fort. Analog zu den Kalium-Argon-Datierungen am Donaurandbruch beim Scheuchenberg kann man für die Deformation dieser Tektonite ein Alter von **266 ± 4 und 255 ± 3 Mio. Jahren** (SIEBEL et al. 2010), also das Ende der Epoche Perm, ansetzen.

Abb. G3.1. Grüngrauer, dichter Mylonit von der tektonischen Störungszone des Donaurandbruchs am Bogenberg.

Abb. G3.2. Grüngrauer Mylonit (Limonitspuren an der Gesteinskluft), Steinbruch bei Anning an der Donau.

Weiterfahrt zur großen Kreuzung mit der Brückenauffahrt. Hier dem Wegweiser Bogenberg folgend etwa 1,2 km bergauf zur Wallfahrtskirche. Vom Parkplatz an der Gaststätte lohnt es sich, dem Wegweiser »zum Lippweg« zu folgen und bei der Querung des Hangwegs Nr. 4 auf diesem noch 200 m auf gleicher Höhe weiterzugehen. Hier ergibt sich der beste landschaftsgeschichtliche Überblick. Geht man das kurze Stück wieder zurück, so erreicht man links schnell das Bergplateau.

Der Horizontalsteig auf dem steil abfallendem Südhang führt an Felsen vorbei, deren Tektonite verschiedene Deformationsgrade aufweisen. Hier gewinnt man einen imposanten Eindruck (Abb. G3.3) von dem heute noch 118 Meter hoch aufragenden, 1,5 Kilometer breiten Härtlingszug. Das westnordwest-ostsüdost-verlaufende **Störungssystem des Donaurandbruchs** wurde während der variskischen Gebirgsbildung angelegt und war mehrphasig auch im Zusammenhang mit der Mylonitisierung der Gesteine bruchtektonisch aktiv. Gegen Ende der Oberkreidezeit hob sich das Grundgebirge incl. seiner Mylonit-Zone über die Erdoberfläche heraus (Vamvaka, Siebel, Chen & Rohrmüller 2014). Ansonsten hätte sich nicht im Alttertiär (Paläogen) unter terrestrischen Klimabedingungen jene weitreichende ±550-Meter-Rumpffläche herausbilden können, die den gesamten Falkensteiner Vorwald prägt und das Plateau (432 m) des Bogenberges mit einbezieht.

Im langen Zeitraum Oberkreide–Alttertiär erfolgte die **Absenkung der niederbayerischen Molasse-Scholle** in mehrphasigen, vertikalen Bewegungen incl. horizontaler Zusatzkomponente. Heute liegt das im Untergrund des Donautales erbohrte kristalline Grundgebirge südlich von Bogen **1300 Meter** tiefer als das Bogenberg-Plateau (Rohrmüller, Mielke & Gebauer 1996). Die letzten bruchtektonischen Bewegungen – in bescheidener Größenordnung von 15 Metern – fanden im Obermiozän statt (Unger 1999).

Kombiniert man Relief, anstehendes Kristallin, Mylonitgestein und tektonische Befunde in einer Karte (Abb. G3.4), so erkennt man den Verlauf und die horizontalen Versetzungen des gestaffelten Donaurandbruchs im Zusammenhang mit der Mylonit-Zone und den markanten Höhen am Südrand des Bayerischen Waldes. Es zeigt sich, dass westlich des Bogenbergs entlang einiger nordnordwest-südsüdost verlaufender Störungen das kristalline Grundgebirge um 2 Kilometer nach Norden versetzt wurde und der **Donaurandbruch**

Abb. G3.3. Blick vom Bogenberg auf die Barockabtei Oberalteich und den Anstieg des Bayerischen Waldes aus der Donauebene.

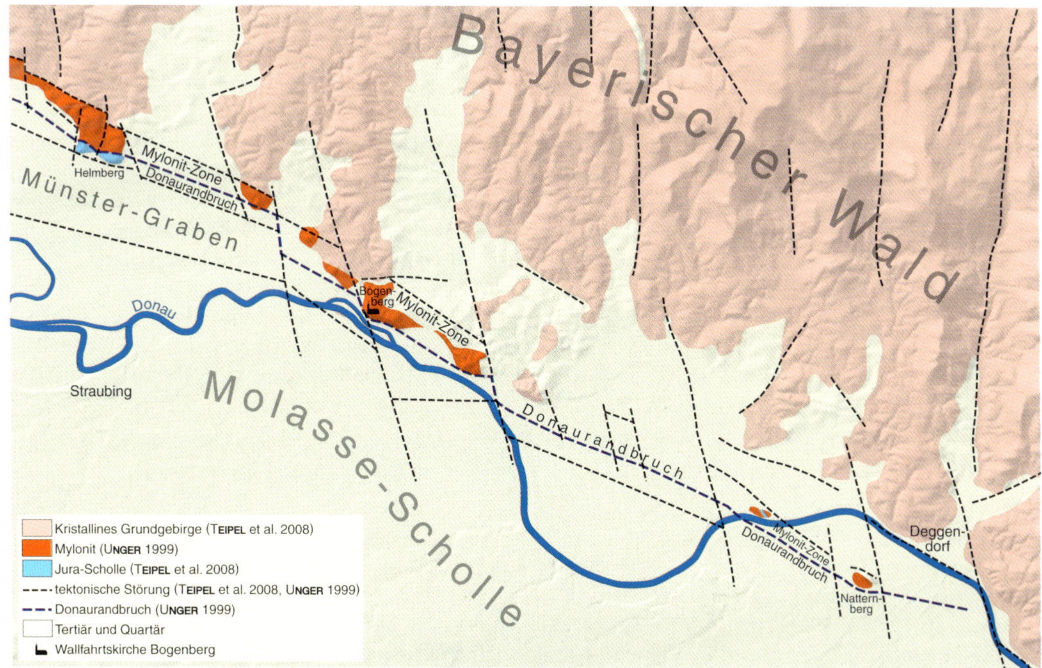

Abb. G3.4. Störungszone des Donaurandbruchs (Staffelbruch) im Abschnitt Straubing–Deggendorf. Störungslinien und Mylonite nach Unger (1999) und Teipel, Galadi-Enriquez, Glaser, Kroemer & Rohrmüller (2008). – Datenquelle (Relief): Bayerische Vermessungsverwaltung – www.geodaten.bayern.de.

durch mehrere parallele westnordwest-ostsüdost verlaufende Störungslinien gestaffelt ist: eine Bewegungslinie nördlich der Mylonit-Zone, eine zweite südlich davon mit der Jura-Restscholle des Helmbergs und eine dritte, die einen vorgelagerten **tektonischen Graben** abgrenzt (UNGER 1999). Die unmittelbare Umgebung des Bogenbergs ist also tektonisch stark zerstückelt, überrascht durch große Seitenverschiebungen und belegt ebenfalls eine Breite der **Mylonit-Zone von 1,5 Kilometern** (UNGER 1999). Von hier aus zieht der Donaurandbruch im Untergrund geradewegs zum Natternberg weiter.

Das **Bogenberg-Plateau** trug bereits in Bronzezeit und Urnenfelderzeit eine Höhenfestung. Später war es keltischer Fürstensitz und im hohen Mittelalter Herrschaftssitz der GRAFEN VON BOGEN, die im Jahre 1104 den Beginn der Marienwallfahrt auf den Bogenberg begründeten. Im Jahr 1242 ging mit dem gesamten Besitz der Bogenberger Grafen auch deren weißblaues Rautenwappen an die Wittelsbacher Herzöge über. Heute ist es Teil des bayerischen Staatswappens.

Wir überqueren die Donau auf der Schnellstraße und schenken während der Fahrt Richtung Schambach der Terrassenfolge Aufmerksamkeit.

G 4 Die jungquartäre Terrassenlandschaft der Donau bei Schambach

Entsprechend pleistozäner Flussdynamik liegt der Prallhang der Donau einmal auf der linken Talseite, z. B. am Fuß des Bogenberges, ein anderes Mal durch den Schwarzach-Schwemmfächer abgedrängt an der rechten Hochterrassenkante bei Irlbach–Stephansposching–Steinkirchen. Um die gesamte Serie der Donautalterrassen zu sehen, müssen wir auf die **rechte Donauseite** wechseln.

In ihrem 4–6 Kilometer breiten, würmeiszeitlichen Terrassental mäandriert die Donau zwischen Straubing und der Mündung der Isar auf natürlicher Laufstrecke. Ab 1836 wurden durch stufenweisen Ausbau der Schifffahrtsstraße und des Hochwasserschutzes natürliche Überschwemmungsgebiete der Flussdynamik entzogen, sodass sich – von Hochfluten abgesehen – fluviatil transportierte Schwebstoffe und Feinsande nur im schmalen Bereich zwischen den beidseitigen Deichen ablagern können.

So ergibt sich das folgende statische Bild: Auf der **rechten Donauseite** wird die grundsätzlich aus **drei jungquartären Terrassenflächen (JW_I–JW_{III})** bestehende würmzeitliche Terrassenlandschaft am oberen Rand von der durchgängigen Geländekante der rißzeitlichen Hochterrasse begrenzt. Von Regensburg kommend endet am **linken Donautalrand** die rißzeitliche Hochterrasse wenige Kilometer nach Wörth bei Oberzeitldorn und stellt sich im gesamten Abschnitt Straubing–Deggendorf–Hengersberg nicht mehr ein. Auch die frühwürmzeitliche Terrassenfläche (JW_I) taucht nur mit kleiner Fläche im Mariaposchinger Donaubogen bei Niederwinkling auf (UNGER 1999). Dennoch gibt es am linken Rand des Donautales vor dem Anstieg der Bayerwaldhänge, die in den Kaltzeiten als Windfänger fungiert haben, Löss und Lösslehm. Er bedeckt auch reichlich die miozänen Sedimente am Ausgang der Talweitungen (»Tertiärbuchten«) bei Steinach, Hunderdorf, Schwarzach und Hengersberg.

Nach Querung der 700 Meter breiten holozänen Donau-Talaue, deren Aue-Sedimente in den letzten 10000 Jahren abgelagert und mehrfach durch jüngere Hochflutsedimente überprägt wurden, erreichen wir bei Ainbrach die jüngste von insgesamt drei jungquartären, d. h. würmzeitlichen Terrassenflächen. Fahren wir nach Süden bis zur Hochterrassenkante bei Schambach hinauf, so queren wir die **jungquartäre Terrassenlandschaft**:

1. Es beginnt unauffällig mit einer ca. 500 Meter breiten **JW_{III}**-Terrassenfläche aus **spätglazialer Zeit** vor 17000–10000 in 316 Metern Höhe. Ihr Schotterkörper wird von sandig-lehmigen Hochflutsedimenten überdeckt.

2. Mit minimaler Geländestufe von 0,5 Metern Höhe folgt die mittlere jungquartäre Terrassenfläche **JW_{II}** (Münzberger 2005), die auf den nächsten 1,9 Kilometern bis auf 317,5 Meter Höhe ansteigt. Sie besteht aus dem **hochglazialen Schotterkörper** eines gewundenen Gerinnesystems der Donau aus dem Zeitraum 25000–17000 Jahre vor heute (^{14}C-Datierung). Abhängig von wechselnden Schmelzwassermengen folgte auf die anfängliche Phase einer Tiefenerosion der Donau im späten Hochglazial allgemein die Aufschotterung. Darüber folgen als Decksedimente gelegentlich fluviatile Sande des Zeitraums 15500–13500 Jahre vor heute (^{14}C-Datierung), kleinflächig auch Flugsandflächen (zwischen Fahrndorf und Seiderau in der Mariaposchinger Donauschleife). Einige donauparallele Abflussrinnen

durchschneiden diese Terrasse in bis 2 Meter tiefen Gräben, die mehrfach durch karbonathaltige Rinnensedimente verfüllt werden konnten. Für die höchstgelegene Abflussrinne am Südrand dieser Terrasse ergibt sich ein ^{14}C-Alter von 7875 ± 115 Jahren vor heute (MÜNZBERGER 2005).

3. Darüber folgt mit einer Geländestufe von 0,5 Metern die älteste der drei jungquartären Terrassenflächen **JW$_I$** (1,5 km breit bis zur Hopfenau unterhalb von Schambach), welche bis auf 329 Meter Höhe hinaufreicht. Das weit verzweigte Gerinnesystem der Donau begann nämlich mit der Bildung des Schotterkörpers schon im **Frühglazial der Würmeiszeit** (MÜNZBERGER 2005) und wurde erst im Hochglazial (SCHELLMANN et al. 2010) abgeschlossen. Nördlich der Donau ist diese Schotterterrasse relativ schmal und lückenhaft, da der Fluss beständig zum Gebirgsrand hin drängte. Südlich der Donau wird die Schotterterrasse von einem **karbonathaltigen Schwemmlöss** bedeckt, dessen Material vom äolischen Decksediment der angrenzenden rißzeitlichen Hochterrassenfläche stammt. Die Schwemmlössdecke zieht sich von Moosdorf-Ittling in einem breiten Streifen unterhalb der Geländekante bis nach Straßkirchen. Sie wurde ehemals von der Aiterach (BRUNNACKER & BAUBERGER 1956) abgelagert und hat zur natürlichen Erweiterung besonders fruchtbarer Anbauflächen beigetragen.

Entlang der rißeiszeitlichen Hochterrassenkante führt die Ortsverbindungsstraße nach Straßkirchen und weiter nach Irlbach.

Abb. G4.1. Blick von der ältesten der drei jungglazialen Schotterterrassen (JW$_I$) bei Schambach auf die Hochterrasse.

G 5 Hochwasser der Donau

Von der Mündung der Isar flussaufwärts bis Stephansposching tiefte sich die Donau noch während des Würm-Hochglazials im Zeitraum 20 000–17 000 Jahre vor heute (^{14}C-Datierung) in den eigenen früh- bis hochglazialen Terrassenschotter auffällig ein und schuf sich entlang des heutigen Donauverlaufs rückschreitend eine **Tiefenerosionsrinne**, die hart am Hochterrassenrand zwischen Steinkirchen und Stephansposching entlangführt (MÜNZBERGER 2005). Auslöser war die erhöhte Schotterfracht der aus dem vergletscherten Alpenraum kommenden Isar. Die starke Aufschüttung im Mündungsbereich der Isar bewirkte die Anhebung des Vorfluterniveaus der Donau, hemmte deren fluviale Dynamik, förderte das Mäandrieren des Stromes, reduzierte dessen Transportkraft und führte zu einer überhöhten Aufschotterung flussaufwärts bis über Straubing hinaus. Da aber jeder Fluss ungleiches Gefälle im Laufe der Zeit wieder ausgleicht, rückte die Donau bei den Schottermassen unterhalb der Isarmündung beginnend und »rückwärts schreitend« mit linearer Einschneidung den überhöhten Schottermassen zu Leibe und besorgte eine Umverteilung zum Zweck ausgeglichenen Gefälles. Erst vor 6000 Jahren hatte die Donau wieder ein ausgeglichenes Gefälle zwischen Regensburg und Passau erreicht.

Wenn wir auf der 10 Kilometer langen Gemeindeverbindungsstraße von Straßkirchen über Irlbach und Stephansposching nach Steinkirchen unterwegs sind, kommen wir an 100 perlschnurartig aneinandergereihten, archäologisch gesicherten Siedlungsplätzen aus dem Zeitraum Neolithikum bis Römerzeit vorbei. Historisch bedeutsame Standortgründe dürften die Verkehrsgunst zu Wasser und

Abb. G5.1. Donau-Talaue bei Irlbach bei hohem Wasserstand.

Abb. G5.2. Luftbild von der jungquartären Terrassenlandschaft mit natürlicher Donau-Flussschleife bei Mariaposching-Stephansposching westlich von Deggendorf. Blick nach Südwesten.

zu Land, das Nahrungsangebot der Donau und des fruchtbaren Lössbodens sowie die Sicherheit der Siedlungsplätze vor Hochwasser gewesen sein.

Wir sind also sechs Meter über der Donau entlang der Geländekante der rißzeitlichen Hochterrasse unterwegs. Weder die holozäne Talaue (Abb. G5.1) noch die jungquartäre Terrassenlandschaft (Abb. G5.2) sind vor Hochfluten von der Qualität eines 100-jährlichen Hochwassers sicher – es sei denn, man deicht sie durch Dämme, Wände und mobile Systeme zuverlässig ein. Dies belegt auch die Hochwassergefahrenkarte (Abb. G5.3) im Falle eines 100-jährlichen Hochwassers.

Welche Rolle im Falle eines Hochwassers regionale Abhängigkeiten bei einer einheitlichen Großwetterlage spielen, sieht man am Beispiel des **August-Hochwassers 2002**. Es wurde wie das 50-jährliche Donau-Hochwasser von 1954 durch die **Großwetterlage Vb**, also ein aus dem Mittelmeerraum über die Ostalpen und die Mittelgebirge nach Nordosten ziehendes, anhaltendes, starkregenreiches Tiefdruckgebiet ausgelöst. Ostallgäuer Flüsse und der Regen erlebten 100-jährliche Hochwässer, die sich bei Regensburg zu einem 20-jährlichen Donau-Hochwasser aufbauten. Die Isar erlebte ein 20-jährliches, der Inn ein 50-jährliches und die Ilz ein 100-jährliches Hochwasser, sodass am Pegel Passau (Donau: 10,81 m; Inn: 8,42 m) ein 50-jährliches Hochwasser gemessen wurde. Erschwerend kam hinzu, dass sich der Boden 2002 bereits vor den neuen Starkregenereignissen durch anhaltende Niederschläge längst vollgesogen hatte und rascher Oberflächenabfluss die Folge war. Klimaerwärmung fördert Starkregenereignisse.

Das **Juni-Hochwasser 2013** (Bayerisches Landesamt für Umwelt, Hrsg., 2014) wurde durch zwei aufeinanderfolgende Großwetterlagen aufgebaut, die längere Zeit stationär blieben. Eine **Troglage** brachte Ende Mai zunächst kühle Luft aus Nordwesten nach Bayern, die hier auf feuchtwarme Luft aus Osteuropa und dem Mittelmeerraum stieß. Deren kontinuierliche Zufuhr und ihre orographisch bedingte Hebung in den Mittelgebirgen und am Alpennordrand bewirkten einen 96-stündigen Dauerregen in Südbayern und führte zu den höchsten je gemessenen Niederschlagssummen. Wenige Tage später zog ein **Tiefdruckgebiet mitteleuropäischer Dimension** über Bayern hinweg und bescherte in einer zweiten Hochwasserwelle den Regionen, deren Speicherkapazitäten bereits Ende Mai erschöpft waren, erneute ergiebige Niederschläge, die viel zu rasch zum Abfluss kamen und bis zum 13. Juni in ganz Bayern für Hochwasser sorgten. Der Schwerpunkt des Geschehens verlagerte sich dabei von den nördlichen Donauzuflüssen auf die alpinen Flussgebiete im Südosten Bayerns sowie auf die untere Donau. Die Donau erlebte zwei Hochwasserwellen, für deren Ablauf die Überlagerung mit den Zuflüssen entscheidend war. Durch die lang andauernde Beregnung kam es zu breiteren Scheiteln

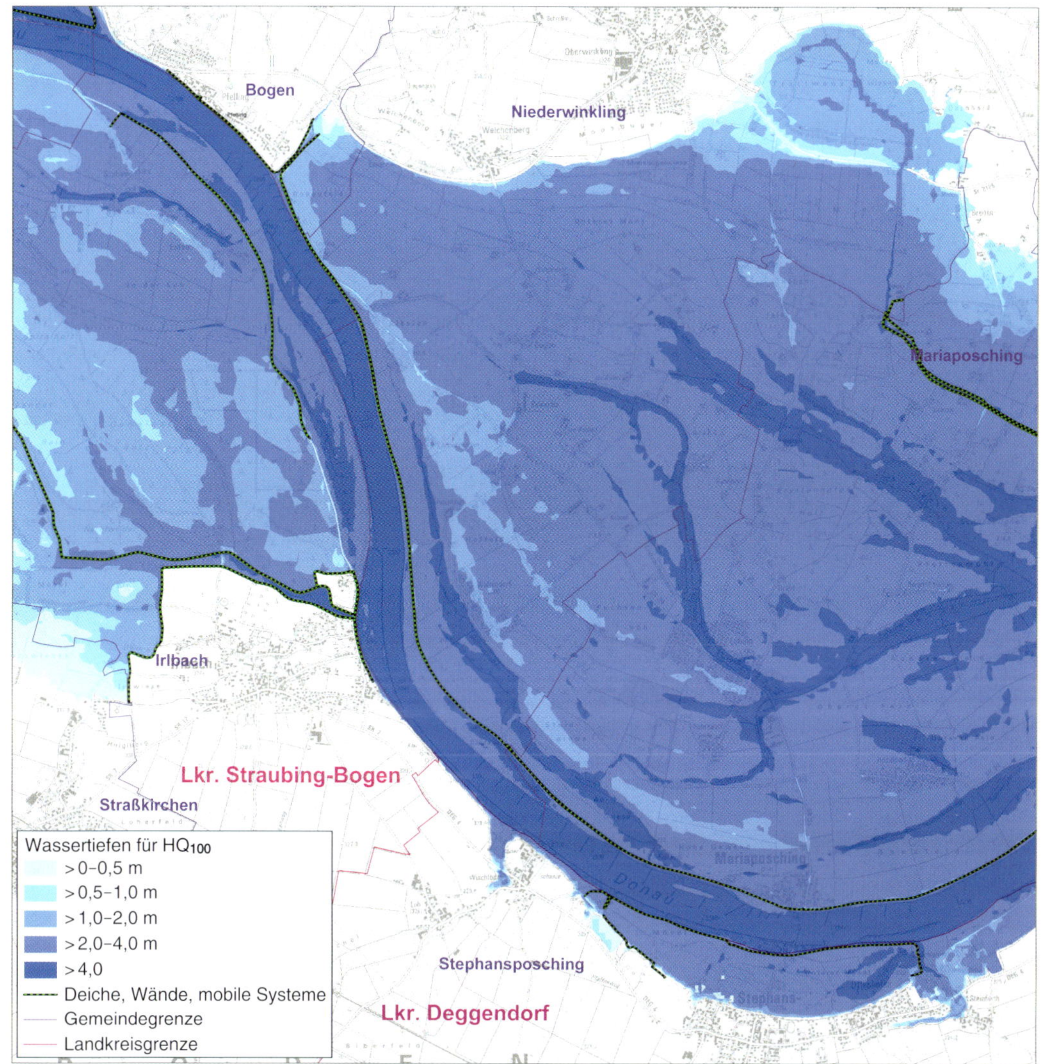

Abb. G5.3. Amtliche Hochwassergefahrenkarte für 100-jährliches Hochwasser der Donau. Karte 14 der Gemeindegebiete Bogen, Niederwinkling, Irlbach und Stephansposching.

und langsameren Rückgängen der Zuflusswellen als bei den Hochwassern im August 2005 oder im Mai 1999. Die Zuflüsse trugen deshalb mit höheren Abflussanteilen zum Scheitel der Donauwelle bei. Dadurch ergab sich oberhalb von Straubing ein 50-jährliches Hochwasser, im Abschnitt von Bogen bis Deggendorf ein 100-jährliches und durch die erheblichen Wassermassen der Isar und des Inns ein 500-jährliches (Abb. G 5.4) bis nach Passau und weit nach Österreich hinein. Der Pegel Passau stieg am Zusammenfluss von Donau, Ilz und Inn zu Höchstmarken (Donau: 12,89 m; Inn: 10,20 m) an und führte zur schwersten Überschwemmung (Abb. G5.5) seit fünfhundert Jahren. Der maximale Abfluss der Donau in Passau-Ilzstadt betrug 10 000 Kubikmeter pro Sekunde, zwei Drittel davon trug der Inn bei.

Entlang der Hochterrassenkante geht es über Steinkirchen nach Natternberg, wo wir links in die Betriebsstraße und dann in die Mettenuferstraße abbiegen, um an der Nordwestecke des Berges bei einer Informationstafel der »via danubia« parken zu können. Hier führt ein Weg hinauf zum Schlossberg.

Abb. G5.4. Luftbild der Mühlhamer Schleife südlich von Hengersberg während des Donau-Hochwassers im Juni 2013. – Foto: Bayerisches Landesamt für Umwelt.

Abb. G5.5. Luftbild der Altstadt von Passau am Zusammenfluss von Donau, Ilz und Inn während des Donau-Hochwassers im Juni 2013. – Foto: Bayerisches Landesamt für Umwelt.

G 6 Natternberg (383 m) – eine verrückte Mylonitscholle

Am Beginn des Wanderweges auf den 70 Meter hohen Natternberg findet man links in einem ehemaligen kleinen Steinbruch Gesteinsmaterial, das an die Funde am Fuß des Bogenbergs erinnert: grünlicher Mylonit, offensichtlich aus dem Ausgangsgestein Perlgneis (Abb. G 6.1). Die geologische Situation entspricht jener am Scheuchenberg und am Bogenberg. Als horstartig herausgehobenes Schollenstück der Mylonit-Zone liegt der Natternberg landschaftlich gesehen isoliert (Abb. G 3.4, G 6.2). Sein Grundriss in Form eines Parallelogramms ist durch die Verschneidung zweier Störungslinienpaare mit westnordwest-ostsüdost- bzw. nordnordwest-südsüdost-Richtung entstanden (UNGER 1999). Die Donaustörung verläuft an seinem Südrand. Als Zeugenberg des nahen Kristallins wurde er während der Gletscherschmelzwasserphasen der Kaltzeiten in einer 200 Quadratkilometer großen Schwemmlandebene im Mündungsgebiet der Isar in die Donau umspült.

Sein Plateau weist ihn zusätzlich als Relikt einer Verebnungsfläche des Bayerischen Waldes (TEIPEL et al. 2008) aus. Aus der Jungsteinzeit gibt es auf dem Plateau Siedlungsspuren, in der Urnenfelderzeit bestand eine Höhensiedlung, im hohen Mittelalter wurde eine Burg errichtet, die im Besitz der GRAFEN VON BOGEN war und während des österreichischen Erbfolgekrieges schwere Schäden erlitt.

Fahrt zur Autobahneinfahrt A 92, dann aber weiter nach Plattling-Ortsmitte und links ab auf der B 8 zur Abzweigung Burgstall und weiter über Moos zum ausgeschilderten »Infohaus Isarmündung«.

Abb. G 6.1. Grüner Mylonit (Ausgangsgestein Perlgneis), Natternberg bei Deggendorf.

Abb. G 6.2. Der Natternberg in der Donauebene bei Deggendorf.

G 7 Auenlandschaft an der Isarmündung

In einer Dauerausstellung (geöffnet vom 01.04.–31.10. mittwochs bis sonntags 10–17 Uhr) wird im Informationshaus an der Maxmühle über die Pflanzen- und Tierwelt im 3463 Hektar großen Schutzgebiet des jungen Isar-Schwemmlands informiert. Wenn man vom Informationshaus aus der Markierung »roter Baum« in westlicher Richtung und dann zum »Aussichtsturm an der Isar« folgt, sich dort umsieht, umkehrt und auf dem Deich entlang der »beruhigten Kernzone des Naturschutzgebietes« in westlicher Richtung einen Kilometer weiter geht, kann man einen Überblick zu den Lebensräumen der Auenlandschaft gewinnen.

Kerngebiet des Naturschutzgebietes ist eine 10,5 Kilometer lange, durch Deiche nach außen abgeschirmte Auenlandschaft mit den Lebensräumen **Fließgewässer** und **Altwässer** (seltene Fisch-,

Abb. G7.1. Weichholzauwald der Isar im Naturschutzgebiet Isarmündung.

Amphibien-, Insekten- und Vogelarten) sowie dem regelmäßig durch Hochwässer überfluteten **Weichholzauwald** mit Weiden und Pappeln (Abb. G7.1). Außerhalb der Deiche liegt das Vogelparadies des **Hartholzauwaldes** (Eschen, Stieleichen und Bergahorn), umgeben von **Feuchtwiesen** für Wiesenbrüter und Amphibien. Trocken gefallene Kies- und Sandbänke sind als **Trocken- und Magerrasen** Standort besonders angepasster Pflanzen, die auf nährstoffreichen Wiesen dem Konkurrenzdruck nicht standhalten könnten und seltene Insekten beherbergen.

Bis zur Regulierung der Unteren Isar um 1860 sorgte der ungebremste Fluss für eine seltene Landschaftsdynamik (Abb. G7.2). Das damalige Gerinnesystem mit den sich permanent verändernden Flussläufen, Altwässern und Grundwasserständen, der ständige Wechsel von Akkumulation und Erosion der Sedimente, sowie die ungebremsten Hochflutereignisse und die Vielfalt einer Auelandschaft sind von der heutigen Realität weit entfernt. Ende des 19. Jahrhunderts war die Isar begradigt, der Deichbau bald abgeschlossen und Mitte des 20. Jahrhunderts wurde die Kraftwerkstreppe ausgebaut. Die jungquartären Isar-Terrassen (vgl. G4, S. 98) wurden in Ackerland umgewandelt, die Zahl der Hochwässer war stark reduziert. Unterschätzt wurde die natürliche Eintiefung der Fluss-Sohle infolge begradigter Laufstrecke und demzufolge höherer Fließgeschwindigkeit. Als unterhalb von Dingolfing die ernsthafte Gefahr eines Sohldurchbruchs in den tertiären Untergrund mit unkalkulierbaren Auswirkungen auf den Grundwasserspiegel und die Bebauung erkannt wurde, war es höchste Zeit für ein Umdenken und kompensatorische Maßnahmen zur Renaturierung des Unterlaufs.

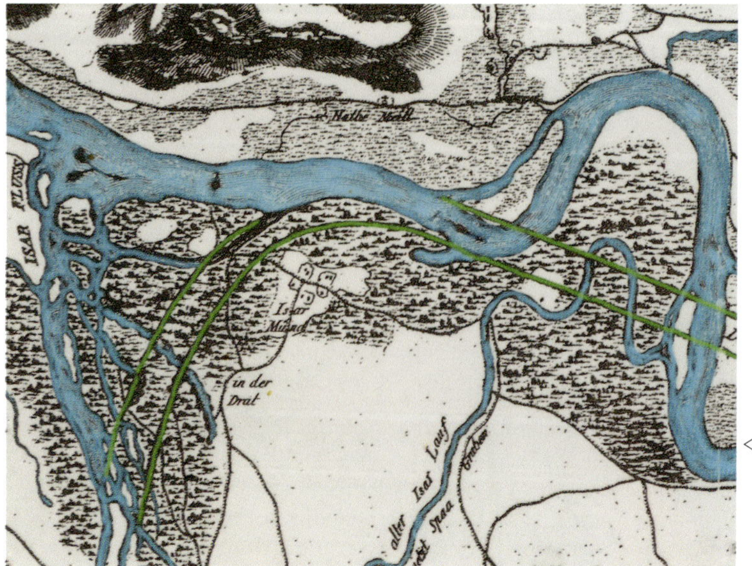

◁ *Abb. G7.2. Geplante Regulierung (grüne Linien) des Mündungsbereichs der Isar in die Donau um 1840. – Informationstafel.*

H Granitvorkommen, Hirschensteiner Perlgneis und Hundinger Bergbau

Für den Fall, dass man sich zum Besuch der Benediktinerabtei entschließt und die drei Wanderungen Hirschenstein, Muschenried und Teufelstisch etwas weitläufiger bzw. sehr gemütlich anlegen möchte, wird empfohlen, die Exkursion zu teilen und bei einer Anfahrt über die Ruselstrecke ggf. den Geotop »Blockmeer Sauloch« nahe Maxhofen mit aufzunehmen.

Weithin sichtbar sind die barocken Zwiebeltürme der im Jahr 766 gegründeten und mit dem Auftrag der Rodung und Kolonisation des Bayerischen Waldes beauftragten **Mettener Benediktinerabtei**. Schon allein die barocke Klosterbibliothek ist einen Besuch wert. Beim romanischen Vorgängerbau der Abteikirche fand der Granit der Umgebung Verwendung, im 14. Jahrhundert kam aus demselben Material ein Altar hinzu. Die aus der romanischen Basilika stammende Steinskulptur (Abb. H 1.1) nehmen wir zum Anlass unserer Weiterfahrt ins Tal des Mettener Baches mit seinen alten Granitsteinbrüchen.

Abb. H 1.1. Romanischer Kopf des 10. Jahrhunderts aus Mettener Granit vom Vorgängerbau der Abteikirche Metten. – Quelle: www.kloster-metten.de.

Wir verlassen Metten in Richtung Egg im Tal des mäandrierenden Mettener Baches und wählen am Ortsende von Frauenberg eine Parkmöglichkeit an der Straße.

H 1 Mettener Granit

1 Die alten Steinbrüche entlang des Mettener Baches zeigen, dass wir uns längst im Bereich des »**Mettener Granitplutons**« befinden. Der ehemalige Bruch auf der rechten Talseite nach Frauenmühle wird heute seiner Kletterwände wegen geschätzt. An der nächsten Straßeneinmündung rechts wird wenige Schritte später Granit zum Zwecke der Schotter- und Zuschlagstoffherstellung und für Steinmetzarbeiten abgebaut. Nach Anfrage beim Personal der Firma Erl kann man einen Blick auf die Granitvariante werfen. Im Gegensatz zu jenem aus dem westlichen Randbereich des Plutons bei Windberg ist der Granit hier mittelkörnig, enthält etwas weniger Quarz und etwas größere Feldspäte. Die eingestreuten dunklen Biotit-Glimmer $(Mg,Fe^{2+})_3(Si_3Al)O_{10}(OH,F)_2)$ geben dem Gestein ein hellgraues, gesprenkeltes Aussehen. In den oberflächennahen Felspartien der Steinbrüche, die dem chemischen Verwitterungsprozess stärker ausgesetzt sind, zeigt der gleiche Granit eine leichte Gelbfärbung. Ursache ist die Zersetzung des eisenhaltigen Biotits und die Bildung von Eisenoxiden (Lehrberger 2013).

Abb. H 1.2. Wappen des Markts Metten. Die Lilie entstammt dem Wappen der Benediktinerabtei, die zwei gekreuzten Stockhämmer verweisen auf das traditionsreiche Steinmetzhandwerk.

Er ist derart kompakt, dass bis 20 Tonnen schwere Blöcke homogenen Gesteins ohne Risse gewonnen werden können. Eine ideale Voraussetzung für plastische Werke der Steinbildhauerei, wie wir sie in einer Gemeinschaftsarbeit von Steinmetzen im Stil des romantischen Historismus vor Schloss Egg (Abb. H 1.3) noch sehen werden. Ab Mitte des 19. Jahrhunderts kam zur gestiegenen Nachfrage des Bürgertums jene des bäuerlichen Bereichs nach Gewölbesäulen, Viehbarren, Tür- und Fensterstöcken und Wassertrögen hinzu, so dass auf Grund der Granitsteingewinnung in Metten die strengen Vorgaben des kgl. bayerischen Gewerberechts gelockert wurden und 1863 die Steinhauerei als freie Erwerbsart genehmigt wurde. Diese Verfügung eröffnete dem ganzen Bayerischen Wald einen neuen florierenden Arbeitsmarkt. **1885 arbeiteten 34 Steinbruchbetriebe im Mettener Granitgebiet**, 1891 wurden die Steinbrüche mittels Lokalbahn an das Eisenbahnnetz angeschlossen (Praxl 2013). Das

Deutschland-Geschäft mit Mettener Bau-, Denkmal-, Grab- und Straßenbausteinen boomte, worauf das Mettener Gemeindewappen (Abb. H 1.2) anspielt. Im 20. Jahrhundert war der Geschäftsverlauf überaus wechselhaft, aktuell sind noch drei Betriebe im Mettener Granitgebiet tätig.

Erdgeschichtlich ist von Interesse, dass die magmatische Schmelze des Mettener Granit-Plutons im Rahmen der variszischen Gebirgsbildung als annähernd ovaler Intrusivkörper von 15 × 7 km Größe im älteren Gneisdach auskristallisierte. Im Intrusionszentrum dominiert grobkörniger Granit, zum Rand hin nehmen wegen schnellerer Abkühlung des Magmas und geringerer Kristallbildungszeit die Korngrößen deutlich ab. Die scharfen Abgrenzungen der Granitvarianten belegen, dass die Magmenintrusion trotz einheitlicher mineralogischer Zusammensetzung aller Granittypen des Massivs (Quarz, Kalifeldspat, Plagioklas, Biotit und Muskovit) in Schüben vor sich gegangen ist (SCHREYER 1967a). Die zeitliche Abfolge der Kristallisation lässt sich anhand von $^{207}Pb/^{206}Pb$-Evaporationsuntersuchungen an Zirkonen feststellen. Für den grobkörnigen Granit des Zentrums ergeben sich Alter von 324,2 ± 1,8 Mio. Jahren, für den feinkörnigen Granit des Randbereichs 320,9 ± 1,6 Mio. Jahre (KLEIN et al. 2008).

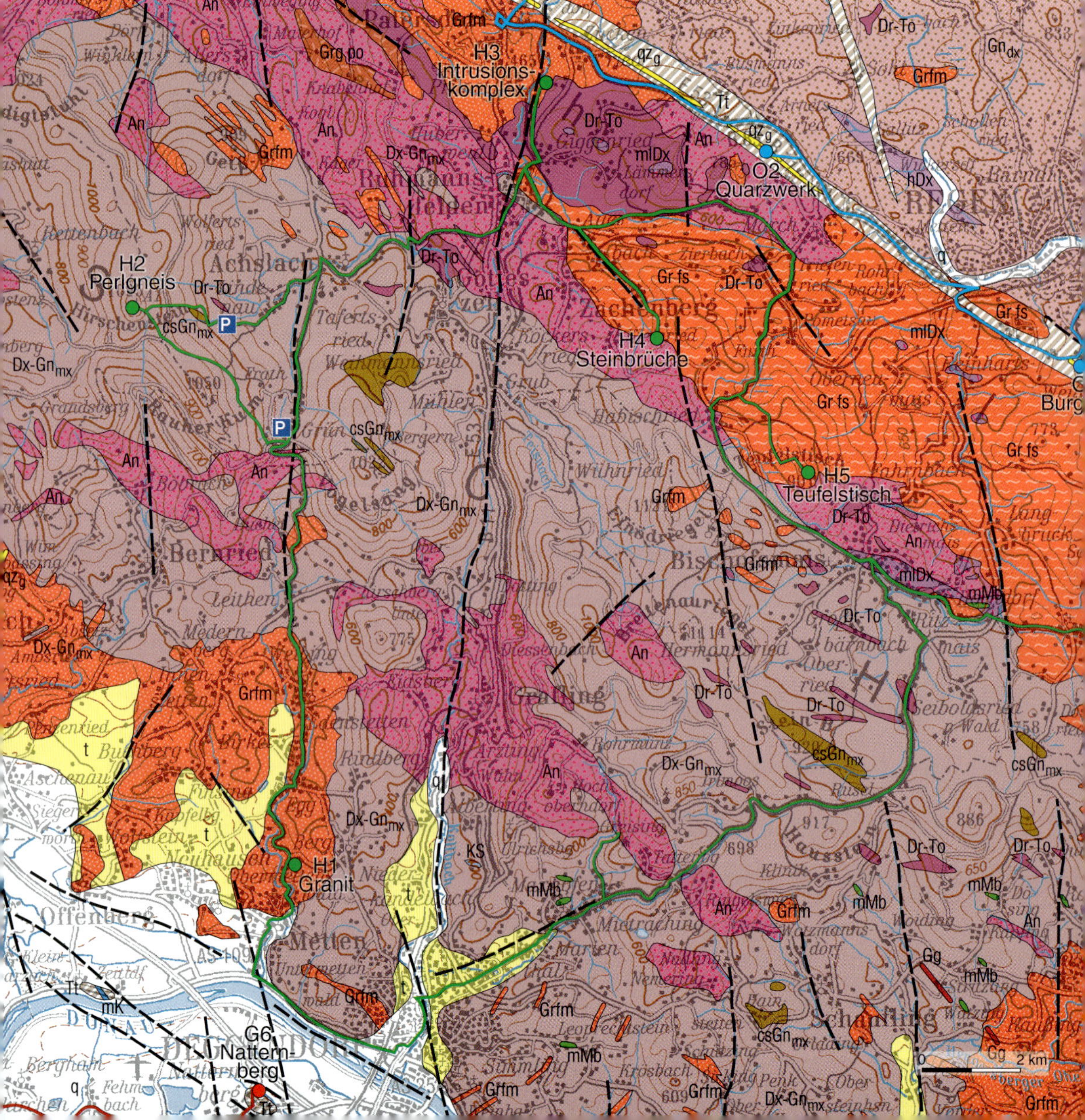

2. In Sichtweite des Egger Schlosses begrüßt uns Gambrinus (Abb. H1.3), ein Freund des Schlosswirts und der Steinmetze, schon allein wegen der trocken-staubigen Arbeitsbedingungen. Das Natursteinmauerwerk der mittelalterlichen Burg und der Umbauten im Stil der Romantik besteht aus Granit und Perlgneis. Prachtvoll und romantisch wirkt das gesamte Ensemble mit erkerverziertem Bergfried, zinnengekrönten Mauern und der Schlosskapelle.

3. Das exakt in Richtung Norden zum Kaltecker Sattel (758 m) hinaufreichende Tal folgt einer junggtertiären tektonischen Störung (s. Exkursionskarte) nach demselben Muster wie das 4 Kilometer östlich davon parallel verlaufende Tal von Grafling. Zwei Kilometer nördlich von Egg erreicht man den Nordrand des Granit-Intrusionskörpers und ist in seinem ehemaligen Gesteinsdach aus Perlgneis angekommen. Dieses Gestein prägt die gesamte Gipfelregion der mehr als 1000 Meter hohen Berge des Vorderen Bayerischen Waldes.

Über den Kaltenecker Sattel geht es bis nach Achslach. Am Ortseingang biegen wir links nach Lindenau ab und fahren bis zum Berghäusl hoch. Der Waldwanderweg (rot Nr. 4) bringt uns die 270 Höhenmeter direkt zum Gipfel des Hirschensteins. Alternativ bietet sich ein moderater Aufstieg (Markierung blau Nr. 7) allerdings doppelter Länge von Kalteck aus an.

Abb. H1.3. Gambrinus, bayerischer Bierkönig vor Schloss Egg – Steinmetzkunst aus Mettener Granit um 1850.

H2 Perlgneis und Gipfelklippen am Hirschenstein (1095 m)

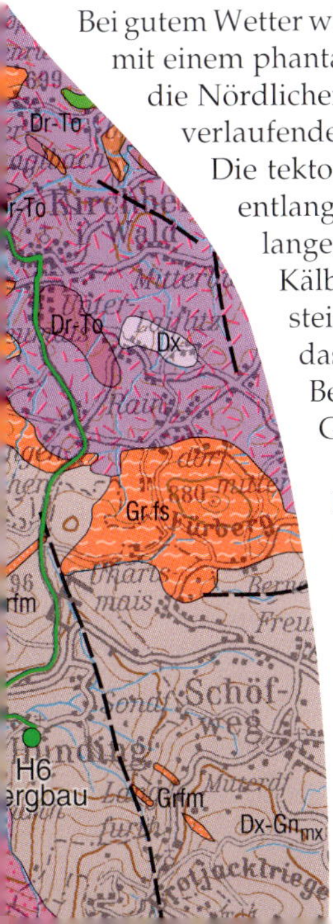

Bei gutem Wetter wird der Aufstieg zu einem der höchsten Gipfel des Vorderen Bayerischen Waldes mit einem phantastischen Ausblick auf andere Höhen des Mittelgebirges, die Donauebene und die Nördlichen Kalkalpen belohnt. In der Gipfelregion (Abb. 1, S. 5) fallen mehrere parallel verlaufende, bis zur Donauebene hinunter reichende Höhenzüge und Taleinschnitte auf. Die tektonische Nord-Süd-Zerstückelung ist jungtertiären Alters. Flusstäler haben sich entlang der Störungslinien eingetieft. Unser Aussichtsberg ist Teil der 12 Kilometer langen Bergkette vom Hohen Rieder (669 m) im Norden über Schusterstein (998 m), Kälberbuckel (1053 m), Hirschenstein (1095 m), Rauhen Kulm (1050 m) zum Burgstein (833 m) im Süden. Die südliche Gipfelgruppe ragt 300 bis 400 Meter über das Umland empor. In geringer Entfernung verlaufen parallel dazu die beiden Bergketten »Hochriedriegel–Vogelsang–Butzen–Hinterberg« und »Einödriegel–Geiskopf–Dreitannenriegel« mit Bergen in über 1000 Metern Höhe.

Das flache Gipfelplateau des Hirschensteins trägt mehrere **Felsklippen aus Perlgneis** (Keim et al. 2004), an denen Lagenbau und Faltenbau als typische Gesteinsstrukturen gut erkennbar sind. Bestes Erkennungsmerkmal des Perlgneises ist, dass anstelle kantiger Feldspatkristalle ausschließlich helle rundliche Körner vorkommen, fast so schön wie Perlen (Abb. 14, S. 11). Diese entstanden bei der Aufschmelzung des Vorgängergesteins durch sog. Mineralsprossung. Neben hellen Quarzadern und dunklen Biotitlinsen, die im Gneis üblich sind, fallen am Hirschensteingipfel 20–30 Zentimeter große, zugerundete, graue

Abb. H2.1. Perlgneisfels mit Boudins (ovaler Anschnitt am Gipfelplateau des Hirschensteins.

Fremdkörper auf, die vom gebänderten Gneis im plastischen Zustand eingerollt bzw. umflossen wurden. Es handelt sich um Einschlüsse von relativ spröden Kalksilikatschollen, die während der Gesteinsmetamorphose trotz gleicher Druck-Temperatur-Bedingungen einer Verformung besser widerstehen konnten als jene Gesteinspartien, die aus den Ausgangsgesteinen Sand und Ton gebildet wurden. Anders gesagt, wurden sie hineinverwurstet (Abb. H2.3), nichts anderes sagt der geologische Begriff »Boudins« aus.

Perlgneis ist ein charakteristisches Gestein des Vorderen Bayerischen Waldes. Die Metamorphose seiner Ausgangsgesteine erfolgte bei höheren Temperaturen, d. h. einem tieferen Stockwerk der Erdkruste als bei den Gneisen des Inneren Bayerischen Waldes (KEIM et al. 2004). Höhere Aufschmelzungstemperaturen führen stets zu höherer Mobilität der Gemengeteile während der Phase des plastischen Zustands der Masse. Fein verteilte Partikel von Mineralen können deshalb an gleichartige besser andocken und größere Aggregate bilden. Dies führt im Perlgneis am Hirschenstein gelegentlich zu 0,5 bis 2,5 Zentimeter großen, auffallend schweren Knollen eines schwarz bis stahlgrau gefärbten, im frischen Bruch metallisch glänzenden Titaneisenerzes (Abb. H2.2). Es ist **Nigrin**, der immer wieder in der Schwermineralfraktion von Flusssanden des kristallinen Grundgebirges auftaucht und als Verwachsung zweier Minerale verstanden werden muss: **Rutil** (TiO_2) meist als rotbrauner Kristallkern und **Ilmenit** ($Fe^{2+}TiO_3$) als amorphe Hülle. Vergleichbare Funde von Nigrinen erstaunlicher Größe von 3–4 Zentimetern und einer Masse von 100 Gramm sind auch im migmatitischem Gneis bei Bischofsmais (GÜMBEL 1868) und im Graflinger Tal sowie im Diatexit südlich von Schorndorf gemacht worden.

Weiterfahrt von Achslach in das Ortszentrum von Ruhmannsfelden und auf Schulstraße und Poststraße zur Einmündung in die Marcher Straße am Ortsrand. Wir biegen links ab, danach rechts über die Teisnachbrücke und nach der Bahnlinie wieder links zum Steinbruch. Für das Betreten auf eigene Gefahr muss vor Ort eine Genehmigung eingeholt werden. Ebenso ist darauf zu achten, dass während des Besuches die erforderlichen Sicherheitsvorkehrungen getroffen und eingehalten werden.

◁ *Abb. H2.2. Nigrine im Perlgneis vom Hirschenstein und aus dem Diatexit bei Schorndorf.*

H3 Der Intrusionskomplex von Patersdorf-Prünst

Die Teisnach bildet von den Hochlagen des Vorderen Bayerischen Waldes kommend zwischen Gotteszell und Prünst wunderschöne Flussmäander. Den Raum hierfür bietet ihr die alttertiäre ±550-Meter-Rumpffläche (Abb. H3.1), welche flussabwärts in die Regensenke übergeht. Ein vergleichbares Bild ergibt sich 10 Kilometer weiter östlich, jenseits von Bischofsmais an der Straße von der Stadt Regen zur Ruselstrecke entlang der Schlossauer Ohe und des Drosselbaches. (Abb. H3.2)

Das granitische Magma dieses kleinen, zwischen Prünst und Teisnach gelegenen Intrusionskörpers mit 7 Kilometern Durchmesser drang in der Spätphase der variskischen Gebirgsbildung in hochmetamorphe Gesteine ein und erkaltete allmählich. Das wäre nicht weiter der Rede wert, wenn nicht die Pfahlstörung diesen Intrusionskörper später mittig durchschnitten (TEIPEL et al. 2008) hätte. Der Aufstieg sauren Magmas genau in einer tiefreichenden Schwächezone der Erdkruste, die immer wieder aktiv war, mag ein frühes Signal gewesen sein.

Abb. H3.1. Tal der mäandrierenden Teisnach auf der ±550-Meter-Rumpffläche im Raum Gotteszell-Ruhmannsfelden. Aufnahme nach Süden zu den Hochlagen des Vorderen Bayerischen Waldes.

Im Steinbruch der »Granitwerke Prünst GmbH« (Abb. H3.3) sind verschiedene Intrusivgesteine aufgeschlossen. In den oberen Lagen des Steinbruchs steht **Kristallgranit** mit großen Feldspateinsprenglingen an, der hier im Bereich der alttertiären ±550-Meter-Rumpffläche wunderbare Beispiele einer Schalenverwitterung (Abb. E1.3, S. 70) zeigt. Der Großteil des Gesteinsmasse ist jedoch ein auf ca. 325 Mio. Jahre datierter (TEIPEL et al. 2008), bläulich-grauer, überwiegend feinkörniger, je nach Variante auch mittelkörniger **biotitführender Granit.** Zum Schluss stieg ein Magma auf, das über den granitischen Mineralbestand hinaus auch Hornblende (deshalb ein Gestein der Dioritgruppe) führte. Als dieses noch nicht ganz abgekühlt war und sich noch im plastischen Zustand befand, fanden offensichtlich Plattenverschiebungen in der Pfahl-Zone statt und bewirkten eine **Deformation dieses auf 316 Mio. Jahre datierten**, dunklen, biotit- und hornblendehaltigen **Quarzglimmerdiorits** (TEIPEL et al. 2008). Zu einer Deformation des bereits erkalteten biotitführenden Granits (Abb. H3.4) kam es jedoch nicht. Zeitgleich erfolgte die Mylonitisierung eines Granitgangs im tiefen bis mittleren Niveau der Erdkruste in der Pfahl-Zone bei Saunstein (N5, S. 235) vor 315 Mio. Jahren (GALADI-ENRIQUEZ et al. 2010). Vor ca. 315 Mio. Jahren war also die Pfahl-Zone nachweislich als tektonische Schwächezone der Erdkruste aktiv, weit bevor es zum Aufstieg der Quarzzufuhr kam.

Abb. H3.2. Tal der mäandrierenden Schlossauer Ohe auf der ±550-Meter-Rumpffläche bei Burgstall.

Abb. H3.3. Granit-Diorit-Steinbruch Prünst bei Patersdorf.

Schmale bruchtektonisch bedingte Klüfte finden sich in allen Teilen des Steinbruchs, z. B. in Form von **Aplitgängen** im Kristallgranit (Abb. 23, H3.5). Die Variabilität der Gesteine führt seitens der Granitwerke Prünst zur Granitkugelgewinnung und Produktion von Edelsplitt.

Abb. H3.4. Scharfe Grenze zwischen deformiertem, dunklem Quarzglimmerdiorit und einem feinkörnigen, nicht deformierten Biotit-Granit. Steinbruch Prünst bei Patersdorf.

Abb. H3.5. Heller Aplitgang im Kristallgranit. Steinbruch Prünst bei Patersdorf.

Nun geht es zurück nach Ruhmannsfelden auf die Marcher Straße, von der man wenig später rechts nach Auerbach abbiegt, unter dem großen Bahndamm hindurch geradewegs nach Muschenried hoch fährt und am Waldparkplatz beim Straßenende parkt. Am Parkplatz links abbiegend folgen wir dem Wegweiser »Info Steinbruchweg 250 m«, um dann oben rechts abzubiegen.

H4 Steinbruchwanderung Muschenried-Zachenberg

Der 2010 angelegte Zachenberger Steinbruch-Rundwanderweg (Abb. H4.1) erschließt auf 6 Kilometern Länge 9 von 26 ehemaligen Steinbrüchen im Gebiet Zachenberg-Ruhmannsfelden. Er informiert über den Alltag der Steinhauer in Steinbrüchen, die spätestens in den 1980er Jahren aufgegeben wurden. Wir wählen einen kleinen Abschnitt des Rundweges, mit Hartlbruch, Rosenlehnerbruch und Wagnerbruch (Abb. H4.2–H4.4) sowie einer Steinhauerhütte aus. Jeder Bruch kündigt sich durch eigene Halden an, Informationstafeln berichten über Betriebsgeschichte und Spezialisierung. Unwillkürlich zollt man der menschlichen Leistung Respekt, die vor dem modernem Maschineneinsatz erbracht werden musste.

Abb. H4.1. Wanderweg zu stillgelegten Steinbrüchen rund um das Auerbachtal bei Zachenberg.

Abb. H4.2. Stillgelegter Wagner-Bruch Muschenried-Zachenberg.

Abb. H4.3. Hebekran im Wagner-Bruch Muschenried-Zachenberg.

Es geht wieder zurück nach Auerbach, danach rechts Richtung March, kurz vorher erneut rechts in Richtung Bischofsmais und wenig später links ab zum Weiler Hartwachsried. Hier sucht man sich einen Parkplatz und wandert wie ausgeschildert entlang der Rodungsinsel und dann auf einem Waldweg zum »Teufelstisch«. Beim Hinweisschild »Teufelstisch 1,5 km« (rote Markierung 3) geht es einen schmalen Pfad links hinauf, der oben rechts in einen Kammweg einmündet (Stelle für den Rückweg merken!) und auf einer Strecke von 500 m entlang des Felsgrats an mehreren Felstürmen, u. a. dem Teufelstisch, vorbeiführt. Dann wird es Zeit, auf gleichem Weg umzukehren, um zu vermeiden, dass man hangabwärts Bischofsmais zustrebt. Die Wanderung im blockreichen Gelände erfordert festes Schuhwerk und Aufmerksamkeit.

Abb. H4.4. Steinhauerhütte vor dem Wagner-Bruch Muschenried-Zachenberg.

H5 Teufelstisch (901 m) bei Bischofsmais

Der 2 Kilometer lange, nordnordwest-südsüdost streichende Bergrücken des Teufelstisches besteht aus mittelkörnigem Granit. Der nicht einfach zu begehende Steig entlang des Wind und Wetter exponierten Kamms bietet herbe Natur. Er führt über dichte Blockstreu hinweg an einer Serie wild zerfurchter Gipfelklippen vorbei: bizarre Verwitterungskerne ehemals gut zugerundeter Wollsackformationen, waghalsig aus tonnenschweren Granitplatten aufgetürmt (Abb. H5.1), durch Frostsprengung und enge Horizontalklüftung geprägt.

Kein Wunder, dass einer Ortssage nach der Teufel selbst am Werk war: *»Als er über Fahrnbach daher kam, überfiel ihn ein starker Hunger. Weil er keinen Tisch mit sich hatte, baute er schnell einen aus Steinbrocken. Schon war auch eine Mahlzeit darauf gezaubert, als von der Unterbreitenau herüber das Glashütten-Glöcklein zwölf Uhr zu läuten anfing. Das*

◁ *Abb. H5.1. Durch Frostsprengung zerlegter Rest einer Wollsack-Formation auf dem Bergrücken des Teufelstischs bei Bischofsmais.*

Abb. H 5.2. Periklin-Kristalle mit Bergkristallen. Mineralkluft im ehemaligen Steinbruch am Teufelstisch. – Foto und Sammlung CHRISTIAN REWITZER.

Abb. H 5.3. Rauchquarzkristall im Tessiner Habitus. Mineralkluft im ehemaligen Steinbruch am Teufelstisch. – Foto und Sammlung CHRISTIAN REWITZER.

konnte der Teufel nicht aushalten und flog durch die Luft davon.«

In einer schmalen nord-süd-streichenden Gesteinskluft am Fuß des Berges wurde in den 1970er Jahren eine für den Bayerischen Wald seltene Mineralisation gefunden: Periklin (Abb. H 5.2; eine milchig-weiße plattige Varietät von Albit $NaAlSi_3O_8$) und Adular aus der Gruppe der Feldspatminerale, derber Calcit, Rauchquarz-Kristalle (Abb. H 5.3), als Rarität »pseudokubische Würfelquarze«, violett getönte oktaedrische Flussspat-Kristalle (Abb. H 5.4, H 5.5) sowie Titanmineralen,

Abb. H 5.4. Violetter Fluorit-Kristall und weiß-violette Fluorit-Phantomkristalle in Oktaederform. Mineralkluft im ehemaligen Steinbruch am Teufelstisch. – Foto und Sammlung CHRISTIAN REWITZER.

Abb. H 5.5. Hellvioletter Fluorit-Kristall in Oktaederform. Mineralkluft im ehemaligen Steinbruch am Teufelstisch. – Foto und Sammlung CHRISTIAN REWITZER.

etc., eine hydrothermale Mineralisation, wie man sie ansonsten aus alpinotypen Zerrklüften kennt. Diese Mineralfunde gehören aber längst der Vergangenheit an.

Über Habischried kommt man nach Bischofsmais, durchquert den Ort geradewegs und erreicht nach Hochbruck eine größere Straße, die abwärts nach Deggendorf führen würde. Wir biegen aber links ab, bleiben auf gleicher Höhe und 900 m später geht es rechts über Zell bis Kirchberg im Wald. Hier biegen wir rechts in die Raindorferstraße ein, fahren nach Hangenleithen, und nehmen rechts abbiegend den Autobahnzubringer bis zur Ausfahrt Hunding. In Ortsmitte an der Goldbergstraße findet man einen Besucherstollen mit Informationstafeln.

H6 Hunding: Bergbau auf silberhaltigen Bleiglanz

Archivalisch gesichert beginnt der Hundinger Bergbau mit der vom Hengersberger Pfleger beantragten **herzoglichen Genehmigung im Jahre 1562**: »*Von Gottes Genaden Wir Albrecht Pfalzgrave Bey Rhein, Herzog Inn Obern unnd Nidern Bairn ect. Bekhennen mit disem Unsern Offen Brieff, unnd thun khundt menigelich, dz Wir unnser Pfleger zu Henngers Perg Lanndsässen unnd lieben Getreuen Burckhharten von Tannberg Zue Aurolzmünster unnd Offenn Perg seinen erben und mitgewerckhen unnd wem Sy ubergeben inthail unnd gmain mitlassen werden. Auff sein des von Tannberg an Unnß gelanngt Underthenig Pitten in unnserm Gericht Hengers Perg seiner Verwaltung Zu Hundtern Im Mitterfeld an den Puechscheider Wald stossent nach Perckhwerch (So sich der Ortn seinem Bericht nach auf Silber unnd Pley sonnders hofflich Erzaigen solle) Zupauen unnd deswegen zwen Neu schirff unnd gepey der ain die Fundtgrueben unnd annder Erbstollen bey Sannt Urbans Zech genannt, Zuverleihen genedigelich bewilligt.*« Auszug aus der Verleihungsurkunde Herzog ALBRECHTS an seinen Pfleger in Hengersberg vom 13. August 1562, Staatsarchiv Landshut, Rep. 97 d Fasz. 690 Nr. 12.

Kenntnisse über den alten Bergbau haben wir dem gebürtigen Straubinger **MATHIAS VON FLURL** (1756–1823; Abb. H 6.2) zu verdanken. Er publizierte als kurfürstlicher Berg- und Münzrat im Jahr 1792 die erste geologische Übersicht von Bayern mit dem Titel »Beschreibung der Gebirge von Baiern und der oberen Pfalz« zusammen mit

Abb. H 6.1. Gemeindewappen von Hunding mit den Bergbausymbolen Hammer und Schlägel zur Erinnerung an den Erzbergbau auf Blei und Silber ab 1562.

Abb. H 6.2. MATHIAS FLURL (1818), Begründer der Mineralogie und Geologie Bayerns.

einer ersten geologischen Karte und begründete damit die Mineralogie und Geologie in Bayern (Lehrberger & Prammer 1993). In diesem grundlegenden Werk beschrieb Flurl den im Rahmen seiner geologischen Exkursionen und Bergwerk-Erkundungsfahrten bereits **1783 aufgesuchten Hundinger Untertageabbau**, die dortige Gangmineralisation und legte 1787 einen Grubenplan (Abb. H6.3) zur nordwest-südost-verlaufenden Ganglagerstätte vor. Zusätzlich informierte er über frühere Hundinger Abbauversuche, beklagte die Unzulänglichkeiten in der aktuell wenig fachmännischen Vorgehensweise und sah sich trotz optimistischer Einschätzung der Hundinger Lagerstätte veranlasst, etwas verallgemeinernd darauf hinzuweisen, »wie hart es ist, in Baiern mit dem Bergbaue voran zu kommen« (Flurl 1792, S. 223).

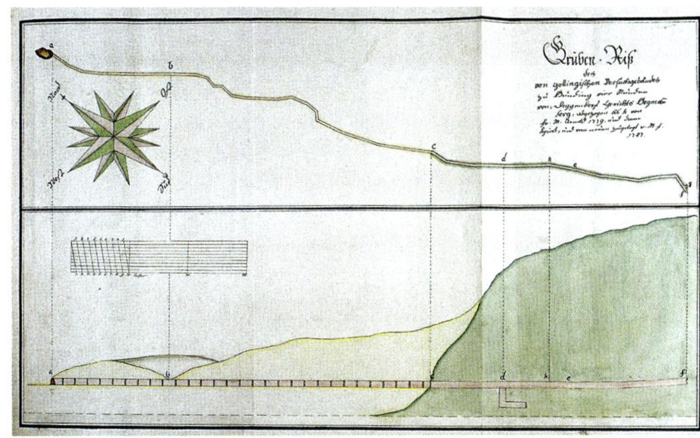

Abb. H6.3. Stollenplan Mathias Flurls von 1787 zur Bleierzgrube von A. Golling in Hunding. – Hauptstaatsarchiv München; Oberbergamt München, Altbestand 6.

Flurl betonte, dass es Hundinger Bauern waren, die dem zuständigen Bergverweser Schmid in Bodenmais Erzstufen aus ihren Feldern überreichten. Daraufhin erteilte der bayerische Kurfürst Max Emanuel eine Abbaugenehmigung und ließ im Jahr **1703** Bergleute am Hang des Steinberges einen Schacht bis in 30 Meter Tiefe und anschließend auch den »**Emanuelstollen**« in den Berg vortreiben. Dabei wurden Bleierze gefördert. Durch den Spanischen Erbfolgekrieg, später den Österreichischen und wegen großen Problemen mit dem Grubenwasser geriet der Abbau immer wieder ins Stocken.

Durch Flurls Bergwerkserkundung wissen wir von einem 15–20 Zentimeter breiten Gang grauweißen Quarzes, der neben gelblich-grauem Spateisenstein (Siderit, $Fe^{2+}CO_3$) und den durch Verwitterung daraus entstandenem Brauneisenstein (Limonit, $FeO(OH) \cdot nH_2O$) auch würfeligen Schwefelkies (Pyrit, FeS_2) und Kalkspat (Calcit, $CaCO_3$), blättrigen Bleiglanz (Abb. H6.4; Galenit, PbS) sowie Grünbleierz (Pyromorphit, $Pb_5(PO_4)_3Cl$) und Zinkblende (Sphalerit, (Zn,Fe)S) enthält. Der **Silbergehalt im Bleiglanz** liegt nach Flurl (1792) bei 44 bis 51 Gramm pro 100 Kilogramm Bleiglanz. Ferner ist ein 65 Zentimeter mächtiger Quarzgang mit Weißbleierz (Cerussit, $PbCO_3$) als zweitem Blei-Sekundärmineral bekannt. Er ist hydrothermaler Art und durchquert den im Deggendorfer Vorwald vorherrschenden Perlgneis.

1993 wurde der Emanuel-Stollen wieder aufgeschlossen und als Besucherstollen eröffnet (Schröck & Weber 2015). Geblieben sind aus den Bergbauzeiten Stollen und Schürfgräben, einige Erzproben und viele Geschichten über Betreiber-Persönlichkeiten (Schröck 1996), die in der Not auf **Erdspiegel** und **Alchemie** setzten oder eine **Vision von Gold- und Silberfunden** verbreiteten, welche ab 1881 zwölf Jahre lang den Lallinger Winkel in Atem hielt.

Abb. H6.4. Bleiglanz (Galenit) und Zinkblende (Sphalerit) auf Quarz mit historischem Etikett. Größe 6 × 5 × 4,5 cm. Mineralogische Staatssammlung München, Nr. 23829.

I Von Winzer bis Vilshofen: Mylonit, Silex, Quarz und Marmor

Von der Abfahrt Hengersberg der Autobahn A3 aus ist die kurze Strecke nach Winzer gut ausgeschildert. Am Ortseingang parkt man in der Passauer Straße. Von hier aus sind es nur wenige Meter zum Aufschluss am Hangfuß des Burgberges in der Höllgasse.

I1 Burgberg Winzer

30 Meter über die Donauebene erhebt sich der Burgberg von Winzer. An seinem südwestlichen Hangfuß (Abb. I1.1) ist das hellgrau bis braungrün gefärbte Gestein aufgeschlossen. Es enthält Feldspat- und Quarz-Bruchstücke sowie plastisch verformte Biotitlagen die in einer feinkörnigen Grundmasse eingebettet sind (Abb. I1.2). Dieser **Mylonit** von Winzer ist nicht nur bruchtektonisch überprägt, sondern wie jener am Bogenberg bei Temperaturen von 350–420 °C und einem Druck von 2–8 kbar (Grünschiefermetamorphose) umkristallisiert worden. Charakteristisch sind neu gebildete Glimmer- und Chloritkristalle, die den Schieferungsflächen leicht seidigen Glanz geben. Die Umwandlung betraf alle Gesteine nahe der Störungslinie, fein- und mittelkörnige Granite und vor allem Perlgneis (Keim, Glaser & Lagally 2004).

Unweit südlich des vorgeschobenen Burgbergs verläuft im Untergrund die Donaustörung (Unger 1999) parallel zum Hangfuß. In Richtung Nordwesten aber öffnet sich ein weites Tal mit miozänen Sedimenten, die sog. »Tertiärbucht von Schwanenkirchen«, in welcher ehemals Braunkohle abgebaut wurde. Der hinter dem Burgplateau beginnende Höhenzug von Hinterreckenberg begrenzt sie mit steilem Abhang. Er hält eine geologische Überraschung bereit (I3, S. 119).

Weiterfahrt auf der linken Donauseite zum 3 km entfernten Ort Flintsbach.

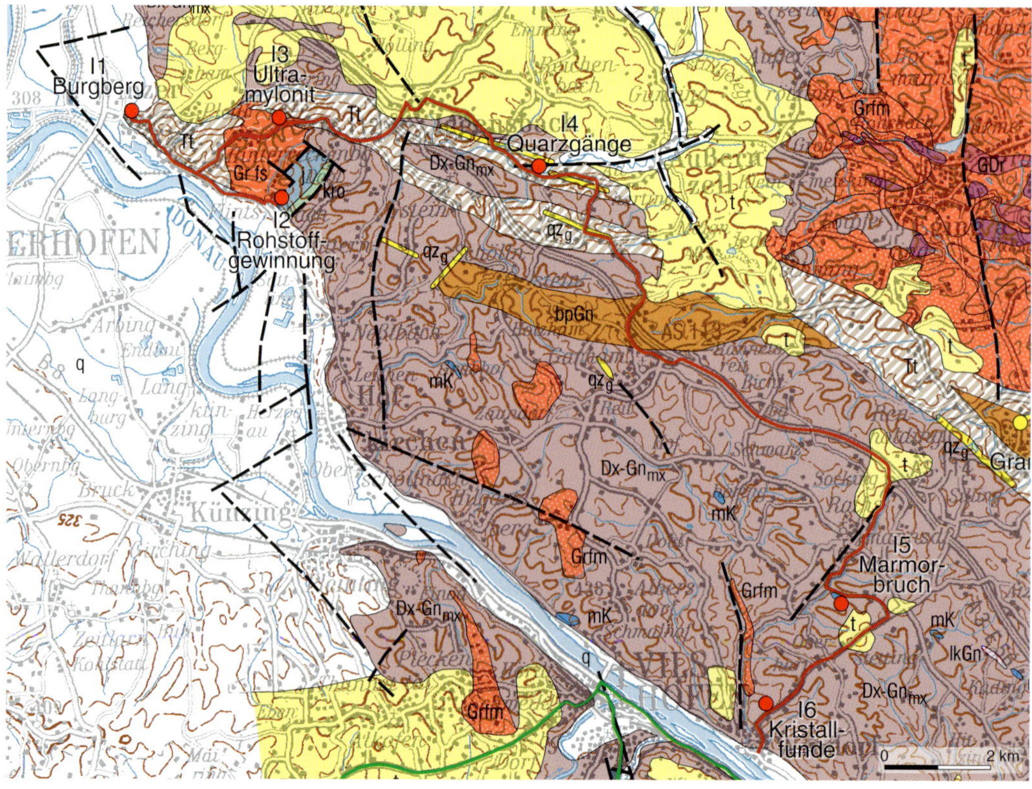

Abb. I1.1. Der Burgberg von Winzer mit der Typlokalität des »Winzergneises« in einer tektonisch stark beanspruchten Zone.

Abb. I1.2. Mylonit vom Burgberg Winzer, entstanden aus Perlgneis.

I2 Silex, Malmkalk und Löss: Rohstoffgewinnung und -verarbeitung bei Flintsbach

Nähert man sich Flintsbach, so fällt der Schornstein des 1968 stillgelegten kalkverarbeitenden Betriebs auf. Hier hat sich ein imposanter Ringofen unweit des Kalksteinbruchs erhalten, in dem **gebrannter Kalk** für den Kalkmörtelputz hergestellt wurde. Aufgrund der Seltenheit von Kalk in der Region wurde das Flintsbacher Rohstoffvorkommen nicht nur in Mittelalter und Neuzeit (Abb. I2.1), sondern bereits in römischer Zeit ausgebeutet. Es handelt sich um beigefarbenen bis hellgrauen Kalkstein der tektonisch hochgeschleppten Flintsbacher Jura-Scholle (vgl. Helmberg). Der historische Kalkofen ist Teil des **Flintsbacher Ziegel+Kalk-Museums** (Öffnungszeiten: April–Oktober, Samstag und Sonntag 13–17 Uhr). Auch außerhalb der Öffnungszeiten sind Steinbruch, Ziegeleigebäude und Bodenerlebnispfad zugänglich. Hier wurden auch **Ziegel** aus Lösslehm gebrannt, der östlich

Abb. I2.1. Historische Gebäude der Ziegel- und Kalkherstellung im Museum Flintsbach. ▷

◁ *Abb. I2.2. Querschnitt durch eine Hornsteinknolle mit Fragmenten eines Kieselschwamms im Zentrum, Malm β von Flintsbach. – Sammlung* GERHARD LEHRBERGER.

des Ortes in kleinen Gruben abgebaut wurde. Das in Form gebrachte Zwischenprodukt kam danach in eine Ziegeltrocknungsanlage, die man ebenfalls sehen kann.

Während der Mittel- und Jungsteinzeit erfreute sich ein anderer Flintsbacher Rohstoff größter Wertschätzung: lebensnotwendiger **Feuerstein**. Über den massiven Weißjura-Kalken lagert sog. »Kieselnierenkalk« (Malm β), der massenhaft **Hornsteinknollen** enthält. Diese haben meist eine rundliche bis ovale Form und bilden Konkretionen mit einem Kieselschwamm-Fragment als Kristallisationskern (Abb. I2.2). Qualitätvollen Hornstein (Abb. I2.3) – also Silex für Steinklingen – findet man hier längst nicht mehr. Wie man an den zahlreichen Abbaupingen im Wald feststellen kann, wurde hier während der Steinzeit gründliche Arbeit verrichtet.

Bereits die eiszeitlichen Jäger an der Donau verwendeten Flintsbacher Feuerstein. Ein regelrechter Tagebaubetrieb (WEISSMÜLLER 1991) entwickelte sich im 5. Jahrtausend v.Chr. dank enorm gestiegener Nachfrage, wie die ausgedehnte Halde zwischen Flintsbach und Hardt belegt. Bei archäologischen Untersuchungen (PETRASCH 1986) der mittelneolithischen Kreisgrabenanlage von Künzing-Unternberg jenseits der Donau wurden über 4000 Feuersteinwerkzeuge gefunden. 90 Prozent des Materials stammte aus dem Vorkommen von Flintsbach. Der Rest war hochwertige Ware (Plattenhornstein aus dem Malm-Zeta) aus den jungsteinzeitlichen Silex-Abbauschächten bei Arnhofen/Abensberg.

Abb. I2.3. Hornstein im Kieselnierenkalk (Malm β) von Flintsbach.

Abb. I2.4. Ammonit, Malm, ehemaliger Steinbruch bei Langenhardt. – Sammlung GERHARD LEHRBERGER.

Abb. I2.5. Terebratula, Malm, ehemaliger Steinbruch bei Langenhardt. – Sammlung GERHARD LEHRBERGER.

Stationen des jederzeit frei zugänglichen Bodenlehrpfads erklären die Entstehung typischer Böden der Region, zeigen Halden aus Feuerstein und bringen uns zur Abbauwand des Jura-Kalksteins. Fossilien des Jurameeres wie Ammoniten, Belemniten und Brachiopoden (Abb. I2.4, I2.5) lassen sich jedoch auf dem darüber liegenden Bergrücken finden. Das nur 700 × 1200 Meter große **Jura-Vorkommen von Flintsbach** ist wie jenes vom Helmberg durch Störungslinien randlich komplett begrenzt. Es spricht vieles dafür, dass der Kalkstein des Malm α (Schwammkalke) und Malm β (Kieselnierenkalk der Ortenburg-Formation) der Erosion nur in einer tektonisch bedingten Schutzlage entgingen (UNGER 1999).

Es geht zurück zur Abzweigung nach Reckenberg. Oben nach dem Ortsteil Hinterreckenberg liegt links am Waldrand ein Steinbruch der Firma Donau-Asphalt GmbH. Ohne Erlaubnis bei persönlicher Nachfrage ist allerdings ein Besuch nicht möglich.

I3 Ultramylonit-Zone bei Hinterreckenberg

Die tektonische Bruchzone (Mylonit-Zone) des Donaurandbruchs besitzt durchgängig eine Breite von 1,5 Kilometern. So überrascht es, dass drei Kilometer nördlich des Winzer-Mylonits im Steinbruch Hinterreckenberg erneut Mylonit zu finden ist. Gesteinsdeformation und hellgrau-grünliche Färbung (Abb. I3.1) entsprechen der Grünschiefer-Metamorphose am Burgberg. Die wenigen grünen Einschlüsse, die scheinbar umflossen werden, entpuppen sich als Chloritanreicherungen. Unendlich viele, parallel orientierte Quarzäderchen (Abb. I3.2) sorgen für einen feinschichtigen Aufbau, die Anordnung der feinkörnigen Feldspatanteile unterstützt die deutliche Lagentextur, vormalige Quarzkörnchen sind bis zum Zehnfachen gestreckt, zahlreiche Trennflächen in lagiger Struktur prägen das stark gepresste und zerscherte Gestein. All dies sind Kennzeichen von **Ultramylonit** (GRÜNDER 2003).

Abseits der Donaustörung, entfernt sich der Ultramylonit-Bergrücken von Hinterreckenberg davon rechtwinklig. Mit ihm beginnt eine **neue tektonische Störung**, die sich von Winzer entlang der Hengersberg-Schwanenkirchen-Bucht 3 Kilometer in Richtung Ostnordost erstreckt, um dann in einem Bogen an Iggensbach vorbei in Ostsüdost-Richtung (Abschnitt I3 bis I4 der Exkursionskarte) in den sog. **Aicha-Halser Nebenpfahl** einzuschwenken. Dieser verläuft im Abstand von 6–7 Kilometern parallel zur Donaustörung bis knapp vor Passau.

Abb. I3.1. Grüngrauer, unverwitterter Ultramylonit mit aufliegenden Bruchstücken scherbig verwitterten Ultramylonits, Steinbruch Hinterreckenberg bei Winzer.

Abb. I3.2. Bräunlich verwitterter, oberflächennaher Ultramylonit mit dünnen Quarzadern und Feldspatlagen, Steinbruch Hinterreckenberg bei Winzer.

◁ *Abb. I3.3. Ultramylonit-Steinbruchwand mit steil stehenden Quarzgängen, Hinterreckenberg.*

Im Steinbruch Hinterreckenberg findet man den Ultramylonit ab einer Tiefe von 15 Metern in unverwitterter Form (Abb. I3.1). Er ist so stark zerschert, dass er bereits bei leichter mechanischer Beanspruchung zerbricht und deshalb für Verdichtungsarbeiten im Deich- und Straßenbau bestens geeignet ist. Durch Verwitterung in oberen Lagen entstand eine hellbraune Variante (Abb. I3.2), die um ein Vielfaches spröder ist und in der Hand scherbig zerrieben werden kann. Die Steinbruchwand zeigt ferner, dass der Gesteinsverband weit nach der Mylonitisierung großen tektonischen Belastungen ausgesetzt war und sich eine Fülle von Klüften (Abb. I3.3) bildete, in denen milchig bis hellgrau gefärbter Quarz auskristallisierte: **Hydrothermale Quarzgänge** im Ultramylonit, die im Einzelfall eine Mächtigkeit von mehreren Metern erreichten (GRÜNDER 2003). Auch nach der Kluftbildung zog noch keine tektonische Ruhe ein, denn der derbe Kluftquarz ist vielfach in tausend Stücke zerbrochen und durch Eisenoxide nur unzulänglich verkittet. Hinweise also auf spröde Brüche bei niedrigen Temperaturen ohne Chance zur Rekristallisation.

Auf der Weiterfahrt nach Iggensbach lohnt sich bei Langenhart ein Blick über die Tertiärbucht von Schwanenkirchen-Iggensbach in Richtung der Hochlagen des Vorderen Bayerischen Waldes zum Brotjacklriegel. Nach der Querung der A3 folgen wir dem Wegweiser »Schule«, fahren auf der Hauptstraße an der Kirche vorbei und dann rechts ab auf der Kopfsbergerstaße zum gleichnamigen Ort, wo man beim Hotel »Stegmühle« an der Brücke über die Kleine Ohe parken kann. Hier besteht Einkehrmöglichkeit vor oder nach der beginnenden kleinen Wanderung.

I4 Quarzgänge im Aicha-Halser Nebenpfahl bei Kopfsberg

Gegenüber dem Hotel »Stegmühle« ist vor der Kapelle ein Quarzblock (Abb. I4.1) aufgestellt, der das typische Aussehen des Viechtacher Pfahlquarzes mit mehrphasiger Gangfüllung, zahlreichen Zerrklüften und kleinen Quarzkristalldrusen zeigt und am Hang gefunden wurde. Wir folgen also dem schmalen Pfad über die Rodungsfläche schräg hinauf in den Hochwald bis zum Bergsattel. Mit zunehmender Höhe erhöht sich auch der Quarzreichtum am Wegesrand. Entlang des bewaldeten Bergkamms markieren in beiden Richtungen große Quarzblöcke den Verlauf (Abb. I4.2) des unter dem Waldboden anstehenden Ganges. Wir sollten diesen ursprünglichen Eindruck der Naturlandschaft, in die der Mensch trotz Kenntnis des mineralischen Rohstoffs nicht eingegriffen hat, genießen und respektieren, dass wir uns auf Privatgelände befinden.

Der 1,5 Kilometer lange und über 20 Meter breite hydrothermale Quarzgang macht den Bergrücken nördlich des Scherbaches auf der gesamten Länge des Quarzganges zu einem 50 Meter hohen Härtlingsrücken. Das hier geradlinig verlaufende Scherbachtal liegt inmitten einer mehr als 500 Meter breiten tektonischen Störung, deren Gesteine nicht so stark zerschert sind wie jene bei Hinterreckenberg. Mit Ausnahme des Bayerischen Pfahls kommt ein vergleichbares Phänomen einer **0,5–1 km breiten Störungszone mit Mylonit, Ultramylonit und pfahlartigem Quarzgang im Zentrum** im gesamten Exkursionsgebiet nicht vor. Eine weitere Parallele zum Pfahl ist die identische Streichrichtung Westnordwest-Ostsüdost. All dies deutet auf eine gemeinsame Entstehungsgeschichte hin, obwohl beide Störungszonen gut 20 Kilometer voneinander entfernt liegen. Man spricht vom Aicha-Halser Nebenpfahl.

Über den Verlauf der tektonischen Störungszone, die sich bei Aicha in zwei Äste teilt, informiert die Exkursionskarte. Auffällig ist, dass das komplexe Störungssystem klare Trennlinien zwischen

Abb. 14.1. Quarzblock vom hydrothermalen Kopfsberger Quarzgang, Aicha-Halser Nebenpfahl.

Abb. 14.2. Quarzgang als Härtlingszug bei Kopfsberg, Aicha-Halser Nebenpfahl.

drei unterschiedlichen kristallinen Gesteinskörpern zieht: Granitpluton, Biotit-Plagioklas-Gneis und Diatexit. Mit erheblichem vertikalen, aber auch seitlichem Versatz kristalliner Schollen ist zu rechnen.

Weiterfahrt über Gschwendt zur Einfahrt der Autobahn A3 bei Garham und weiter Richtung Passau zur nächsten Ausfahrt Aicha. Ab hier dem Wegweiser Windorf folgen, dann links nach Babing abbiegen und nach Erreichen des Waldrands rechts in eine Schotterstraße einbiegen und außerhalb eines Materiallagers parken. Ein mit Marmorstücken geschotterter Weg führt um das Betriebsgelände herum und nach 120 m erreicht man links die obere Sohle des ehemaligen Steinbruchs.

15 Ehemaliger Marmorbruch Rathsmannsdorf

Auf der oberen Sohle des Steinbruchs ist ein Wandstück aus der Abbauperiode erhalten. Es vermittelt einen mittlerweile selten gewordenen Einblick in die Struktur eines Marmorvorkommens, das als letztes im Passauer Vorwald in den 1960er Jahren noch abgebaut wurde.

Es handelt sich um eine »Marmorlinse« von 100 Metern Länge und 20 Metern Höhe im metatektischen Biotit-Plagioklas-Gneis. Das Gestein

Abb. 15.1. Weißgraue, gebänderte Marmorlagen auf der oberen Steinbruchsohle, Rathsmannsdorf.

gehört zur sog. »**Bunten Gruppe« von Gneisen**, deren Erzmineralanreicherungen und Kalksilikatfels-Vorkommen auch im Inneren Bayerischen Wald (s. »Wanderungen in die Erdgeschichte«, Band 31) Ziel des Bergbaus waren. Hier im Passauer Wald ist der Gneis reich an Graphit-, Kalksilikat- und Marmorvorkommen.

Der Rathsmannsdorfer Marmor ist grobkristallin, gleichkörnig (Abb. 9) und im frischen Bruch von weißlichem bis hellgrauem Farbton. Die glänzenden Kristallflächen sind Bruch- und Spaltflächen der einzelnen Kristallkörner. Im Handstück macht das Gestein einen homogenen Eindruck. 50 Jahre nach seiner Freilegung lässt die natürliche Verwitterung den Marmor der Steinbruchwand heute viel dunkler erscheinen. Sehr gut zu erkennen sind aber noch Bänderung und Faltung (Abb. I5.1). Sie belegen die metamorphe Entstehung aus geschichteten Kalksedimenten – in unserem Fall Dolomitgestein – unter hohem Druck und hoher Temperatur und Bildung von **Dolomitmarmor** (frdl. Mitt. G. LEHRBERGER) mit wenig Calcit.

Wir fahren weiter nach Babing und anschließend über Oberhart nach Windorf, wo wir eine Landschaft mit historischen Mineralfunden durchqueren.

I6 Kristallfunde der Jahrtausendwende im Raum Vilshofen-Windorf

Um die Jahrtausendwende wurden anlässlich von Straßenbauvorhaben und Lesesteinfunden inmitten landwirtschaftlicher Flur kristallisierte Mineralien in Pegmatit ähnlichem Gesteinsadern (Abb. 22) gefunden. So überraschend die Funde auf den Hochflächen über der Donau kamen, so rasch waren die kleinen Vorkommen erschöpft und die neue Straßentrasse dem Verkehr übergeben. Wenngleich es keine Fundstelle mehr gibt, verdienen es die Kristallfunde zusammen mit historischen Funden der 1920er und 1930er Jahre aus dem ehemaligen Marmorbruch Wimhof allein ihrer mineralogischen Bedeutung und Ästhetik wegen vorgestellt zu werden. Funde aus diesen Jahren sind zudem im privaten »Urweltmuseum Forsthart« (J1, S. 132) ausgestellt. Aus geologischer Sicht ist bemerkenswert, dass die Pegmatitmineralien nicht an große Granit-Intrusionskörper gebunden sind, wie dies im Falken-

Abb. I6.1. Albit-Kristalle aus einer Pegmatoid-Kluft, Gde. Windorf.

Abb. I6.2. Albit-Zwillingskristall aus einer Pegmatoid-Kluft, Gde. Windorf.

Abb. 16.3. Orthoklas-Kristallstufe vom Steinbruch Wimhof, 1930er Jahre.

Abb. 16.4. Orthoklas-Kristalle mit Rauchquarz, Gde. Vilshofen.

Abb. 16.5. Bergkristall mit Muskovit-Kristallrosette vom Steinbruch Wimhof. Mineralogische Staatssammlung München Nr. 26535.
Abb. 16.6. Rauchquarz-Kristalldoppelender aus einer Pegmatoid-Kluft, Gde. Windorf.
Abb. 16.7. Rauchquarz- und Albit-Kristalle aus einer Pegmatoid-Kluft, Gde. Hofkirchen.

steiner Vorwald (z. B. bei Roßbach) und im Passauer Vorwald (z. B. bei Tittling) der Fall ist oder große Pegmatitkörper bilden wie am Hühnerkobel im Inneren Bayerischen Wald (s. Band 31).

In den Gemeindegebieten Vilshofen, Hofkirchen und Windorf herrschen metatektische und diatektische Gneise vor. Diese werden mancherorts von Granitschmelzen gangartig durchdrungen, welche kein magmatisches Stadium

Abb. 16.8. Rautenförmige Glimmer-Kristallaggregate aus einer Pegmatoid-Kluft, Gde. Windorf. ▷

Abb. I6.9. Blauer Apatit-Doppelenderkristall aus einer Pegmatoid-Kluft Gde. Hofkirchen. – Foto: FRIEDRICH PFEIL.

Abb. I6.10. Turmalin-Kristalle vom polychromen Typ Elbait in einer Pegmatoid-Kluft, Gde. Windorf. – Foto: FRIEDRICH PFEIL.

Abb. I6.11. Albit-Kristallstufe mit Quarz-Doppelenderkristallen vom Steinbruch Wimhof. Größe 20 × 17 × 8 cm, Masse 5,7 kg. Mineralogische Staatssammlung München Nr. 26534.

durchlaufen haben, sondern **Mobilisate aus dem Nebengestein** sind. Durch Aufschmelzung im Mineralbestand und im Gefüge entstand ein neues Gestein von granit- bzw. pegmatitähnlichem Charakter. Auf Grund des alternativen Entstehungsprozesses spricht man von Granitoiden (mittelkörnig) und **Pegmatoiden** (nicht von Pegmatiten). Nicht ausgefüllte Hohlräume der Klüfte boten Platz für das Wachstum von Kristallen.

Im mittlerweile verfallenen und unter Naturschutz stehenden Steinbruch **Wimhof** an der Donau, der wegen eines Dolomit-Calcit-Marmorvorkommens Ende des 19. und Anfang des 20. Jahrhunderts arbeitete, waren engräumig Marmor (Abb. 9, S. 10) und Kalksilikatfels von einer granitoiden und pegmatoiden Schmelzmasse »gangartig« durchdrungen und es entstanden Kontaktsäume.

Bezieht man die historischen Funde von Wimhof (KRAUS 1915, MÜLLBAUER 1930, HOCHLEITNER 1977) mit ein, so ergibt sich für das Pegmatoid-Gebiet Vilshofen–Hofkirchen–Windorf das **klassische Bild von Pegmatitmineralien** und eine Auswahl von Kristallfunden (Abb. I6.1–I6.12): Albit [$Na(AlSi_3O_8)$] und Orthoklas[$K(AlSi_3O_8)$], Bergkristall und Rauchquarz, Muskovit [$KAl_2(Si_3Al)O_{10}(OH,F)_2$], Apatit [$Ca_5(PO_4)_3F$] und Turmalin.

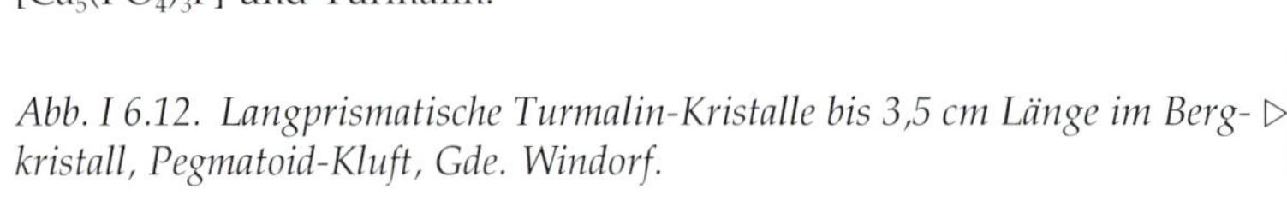

Abb. I6.12. Langprismatische Turmalin-Kristalle bis 3,5 cm Länge im Bergkristall, Pegmatoid-Kluft, Gde. Windorf. ▷

J Eine Schatzkammer mesozoischer und tertiärer Fossilien am Rande des Neuburger Waldes

FRIEDRICH H. PFEIL

Der Neuburger Wald umfasst die auf den Höhen meist bewaldete Hügellandschaft südlich der Donau vom unteren Vilstal bei Vilshofen bis zum unteren Inntal bei Passau und reicht im Südosten bis Neuhaus am Inn. Der Eindruck einer räumlichen Abtrennung des Neuburger Waldes vom Mittelgebirge entsteht durch den heutigen Verlauf der Donau, die sich von Pleinting über Passau bis Aschach a. d. Donau auf ca. 70 Kilometern Länge ein eindrucksvolles Durchbruchstal im Gneisfels geschaffen hat. Geologisch betrachtet ist der Neuburger Wald zwischen Donau und Inn Teil des kristallinen Grundgebirges der Böhmischen Masse und damit ein Ausläufer des Bayerischen Waldes. Dies wird am Steilhang der Löwenwand bei Seestetten und an anderen Felshängen des Donautales sowie am kristallinen Untergrund mancher Sandgruben sichtbar. Das zutage anstehende Kristallin des Neuburger Waldes setzt sich östlich des Inns im oberösterreichischen Sauwald bis Aschach a. d. Donau fort. Nach Süden und Südwesten taucht es in den Untergrund des tektonisch stark gegliederten Untergrunds der Molasse ab.

Um zu verstehen, wie es dazu kam, dass die Gesteine des Moldanubikums am Rande des Neuburger Waldes nur an einigen Stellen von marinen Jura- und Kreidesedimenten bedeckt sind oder warum bei Ortenburg marine miozäne Meeressande aus der Zeit des Eggenburgiums anstehen, weiter südöstlich bei Fürstenzell aber jüngere Meeressande des Ottnangiums, müssen wir uns kurz mit der Entwicklung des Untergrunds im Vorland des Neuburger Waldes beschäftigen. Eine ausführliche Beschreibung der wechselvollen Geschichte findet man bei UNGER & SCHWARZMEIER 1982 bzw. auch in den Erläuterungen zu den Geologischen Karten 1 : 25 000 Blatt 7446 Passau, Blatt 7546 Neuhaus a. Inn und Blatt 1 : 50 000 L 7544 Griesbach i. Rottal. Hier kann man sich ggf. auch mit den verwendeten stratigraphischen Begriffen vertraut machen.

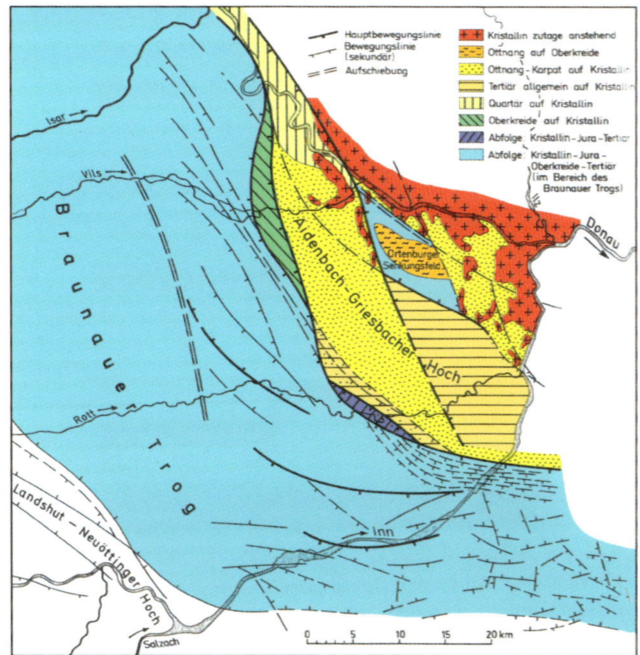

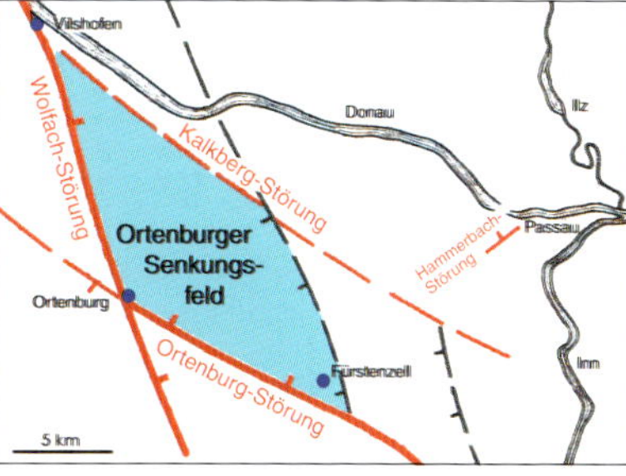

Abb. J 0.1. Für unser Exkursionsgebiet ist insbesondere das Aidenbach-Griesbacher Hoch und das Ortenburger Senkungsfeld von Interesse. Das Ortenburger Senkungsfeld wird im Westen zwischen Vilshofen und Ortenburg von der Wolfach-Störung, im Süden zwischen Ortenburg und Fürstenzell von der Ortenburger-Störung und im Norden von der Kalkberg-Störung begrenzt. Der Verlauf der tektonischen Begrenzung im Osten ist nicht genau identifiziert. Hier sind weitere kleinräumige Störungszonen nachgewiesen, wie z. B. die Hammerbach-Störung. – Nach UNGER & SCHWARZMEIER 1982.

Durch ein Netz von Tiefbohrungen im Untergrund Ostniederbayerns konnte man tektonische Störungslinien, Hoch- und Senkungsflächen erkennen, die als entscheidende Strukturen die Sedimentation bzw. Erosion beeinflusst haben (von SW nach NE): das Landshut-Neuöttinger Hoch, den Braunauer Trog, im Nordwesten den Donaurandbruch mit seiner Fortsetzung im Süden, dem Pockinger Abbruch, das Aidenbach-Griesbacher Hoch und das Ortenburger Senkungsfeld. Auf ihnen wurden, wenn sie überflutet waren, Sedimente abgelagert, oder wenn sie als Festland trocken lagen, ältere Sedimente wieder abgetragen.

So kann man z. B. erklären, warum bei Osterhofen das Kristallin erst in einer Bohrtiefe von 1356 Metern angetroffen wird, während es im nur 10 Kilometer entfernten Vilshofen noch an der Erdoberfläche ansteht. Die dazwischen liegende bruchtektonische Störungslinie, der Donaurandbruch, streicht nordnordwest-südsüdost, quert die Donaulinie und hält die kristalline Scholle so hoch oben, dass sie trotz dünner tertiärer Bedeckung mit Molasseschichten auf dem Aidenbach-Griesbacher Hoch immer wieder zum Vorschein kommt.

Ende Oberjura vor ca. 145 Mio. Jahren

N
heutige Lage der Kalkberger Aufschiebung
Ortenburger Bruch
Pockinger Abbruch
S
m NN 0
Wasserspiegel
w (Alpha - Zeta)
w 3
w 2
w 1
b
Moldanubikum

Vor etwa 320 Millionen Jahren, während des Karbons, wurde das moldanubische Festland aufgefaltet und anschließend im Perm und bis zum Ende der Triaszeit tiefgründig verwittert und abgetragen. Erst im Jura wurde Ostniederbayern vom Meer überflutet und seine mesozoischen Sedimente wurden nach und nach auf einer Plattform abgelagert. Diese Juratafel wurde in der Folgezeit durch zahlreiche Brüche mit Sprunghöhen bis zu 1000 Metern zerlegt.

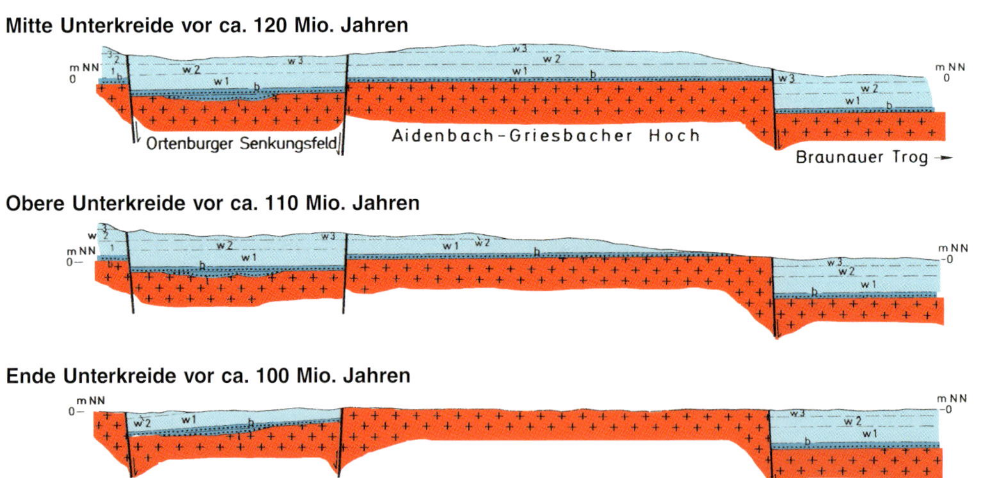

Schon im Jura begann sich das Aidenbach-Griesbacher Hoch herauszuheben. Nördlich davon wurde das Ortenburger Senkungsfeld und in noch stärkerem Maße im Süden der Braunauer Trog abgesenkt. Während der unteren Kreide, die einen Zeitraum von etwa 45 Millionen Jahren umfasste, wurden auf dem Aidenbach-Griesbacher Hoch und auf dem Kristallin des Neuburger Waldes nach und nach alle Juraablagerungen durch Erosion abgetragen, während sie beiderseits in den Senken erhalten blieben. Im Braunauer Trog waren sie einer tiefen Verkarstung ausgesetzt. Aus den dabei entstandenen Hohlräumen im Jura fördern die Thermalquellen von Bad Griesbach, Bad Birnbach und Bad Füssing ihr Thermalwasser.

Oberkreide/Ende Coniacium vor ca. 85 Mio. Jahren

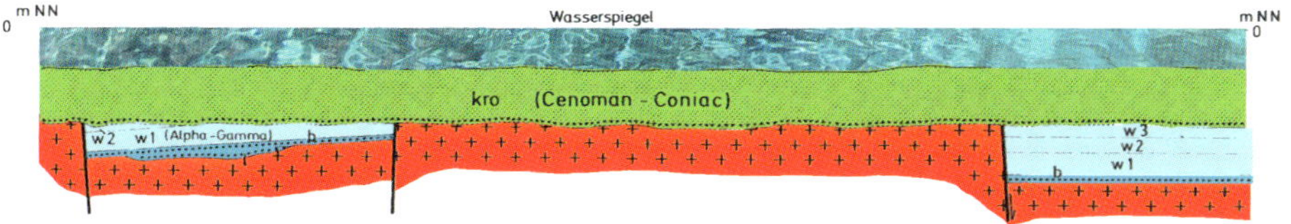

Ende Oberkreide vor ca. 65 Mio. Jahren

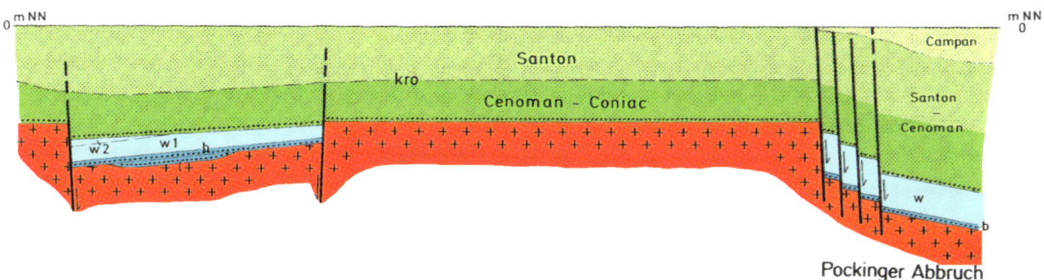

Im Obercenomanium, zu Beginn der Oberkreide, stieß das Meer von Süden her transgressiv vor. Dabei wurden das Aidenbach-Griesbacher Hoch und weite Teile des Moldanubikums überflutet und von mächtigen Kreidesedimenten bedeckt. Bis Mitte des Coniaciums blieb der Untergrund relativ ruhig, die Sedimentation ging gleichmäßig über das Gebiet hinweg. Dann gerieten die Hauptbewegungslinien bis zum Ende des Campaniums in Bewegung. Die Absenkung des Braunauer Trogs beschleunigte sich ab dem Coniacium/Santonium und es entstanden im Süden die »Staffelbrüche« des Pockinger Abbruchs mit bereits damals Sprunghöhen von über 400 Metern. Es ist fraglich, ob auf dem Aidenbach-Griesbacher Hoch noch Sedimente des Campaniums abgelagert wurden, die bald darauf der Erosion zum Opfer gefallen sein müssten.

Anfang Oligozän vor ca. 34 Mio. Jahren

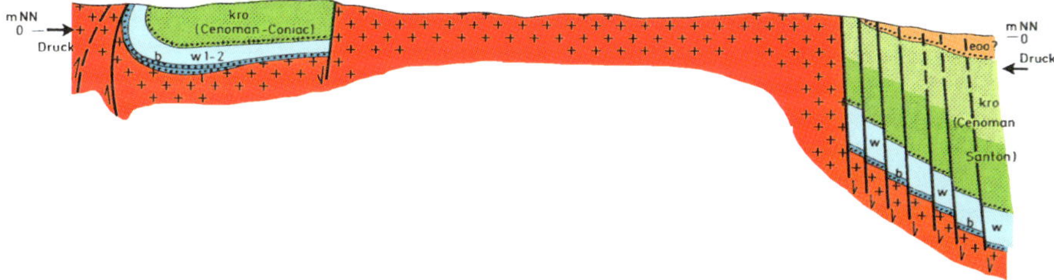

Zwischen dem Ende der Oberkreide und dem mittleren Alttertiär hob sich das Aidenbach-Griesbacher Hoch, die hier abgelagerten Kreidesedimente lagen trocken und wurden durch Erosion wieder abgetragen. Während des Alttertiärs erhöhten sich die Sprungbeträge des Pockinger Abbruchs. Der Braunauer Trog war so sehr abgesenkt, dass das Meer nicht mehr über den Pockinger Abbruch hinaus vordringen konnte.

Durch starken Druck der in Entstehung befindlichen Alpen im Süden und entsprechenden Gegendruck des moldanubischen Festlands im Norden wurden die im Ortenburger Senkungsfeld erhaltenen Jura- und Kreideablagerungen gequetscht und – wie im Kalkberger Bruch von vielen Geologen beschrieben (KRAUS 1915) – steil aufgerichtet und überschoben.

Bis zum Obereozän verschwand durch die Norddrift von Afrika und der heutigen Indischen Platte der Tethys-Ozean. Die sich im Süden auffaltenden Gebirge schufen auf der kontinentalen Kruste zwischen Alpen und dem eurasischen Festland ein von der Tethys abgetrenntes Randmeer, die Paratethys, die sich im Paläogen und Neogen vom Rhône-Gebiet bis zur Region des heutigen Aralsees erstreckte (Abb. J0.2).

Ende Unteres Egerium vor ca. 27 Mio. Jahren

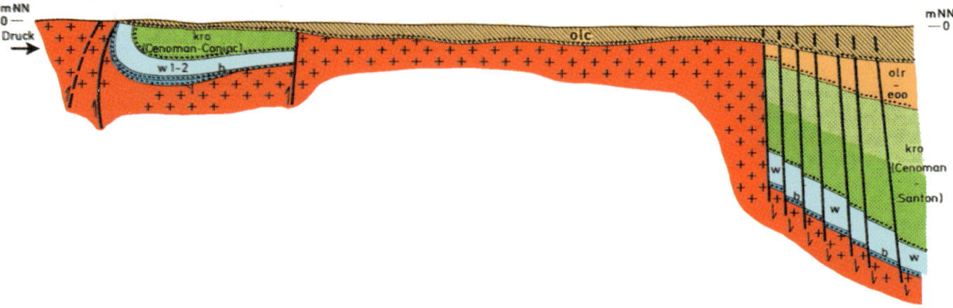

Beginn Ottnangium vor ca. 19 Mio. Jahren

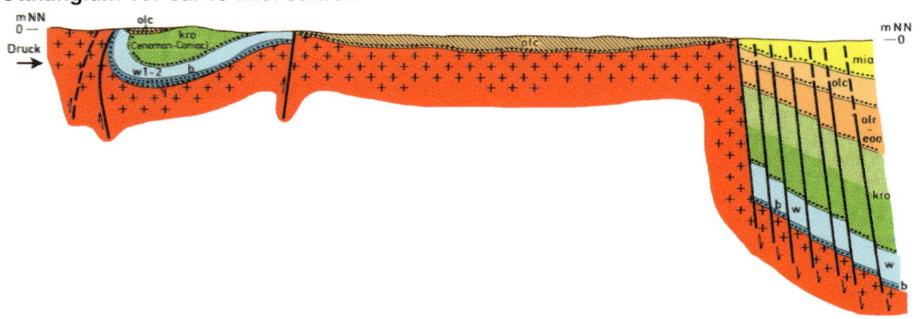

Im Oberoligozän (Chattium) wurde das Aidenbach-Griesbacher Hoch bis über das Ortenburger Senkungsfeld hinaus neuerlich überflutet und lag dann aber wieder trocken. Der Pockinger Abbruch wurde weiter abgesenkt. Im unteren Miozän wurden die oberoligozänen Sedimente auf dem Ortenburger Senkungsfeld fast gänzlich wieder abgetragen. Durch den Druck im Norden wurden die Juraschichten im Ortenburger Senkungsfeld entlang des Ortenburger Bruchs im Süden und der Kalkberger Aufschiebung im Norden nach oben gequetscht.

Beginn Ottnangium vor ca. 19 Mio. Jahren

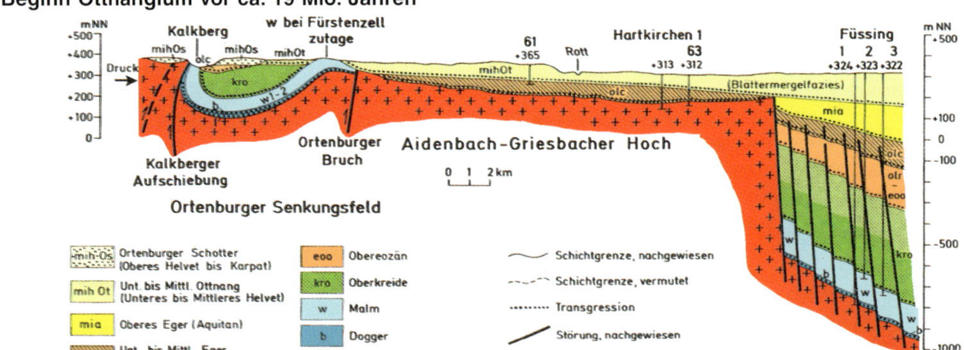

Zu Beginn des Miozäns, beim erneuten Vorstoß des Meeres (Obere Meeresmolasse OMM), wurden zunächst nur einzelne Senken von strandnahem Eggenburgium überflutet, wie es die geringmächtigen Ablagerungen im Ortenburger Senkungsfeld (Maierhof) belegen. Das Eggenburg-Meer überdeckte zu keiner Zeit flächendeckend das ganze Aidenbach-Griesbacher Hoch.

Bei der Transgression im Ottnangium wurden weite Teile des Aidenbach-Griesbacher Hochs, das Ortenburger Senkungsfeld und Teile des anstehenden Kristallins überdeckt. Dabei wurden Sedimente des Eggenburgiums auf dem Hoch aufgearbeitet und als die sogenannte Litoralfazies z. B. von Höch, Holzbach und Gurlarn resedimentiert. In tieferen ruhigeren Bereichen wurden Neuhofener Mergel, näher am Strand Glaukonitsande und Blättermergel abgelagert.

Am Ende des Ottnangiums kamen die starken Bewegungen und Aufschiebungen im Untergrund zur Ruhe. Allerdings befindet sich die ganze Moldanubische Masse einschließlich der Kristallinhochs im Untergrund der Molasse seither in einer langsamen Hebung.

Das Molassemeer wurde in der Folge durch den Schutt der im Süden aufsteigenden Alpen, der von mächtigen Strömen von Osten, Südosten, Süden und auch von Norden mit Flüssen aus der Böhmischen Masse kommend ins Becken transportiert wurde, zunehmend verdrängt. Der Salzgehalt ging zurück, das Meer verbrackte (Brackwassermolasse, Oncophora-Schichten), süßte aus und verlandete. Der älteste dieser Flüsse, der entgegen der heutigen Fließrichtung der Donau, also von Südosten nach Nordwesten fließend seinen Ursprung im Ennstal hatte, transportierte den Ortenburger Schotter. Im Bereich des Ortenburger Senkungsfeldes ergossen sich seine Fluten als Deltaschotter in ein zu dieser Zeit noch vollmarines Meer. Zur Zeit der feineren Sand- und Tonablagerungen im Hangenden des Ortenburger Schotters (im Karpatium) war das Meer bereits ausgesüßt.

Auf den Höhen des Neuburger Waldes wurden weiterhin durch Flüsse mit zunehmend Geröll aus dem kristallinen Moldanubikum Schotter und Sande abgelagert, deren Alter oft schwer zu bestimmen ist, wenn Fossilien fehlen. Als limnisch-fluviatile Äquivalente der Brackwassermolasse werden die kohleführenden Rittsteiger Schichten am Nordrand des Neuburger Waldes eingestuft. Darüber lagern pliozäne Schotter, Löss und Lösslehm.

Um das Bild, das wir anhand von Bohrungen im Untergrund der Molasse gewonnen haben, abzurunden, sehen wir uns noch die räumliche Verteilung von Land und Meer in einem etwas weiteren Kontext für den Zeitraum seit Beginn der Heraushebung der Alpen im Eozän an (nach Rögl & Steininger, 1983).

Abb. J0.2. Im Eozän und unteren Oligozän vor ca. 35 Mio. J. war der Neuburger Wald Festland. Im Süden ragten bereits Teile der Alpen aus dem Meer. Das Molassemeer, die Paratethys, reichte von der Rhônemündung über den Genfer See, Bodensee und das Alpenvorland in Bayern und Österreich über Wien nach Osten. Zwischen Parathethys und Mittelmeer bestand eine breite Verbindung.

Abb. J0.3. Vor ca. 20 Mio. J. zur Zeit der Oberen Meeresmolasse (OMM) im Eggenburgium und dann nochmals im Ottnangium erreichte die Transgression der immer noch mit dem Mittelmeer verbundenen Paratethys nochmals die Randbereiche des Neuburger Waldes.

Abb. J0.4. Zu Beginn der Brackwassermolasse und Oberen Süßwassermolasse, im Karpatium vor ca. 17 Mio. J. hat sich die Paratethys nach Osten zurückgezogen. Wo heute die Donau von Westen nach Osten fließt, strömte ein Fluss aus dem Mostviertel und Ennstal über die heutigen Täler der oberen Donau und der Rhône bis Marseille. Auf den Höhen des Neuburger Waldes hinterließ er den Ortenburger Schotter.

Abb. J0.5. Im Obermiozän vor ca. 11 Mio. J. zur Zeit der Oberen Süßwassermolasse, als das Molassebecken der westliche Paratethys durch den Schutt der aufsteigenden Alpen vollends aufgeschüttet war, kippte die Achse des Beckens und neue Flussläufe entstanden. Die Ur-Donau floss über Krems nach Osten und mündete nördlich von Wien in den Pannon-See des Wiener Beckens. Die Rhône hatte damals ihren Ursprung nördlich Regensburg, nutzte die Rinne am Nordwest-Rand des Molassebeckens in Richtung Bodensee und floss weiter durchs Rhônetal nach Südfrankreich.

Wir werden auf unserer Exkursion einige mesozoische und tertiäre Ablagerungen besuchen, die am westlichen bis südlichen Rand des Neuburger Waldes erhalten geblieben sind und entweder noch aufgeschlossen sind, oder aufgrund ihrer historischen Bedeutung und eines besonderen Reichtums an Fossilien beispielhaft sind (Abb. J0.6).

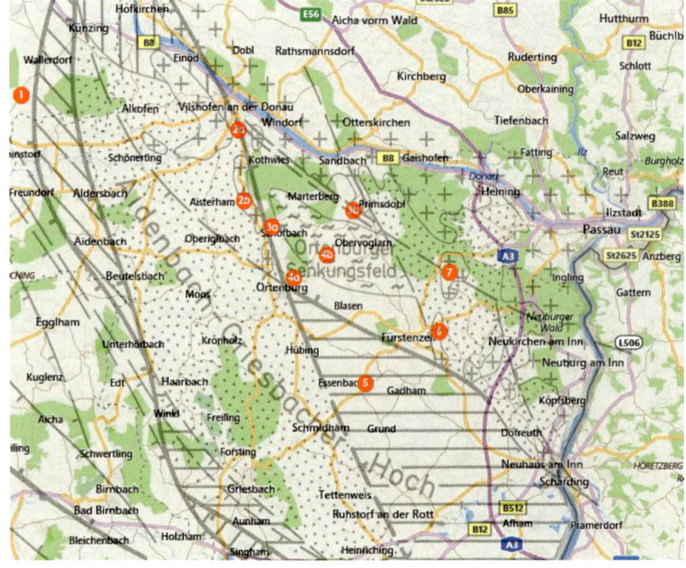

Abb. J0.6. Lage der Exkursionspunkte.

1 *Forsthart: Urweltmuseum.*
2a *Zeitlarn: Doggerkalk.*
2b *Neustift: Granit, Transgression Ottnangium, Ortenburger Schotter.*
3a *Maierhof: Kieselnierenkalk (Malm), Ortenburger Meeressande (Eggenburgium).*
3b *Kalkberger Bruch: Jura/Kreide.*
4a *Ortenburg: Ortenburger Schotter.*
4b *Rauscheröd: Ortenburger Schotter und Äquivalente der Brackwassermolasse.*
5 *Mitterdorf: Neuhofener Mergel (Ottnangium).*
6 *Gurlarn: Transgression des Ottnangium-Meeres auf Granit, Glaukonitsande und Blättermergel. Aufgelassene Sandgrube Höch. Bryozoenkalk im Neuburger Wald.*
7 *Platte: Granit, Hammerbach, Rittsteig.*

Dabei soll ein Eindruck vermittelt werden, wie außerordentlich reich und vielseitig die Fossilvorkommen am Rande des Neuburger Waldes sind. Die meisten der alten Aufschlüsse, in denen im letzten Jahrhundert Kalk abgebaut und gebrannt wurde und Sand oder Mergel in kleinen Gruben für den Haus- und Wegebau oder zur Verbesserung der Äcker ausgegraben wurde, sind heute rekultiviert und nicht mehr zugänglich. Gelegentlich ermöglichen noch kurzfristig geschaffene Aufschlüsse durch Straßen- oder Hausbau das Aufsammeln von Fossilien. Wir werden auch große Steinbrüche und Kiesgruben kennenlernen. Auf jeden Fall muss immer der Grundstücksbesitzer vor Betreten der Anlage um Erlaubnis gefragt werden. Die entsprechenden Kontaktdaten findet man bei der Beschreibung der einzelnen Punkte.

Die Literatur über die Geologie und über Fossilien aus dem Passauer Raum ist sehr umfangreich. Nach 170 Jahren geologischer und paläontologischer Erforschung Ostniederbayerns muss es jedem klar sein, dass wir an dieser Stelle nicht annähernd einen Überblick über die Fülle angesammelten Wissens geben können. Hierzu muss auf die entsprechenden historischen Zusammenfassungen in vielen der jüngst erschienenen Arbeiten, vor allem aber auf die Erläuterungen zu den Geologischen Karten 1:25000 Blatt 7446 Passau (BAUBERGER & UNGER, 1984), Blatt 7546 Neuhaus a. Inn (UNGER & BAUBERGER, 1985) und Blatt 1:50000 L7544 Griesbach i. Rottal (UNGER, 1984, Tab. 2, S. 18–19) verwiesen werden.

Es gibt bisher kein wissenschaftlich betreutes Museum, in dem Fossilien aus Ostniederbayern ausgestellt wären. Von einer stetig wachsenden Zahl von Sammlern wird aber jeder Aufschluss dieser Region beobachtet und die privaten Sammlungen sind wahre Schatzkammern. Sammler leisten einen enorm hohen Beitrag, die Kenntnis über die Lebensräume, das Klima, die Tier- und Pflanzenwelt längst vergangener Zeiten zu erforschen.

Zur Vorbereitung der hier beschriebenen Exkursion konnte der Verfasser viele private Sammlungen besichtigen und einige der oft spektakulären Funde fotografieren. Dafür sei allen Sammlern herzlichst gedankt, allen voran †ALFONS RIEPL, †ARNOLD PFAUNTSCH, BERNHARD WEINBERGER, REINHARD BAUMGARTNER, RUDOLF RÖCKL, JOSEPH PENZKOFER und JENS KRAHN. Die Bestimmung so vieler verschiedener Fossilien, wie sie hier in aller Kürze vorgestellt werden, ist nicht ganz einfach. Ständig erscheinen Revisionen und die in früheren Arbeiten erwähnten Namen sind in aller Regel heute nicht mehr gültig oder, was noch schlimmer ist, viele Funde wurden von Anfang an nicht richtig bestimmt. Dies führt zu großer Verwirrung, wenn man Faunen vergleichen, ihr Alter bestimmen oder die Interpretation eines Lebensraumes vom Vorkommen bestimmter Arten ableiten will. Der Verfasser hat versucht, dennoch möglichst viele der abgebildeten Arten korrekt zu benennen. Dies wäre nicht ohne die spontane Hilfe zahlreicher Freunde und Kollegen möglich gewesen, die aktiv als Paläontologen über diese Fossilien arbeiten und denen ganz herzlich hier gedankt sei: GÜNTER SCHWEIGERT (SMNS Stuttgart) und MARTIN NOSE (BSPG München) halfen bei der Bestimmung der Jurafossilien aus Maierhof, MATHIAS HARZHAUSER und OLEG MANDIC (beide NHM Wien) bei der Bestimmung mariner Muscheln und Schnecken aus Maierhof, Neustift, Mitterdorf und Höch, OLAF HÖLTKE (SMNS Stuttgart), DIETRICH KADOLSKY (Sanderstead, UK), MICHAEL W. RASSER (SMNS Stuttgart) und RODRIGO B. SALVADOR (Neuseeland) halfen bei der Bestimmung der limnischen und terrestrischen Schnecken aus Rauscheröd, WERNER SCHWARZHANS (Hamburg) unterstützte mich bei der Bestimmung der Otolithen von Knochenfischen, GERTRUD RÖSSNER, NICOLA HECKEBERG und KURT HEISSIG (alle BSPG München), sowie MARTIN PICKFORD (Namibia) und JORGE MORALES (CSIC Madrid) halfen bei der Bestimmung der Säugetierreste aus Höch und Rauscheröd, RALF ROSIN (TU München) half bei der Bestimmung des Lianenholzes aus Höch und JOCHEN GREGOR (Olching) und MARKUS SACHSE (Augsburg) halfen bei der Bestimmung der Blätter und Früchte aus Rauscheröd. GERTRUD RÖSSNER, MANUELA SCHELLENBERGER und OLIVER RAUHUT ermöglichten in der BSPG neue Aufnahmen des Gomphotheriumzahnes und des Biberkiefers aus Rauscheröd. URSULA GÖHLICH (NHM Wien) stellte Bilder des Kormoranknochens zur Verfügung.

Die Exkursion beginnt im privat geführten »Urweltmuseum Forsthart« mit einer sehenswerten Sammlung von Mineralien und Fossilien der Region. Wir besuchen dann einige teils aktiv betriebene Steinbrüche und Gruben, teils aufgelassene und rekultivierte, aber historisch bedeutsame Fundorte. Da es nicht immer möglich sein wird, selbst die Fossilien zu finden, die für das Verständnis der geologischen Situation notwendig sind, werden Bilder von Fossilien aus privaten und wissenschaftlichen Sammlungen unsere Zeitreise begleiten. Es werden auch Fossilien gezeigt, die der Laie eher selten zu sehen bekommt. Manchmal wird es erscheinen, als wäre die Darstellung erschöpfend umfangreich, aber das ist nie der Fall. Tatsächlich können nur recht wenige Arten hier vorgestellt werden.

Anfahrt von Vilshofen zum 16 km entfernten Forsthart auf der B8 aufwärts am rechten Ufer der Donau entlang über Pleinting (Beginn des Durchbruchtals der Donau) nach Künzing (Museum Quintana), dann nach SW abbiegen über Wallerdorf nach Forsthart.

J1 Urweltmuseum Forsthart/Künzing

Das private Museum (Obere Hauptstr. 18, Forsthart/Gde. Künzing, Besichtigung nach tel. Anmeldung: Fam. JENS KRAHN, Tel. 08547 7066) zeigt in Vitrinen eine regionale Sammlung von Pegmatitmineralien und Kristallstufen (Abb. J1.1), die um die Jahrtausendwende in den Pegmatoiden des Fundgebietes Hofkirchen-Vilshofen-Windorf gemacht wurden (vgl. I6, S. 122). Eine umfangreiche Fossiliensammlung stimmt mit versteinerten Baumstämmen aus dem Ortenburger Schotter (Abb. J1.2), Haizähnen und vielen anderen Funden aus dem Molassemeer auf einige unserer Exkursionsziele ein und vermittelt eine Vorstellung von Fundmöglichkeiten, die sich in heute meist nicht mehr zugängigen Sand- und Kiesgruben am Rande des Neuburger Waldes ergaben.

Abb. J1.1. a. Rauchquarz- und Feldspat-Kristallstufen aus dem Gemeindegebiet Windorf. Ausstellung im »Urweltmuseum Forsthart« bei Künzing. b. Versteinerte Hölzer, Haizähne und Muscheln aus dem Raum Ortenburg-Fürstenzell. Ausstellung im »Urweltmuseum Forsthart« bei Künzing.

Forsthart und das 12 Kilometer westlich davon gelegene Rembach sind aber auch international bedeutende Fundstellen von Knochen, Kieferteilen und Zähnen hauptsächlich kleiner Wirbeltiere (Hamster, Mäuse, Igel, Maulwürfe, Fledermäuse, Hasen, kleine Hirsche, Krokodile, Echsen u. v. a.). In glimmerreichen Feinsanden der »Limnischen Süßwasserschichten«, die hier am Nordost-Rand des Braunauer Troges nach Rückzug des Meeres im Karpatium zur Ablagerung kamen, wurde seit Entdeckung der Fossilführung (Diplomarbeit C. SUTTER, 1959) von Paläontologen der Münchner Schule (DEHM, FAHLBUSCH, HEISSIG, SCHMIDT-KITTLER, ZIEGLER, RUMMEL, ROESSNER u. v. m.) eine erstaunliche Anzahl verschiedenster Arten wissenschaftlich beschrieben, darunter viele als neue Arten, wodurch die Fundorte zu Typuslokalitäten wurden, die als Referenzlokalitäten für die Säugetierzone MN4b beim Vergleich mit anderen Fundorten in ganz Europa herangezogen werden. Stratigraphisch liegen die »Limnischen Süßwasserschichten« zwischen den brackischen »Oncophora-Schichten« und der »Oberen Süßwassermolasse«.

Heute sind die Mergelgruben von Forsthart und Rembach längst aufgelassen und eingeebnet, aber auch früher war nicht viel von dem Fossilreichtum zu sehen. Man musste große Mengen des Sediments trocknen, schlämmen und die gesiebten Rückstände unter dem Binokular auslesen, um die winzigen Zähnchen und Knochen zu finden. Laut ZIEGLER & FAHLBUSCH, 1986 wurden in Forsthart 13000 Kilogramm Rohmaterial geborgen, um daraus 900 bestimmbare Kleinsäugerreste zu gewinnen. Das ist ein enormer Aufwand, aber auch heute noch werden aus dem Material der Grabungen in den 1960er und 1970er Jahren neue Arten beschrieben.

Auf dem Rückweg fahren wir in östlicher Richtung entlang des Vilstales über das Aidenbach-Griesbacher Hoch nach Waizenbach und über Schweiklberg (Benediktinerabtei) zurück zur Ortsmitte von Vilshofen. Über den Stadtplatz und die Vils-Brücke weiter in Richtung Ortenburg, wo wir nur ca. 200 m nach dem Ortsende von Vilshofen bei der neuen Umgehungsstraße unseren ersten Exkursionspunkt erreichen.

J2 Granit im Wolfachtal und seine mesozoische und tertiäre Überdeckung

An den Schlingen der Wolfach vor Zeitlarn, an der nordwestlichen Spitze des Ortenburger Senkungsfeldes, treffen die Wolfach-Störung und die Marterberg-Störung aufeinander (s. Abb. J0.1). Im heute nicht mehr auffindbaren Meßmer Bruch (Abb. J2.2) wurden Braunjurakalke abgebaut. KRAUS, 1915 beschrieb ausführlich die Aufschlüsse und vor allem die tektonischen Verhältnisse der Jura- und Kreidevorkommen zwischen Vilshofen und Ortenburg.

Nach NIEBUHR (2014) gehören diese früher als »Zeitlarner Schichten« bezeichneten dickbankigen gelbbraunen spätigen Doggerkalke als Zeitlarn-Subformation zur Sengenthal-Formation (s. Abb. J3.9b).

Auf der Zeitlarner Straße geht es 4 km weiter nach Neustift. In Sichtweite liegt rechts an der Straße »Zum Steinbruch« das »Gewerbegebiet Niederbayerische Schotterwerke«. Das Betreten des Steinbruchs ist grundsätzlich verboten. Vor Betreten muss beim Betreiber eine Genehmigung eingeholt werden.

In zahlreichen kleinen Aufschlüssen im unteren Vilstal und unteren Wolfachtal südlich von Vilshofen trifft man auf sog. Neustifter Granit. Es ist der kristalline Untergrund im südwestlichen Teil des Neuburger Waldes, der im imposanten Tagebautrichter der »Niederbayerischen Schotterwerke«

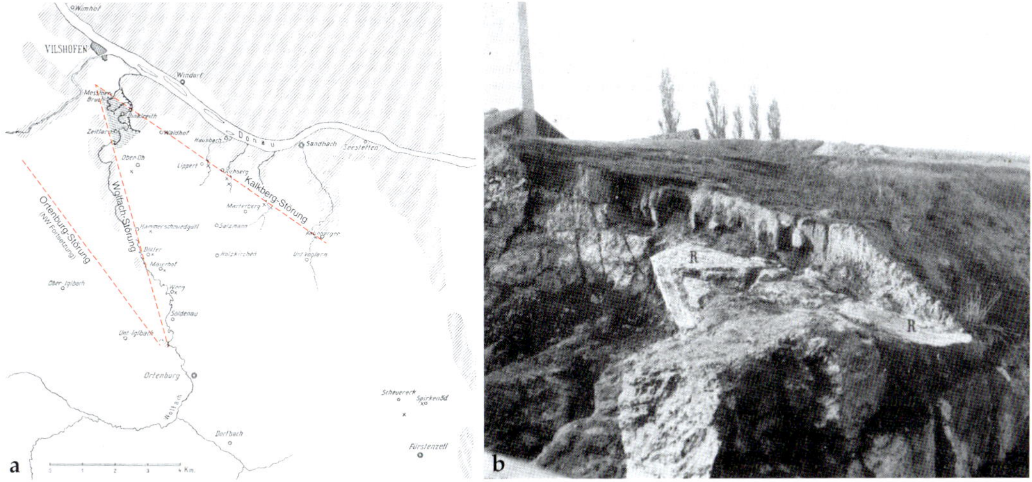

Abb. J2.1. a. In seiner Dissertation »Geologie des Gebietes zwischen Ortenburg und Vilshofen in Niederbayern an der Donau« beschrieb KRAUS erstmals die Tektonik des Ortenburger Senkungsfelds (nach KRAUS, 1915, Abb. 14, S. 163). b. Der Meßmer Bruch Anfang des 20. Jahrhunderts. – Aus KRAUS, 1915, Abb. 13, S. 161).

Abb. J2.2. a. Am südlichen Ortsende von Vilshofen sind bei der neuen Umgehungsstraße an den tiefsten Stellen entlang des Radwegs einige größere Blöcke liegengeblieben, die hier 2018 bei den Baumaßnahmen ausgegraben wurden. Es handelt sich um eines der nun selten gewordenen Relikte des Zeitlarner Juras. b. Detail aus einem der Blöcke. – Aufnahmen 11.08.2018.

am Nordwest-Rand des Aidenbach-Griesbacher Hochs gelegen einen Einblick in die tektonische Entwicklung dieser Region ermöglicht.

Die Niederbayerischen Schotterwerke Rieger & Seil GmbH & Co. KG (Neustift, Zum Steinbruch 1, 94496 Ortenburg, Tel.: 08542 9616–0) produzieren seit 1882 hochwertige Produkte wie Gleisschotter, Edelsplitte oder Bruchsteine aus Granit. Heute werden auf fünf Sohlen jährlich bis zu 900 000 Tonnen Granitgestein abgebaut. Die tiefste Abbaufläche mit einer Größe von ca. 4 Hektar liegt vom westlichen höchstgelegen Steinbruchrand aus gesehen ca. 130 Meter tief bei 243 Metern über dem Meeresspiegel und ist damit der tiefste künstlich geschaffene Aufschluss im Landkreis Passau und weit darüber hinaus.

Abb. J2.3. Historische Aufnahme aus den Anfangsjahren des Granitabbaus in Neustift. – Kraus, 1915, Abb. 1, S. 94.

Abb. J2.4. a. Der Granitabbau der Niederbayerischen Schotterwerke mit Blick nach Westen. Die oberste Sohle markiert die ebene Transgressionsfläche der Oberen Meeresmolasse. Links kann man graubraune Glaukonitsande erkennen, darüber marine Blättermergel, in die Sande und Kiese des Ortenburger Schotters erosiv einschneiden und ganz oben pleistozäner Lösslehm. b. Neustifter Granit (angeschliffen) aus dem Ausstellungsraum der Schotterwerke. – Aufnahmen 17.10.2017.

Der Neustifter Granit ist ein feinkörniger Granit einheitlicher Zusammensetzung mit Quarz, Kalifeldspat, Plagioklas, Biotit und Muskovit als Hauptgemengeteilen und akzessorischen Mineralen wie Cordierit, Andalusit, Apatit etc. (SCHREYER, 1967).

Weniger als der Granit selbst, interessiert uns seine Lage am Rand des Aidenbach-Griesbacher Hochs und die tertiäre Überdeckung.

Etwa 500 Meter östlich des Bruchs verläuft in Richtung Nordnordwest-Südsüdost eine tektonische Störungslinie, die Wolfach-Störung (s. Abb. J0.1). Sie grenzt den Granit des Aidenbach-Griesbacher Hochs vom Ortenburger Senkungsfeld, einem ca. 10 × 12 Kilometer großen, rautenförmigen Gebiet mit Jura-Kalken und reliktartig aufliegenden Kalkmergeln aus der Oberkreide ab.

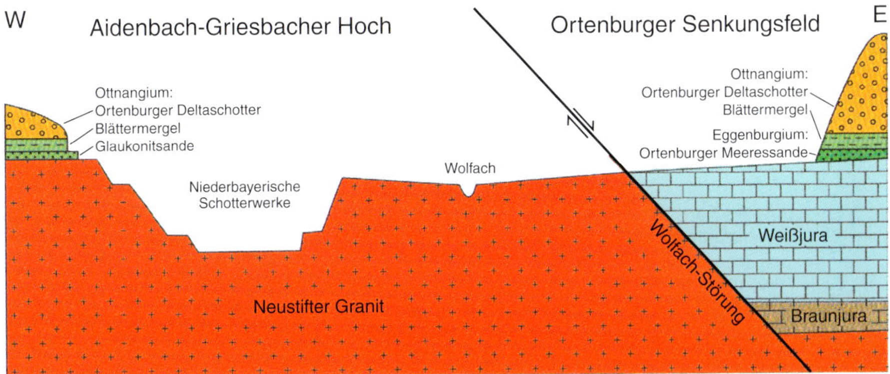

Abb. J2.5. Schematisches Profil vom Aufschluss der Niederbayerischen Schotterwerke nach Osten über das Wolfachtal zu den nur 500 Meter entfernt gegenüber liegenden Jura- und Tertiärablagerungen im Ortenburger Senkungsfeld. – Nach HAGN et al., 1982.

Nur in diesem kleinräumigen tektonisches Senkungsfeld sind mesozoische Sedimente erhalten geblieben (Unger & Schwarzmeier, 1982). Nach der kreidezeitlichen Meeresbedeckung (vor ca. 89 Mio. Jahren) kam es an der Wolfach-Störung zu einer Hebung der Neustifter-Granit-Scholle (als Teil des Aidenbach-Griesbacher Hochs), der eine Phase der Erosion und Einebnung folgte. Erst vor 18 Mio. Jahren überdeckte die OMM-Meerestransgression dann den gesamten Raum bis zur Donaulinie. Granit im Westen und Jurakalk im Osten werden in gleicher Weise flächenhaft von tertiären Molasse-Sedimenten der »Oberen Meeresmolasse« bedeckt. Im Osten lagert auf dem mit Bohrmuschellöchern übersäten Kieselnierenkalk der fossilreiche »Ortenburger Meeressand« (Eggenburgium), darüber Blättermergel (mittleres Ottnangium) und fluviatile Kiese und Sande des »Ortenburger Schotters« (oberes Ottnangium). Im Westen transgredieren über dem Granit marine Küstensedimente, die vielleicht als Äquivalent der Neuhofener Mergel (unteres Ottnangium, s. J5, S. 160) anzusprechen sind. Zuunterst liegen große wollsackverwitterte Granitgerölle, die mit dunkelgrauem, dichten Dolomit zu einem sandigen, Glaukonit führenden Konglomerat verkittet sind. Darüber folgen Glaukonitsande und Blättermergel (mittleres bis oberes Ottnangium) und schließlich fluviatile Kiese und Sande des Ortenburger Schotters (oberes Ottnangium), die hier als Deltaschotter mit den marinen Blättermergeln verzahnt sind.

Abb. J2.6. a. Die Abraumfläche im Westen des Aufschlusses ist zugleich die Transgressionsfläche der miozänen Oberen Meeresmolasse. In Bildmitte kann man ca. 3 m mächtig graue Glaukonitsande der Litoralfazies erkennen. Darüber ca. 10 m mächtig gelbe Sande und Schotter (Ortenburger Schotter) und im Hangenden noch ca. 3 m vermutlich eiszeitlicher Lösslehm. b. Die grauen Glaukonitsande werden nach Norden zu deutlich fossilärmer. c. Hier schneidet eine Rinne des Ortenburger Schotters in Blättermergel ein. d. Auf der gesamten Oberfläche des Granits im Südwesten der Aufschlusswand ist wie hier auf einem größeren wollsackverwitterten Block eine dicke sehr fossilreiche Phosphoritlage aufgebacken. – Aufnahmen a,b 17.10.2017, c,d 07.08.2004.

Die in den Niederbayerischen Schotterwerken über dem Granit aufgeschlossenen Meeressande stellen derzeit die einzige vernünftige Möglichkeit dar, im Exkursionsgebiet Fossilien aus der Zeit der Obern Meeresmolasse aufzusammeln. Es muss nochmals darauf hingewiesen werden, dass vor Betreten des Geländes beim Betreiber eine Genehmigung eingeholt werden muss. Auf den folgenden Seiten werden einige der hier gefundenen »Schätze« vorgestellt.

Abb. J2.7. a. Es macht Jung und Alt großen Spaß, Fossilien zu sammeln. b. Detail der im Oktober 2017 im Südwesten des Steinbruchs aufgeschlossenen sehr fossilreichen Glaukonitsande. Auffallend sind die vielen weißen aragonitschaligen Muscheln, die hier zusammen mit Sand und grobem dunklen Quarzgeröll in unmittelbarer Strandnähe zusammengespült wurden.

Abb. J2.8. a. Wunsch eines jeden Sammlers ist es, einmal so einen großen Haizahn zu finden, wie diesen Unterkieferzahn von Megaselachus chubutensis (zu sehen im Urweltmuseum Forsthart). b. Weniger spektakulär, aber einer der seltensten jemals in der gesamten Meeresmolasse gefunden Zähne ist dieser stark abgerollte Zahn eines Ammenhais (Slg. R. Röckl). c. Ebenso selten sind diese zwei Zähne von Ptychodus decurrens, die aus aufgearbeiteten Kreidesedimenten (Albium/Cenomanium) des benachbarten Ortenburger Senkungsfeldes oder bei der Abtragung der Unterkreidebedeckung des Aidenbach-Griesbacher Hochs umgelagert wurden (Slg. R. Röckl). d. Leider kaum beachtet werden die vielen aus Aragonit bestehenden Otolithen (Ohrsteine), die Knochenfischen die Orientierung ermöglichen. Sie sind artspezifisch. Hier Otolithen (Slg. R. Röckl) von drei verschiedenen Gattungen der Umberfische (Sciaenidae).

1
2
3
4
5
6
7
8
9
10
11
12
13
5 cm

Abb. J2.10. Auswahl verschiedener Schnecken. 1,2. Kreiselschnecke Calliostoma sp. Gelegentlich ist noch die Perlmuttschicht erhalten; 3. Die Turbanschnecke Bolma paratethyca HARZHAUSER & LANDAU, 2014; *4. »Turritella« sp.; 5. Fissurella sp., eine Napfschnecke; 6. Chicoreus aquitanicus, hier nur in Steinkernerhaltung. – 1,4 Slg. J.* KRAHN, *2–3,5–6 Slg. R.* RÖCKL.

Abb. J2.11. Vor Verlassen der Fossilienfundstelle sollten wir über das Steinbruchgelände nach Osten schauen, wo wir jenseits der Wolfach-Störung in großen Gruben den Ortenburger Schotter aufgeschlossen sehen.

◁ *Abb. J2.9. Eine kleine Auswahl der zahlreichen Muscheln und Korallen, die in oft perfekter Erhaltung in Neustift gefunden wurden. 1. Anadara cf. diluvii; 2. Anadara diluvii; 3. Acanthocardia mioechinata; 4. Cordiopsis islandicoides; 5. Glycimeris deshayesi; 6. Gastrana fragilis; 7. Ostrea digitalina; 8. Anomia ephippium; 9. Talochlamys multistriata; 10. Aequipecten submalvinae; 11. Flexopecten palmatus; 12,13. Beispiele verschiedener Korallen. – Alle Slg. R.* RÖCKL.

Von Neustift Weiterfahrt nach Südwesten auf der alten Straße in Richtung Ortenburg. Nur knapp 2 km von Neustift entfernt in Richtung Holzkirchen abbiegen. Rechts der Straße liegt das dicht bewaldete Gelände des ehemaligen Steinbruchs Maierhof.

J3 Ortenburger Meeressand auf Oberjura-Kieselnierenkalk

Maierhof liegt unmittelbar östlich der nordnordwest-südsüdost verlaufenden »Wolfach-Störung« im »Ortenburger Senkungsfeld« (s. Abb. J2.4). Anstelle des kristallinen Untergrunds stehen bzw. standen hier weiße, dickbankige Schwammkalke voller grau-blauer, kreisrunder oder fladiger Hornsteinknollen an (Ortenburg-Formation, ehemals bezeichnet als Malm β und »Kieselnierenkalk«). Ihre verkarstete, fast horizontale Oberfläche ist mit Bohrmuschellöchern übersät.

Über der Transgressionsfläche des untermiozänen Meeres mit eingespülten Zähnen und Knochen von Landtieren (z.B. Tapir, Schildkröten) folgt eine fest zementierte 30–40 Zentimeter dicke Austernbank und darüber ca. 7 Meter mächtig ein gelb-bräunlicher feiner, zum Hangenden gröber werdender Quarzsand, in den ab ca. 4,5 Meter Muschelhorizonte eingeschoben sind mit den aus Maierhof berühmt gewordenen teils sehr großen doppelklappigen Schalen der Pilgermuschel *Oopecten gigas gigas* (SCHLOTHEIM, 1813). Die ca. 19 Mio. Jahre alten versteinerungsreichen Meeressande aus der Zeit des Eggenburgiums werden als »Ortenburger Meeressand« bezeichnet. Ausgelöst durch einen Anstieg des Weltmeeresspiegels transgredierte die Paratethys zu dieser Zeit mit einem Meeresarm entlang des Südrands der Böhmischen Masse bis in das bayerische Molassebecken. Vergleichbare gleichaltrige Ablagerungen mit Austernbänken und Pilgermuscheln gibt es auch in Oberbayern im Kaltenbachgraben (HÖLZL, 1958) und in Niederösterreich am östlichen Rand des Moldanubikums von der Donau (Fels a. Wagram) bis weit ins Waldviertel hinein (Eggenburg, Maigen) (STEININGER & ROETZEL, 1999).

Im Hangenden des Ortenburger Meeressands folgt ein Verwitterungshorizont, der eine Schichtlücke bis zur erneuten Transgression der Glaukonitsande und Blättermergel im Ottnangium vor ca. 18 Mio. Jahren anzeigt. Etwa 14 Meter über der Oberfläche der Kieselnierenkalke bedecken gelbbraune fluviatile Sande und Kiese, der Ortenburger Schotter, die marinen Blättermergel.

Viele Geologen und Paläontologen haben die Makro- und Mikrofossilien der Ortenburger Meeressande bearbeitet. Allen voran der in Kelheim 1824 geborene Arzt und Paläontologe JOSEPH GEORG EGGER, der nach seinem Studium der Medizin und Naturwissenschaften in München, Wien und Prag 1849 niedergelassener Arzt in Ortenburg wurde und ab 1859 in Passau lebte. In Passau war er von 1871 bis 1881 Vorsitzender des Naturwissenschaftlichen Vereins. EGGER veröffentlichte viele grundlegende Arbeiten: 1857 »Die Foraminiferen der Miocän-Schichten bei Ortenburg in Nieder-Bayern«, 1858 »Die Ostracoden der Miocänschichten bei Ortenburg«, im selben Jahr »Der Jurakalk bei Ortenburg und seine Versteinerungen«, 1860 »Der Diatomeenmergel von Habühl bei Ortenburg«. Diese Arbeiten waren Quelle vieler nachfolgender Beschreibungen, z.B. KRAUS, 1915, HAGN & HÖLZL, 1952, HÖLZL, 1958 und zuletzt WENGER, 1987, der die von EGGER, 1857 aufgestellten neuen Arten umfangreich revidierte.

Abb. J3.1. JOSEPH GEORG EGGER.

Leider wurde der gesamte Aufschluss in den 1970er Jahren mit Granitabraum der Niederbayerischen Schotterwerke aufgefüllt. Das Betreten des privaten Grundstücks ist verboten. Die Abbauflächen sind mit Abraum der Schotterwerke Neustift verfüllt und ohnehin nicht mehr zugänglich, aber man kann nach Anmeldung mit dem hier ansässigen Grundstücksbesitzer (BERNHARD WEINBERGER, Maierhof 7, 94496 Ortenburg, Tel. 08542 1402) in alten Abraumhalden nach Fossilien schürfen.

In Maierhof wurde, wie in anderen kleinen Kalkgruben auch, der Kalk zu sog. Mauerkalk gebrannt, der als Mörtel Verwendung fand. Praktischerweise wurde die im Ringofen erzeugte Hitze gleich für die angeschlossene Ziegelei verwendet.

Abb. J3.2. a. Auf dieser alten Aufnahme sieht man im Hintergrund die hellen Wände des Kieselnierenkalks, davor die Gebäude der Ziegelei und den Schornstein des Kalkbrennofens (Original bei B. WEINBERGER); b. Etwa 10 m hoch war der Jurakalk aufgeschlossen, darüber die dunkel hervorstehende Austernbank und 7 m Ortenburger Meeressand. – Foto H. HAGN 1964; c. Dr. h.c. OTTO HÖLZL inspiziert die Austernbank über dem Jurakalk. – Foto H. HAGN 1964; d. Auch der Verf. war 1961 an derselben Stelle und versuchte sein Glück als Fossiliensammler. – Foto A. RIEPL.

Die folgenden Seiten sollen einen Eindruck vermitteln, welche Fossilien hier an diesem klassischen Aufschluss gefunden wurden.

Abb. J3.3. Fossilien aus dem Kieselnierenkalk von Maierhof. a. Handstück mit Praeataxioceras virgulatus (QUENSTEDT, 1887); b. Laevaptychus eines Aspidoceraten; c. Schnecken der Gattung Cryptaulax; d. Bruchstücke von Ammoniten, wie sie noch in den alten Abraumschürfen gesammelt werden können; e–g. Typische Brachiopoden (Armfüßer): e. Aulacothyris sp.; f. Lacunosella cracoviensis QUENSTEDT, 1871; g. Hornstein ist reich an Einschlüssen von Schalenschill und Schwammresten, oft sind die Oberflächen mit Fossilien bedeckt. Lacunosella cracoviensis QUENSTEDT, 1871 auf einer Hornsteinknolle; h. Kugelige Knollen zeigen im Querschnitt typische konzentrische Liesegang'sche Ringe; i. Fladenförmige »Kieselniere«. – a–d Slg. B. WEINBERGER, e–g Slg. R. ROECKL. ▷

a
1 cm
b
1 cm
c
1 cm
d
e
1 cm
f
1 cm
g
1 cm
h
1 cm
i
5 cm

Im Sommer 1974 und 1975 wurde vom Verfasser in Maierhof das Profil aufgenommen und eine systematische Grabung durchgeführt. Die dabei gefundenen Fossilien befinden sich in der Bayerischen Staatssammlung für Paläontologie und Geologie in München.

*Abb. J3.4. a. Grabung durch das Profil der Ortenburger Meeressande 1974; b. Muschelhorizont ca. 6 m über der Malmoberfläche; der Pfeil zeigt auf eine Unterkieferzahnplatte eines Adlerrochens (Aetobatus arcuatus); c. Herzmuschel Discors spondyloides (*HAUER*, 1847) mit beiden Klappen in Lebendstellung, ca. 10 cm lang; d. Auch die Elefantenrüsselmuschel Panopea menardi* DESHAYES*, 1828 wurde häufig in Lebendstellung angetroffen, ca. 11 cm lang; e. Glycimeris deshayesi (*MAYER*, 1868); f. Herzmuschel Cardium ritter gulderi* STEININGER*, 1963; g. Elefantenrüsselmuschel Panopea menardi* DESHAYES*, 1828. – e–g coll. A.* PFAUNTSCH*, ca. 1975.*

a
1
b
2
3
a
4
b
a
5
b
a
b
6
a
b
7
8
9
10 cm

Abb. J3.6 a. In einem anderen Horizont führte geringe Wasserbewegung dazu, dass sich die Schalen von Oopecten gigas gigas geringfügig gegeneinander verschoben. Die obere (rechte) Schale trägt bei diesem Exemplar eine einzelne große Seepocke (cf. Chesaconcavus gurlarnensis CARRIOL *&* SCHNEIDER, *2008); b. Große Seepocke (cf. Chesaconcavus gurlarnensis* CARRIOL *&* SCHNEIDER, *2008) siedeln gerne dicht aneinander gedrängt; c. Die Austernbank über dem Transgressionshorizont wurde hauptsächlich von Ostrea cf. lamellosa aufgebaut. – Alle coll. A.* PFAUNTSCH, *ca. 1975.*

Im ufernahen flachen Wasser konnten Austern mit ihren massiven Schalen aus Calcit die Brandung des vorrückenden Meeres gut aushalten. Kurze Zeit darauf muss das Wasser ruhiger geworden sein. In warmem Wasser bei subtropischen Temperaturen konnten große Muscheln dicke Schalen aus Aragonit bilden. Später im Ottnangium waren die Wassertemperaturen nicht mehr so hoch und vergleichbare Muscheln in Strandnähe deutlich kleinwüchsiger.

◁ *Abb. J3.5. 1-3. Die Pilgermuschel Oopecten gigas gigas* (SCHLOTHEIM, *1813) hat Maierhof als Fundstelle außergewöhnlicher Fossilien weltberühmt gemacht. Adulte Muscheln mit 20 cm Durchmesser (1a–b) waren in einem Horizont neben juvenilen Exemplaren (2) doppelklappig in Lebendstellung erhalten; 4–9. Die viel kleinere Pilgermuschel Aequipecten miotransversus* (SCHAFFER, *1910) war in Maierhof ebenfalls sehr häufig. Die hier abgebildeten Exemplare stammen aus dem benachbarten und heute ebenfalls nicht mehr zugängigen Aufschluss in Kemating, wo sie in einem Horizont geradezu gesteinsbildend vorkamen. Die Oberfläche der Schalen ist häufig von Seepocken überwuchert. – Alle coll. A.* PFAUNTSCH, *ca. 1975.*

Abb. J3.7. Marine Säugetiere und Knochenfische. a, Zahn und b, Ohrknochen des kleinen Delphins Acrodelphis sp.; c. Schlundknochen des Lippfisches Labrodon pavimentatum; d. Zahn einer Geißbrasse Diplodus sp.

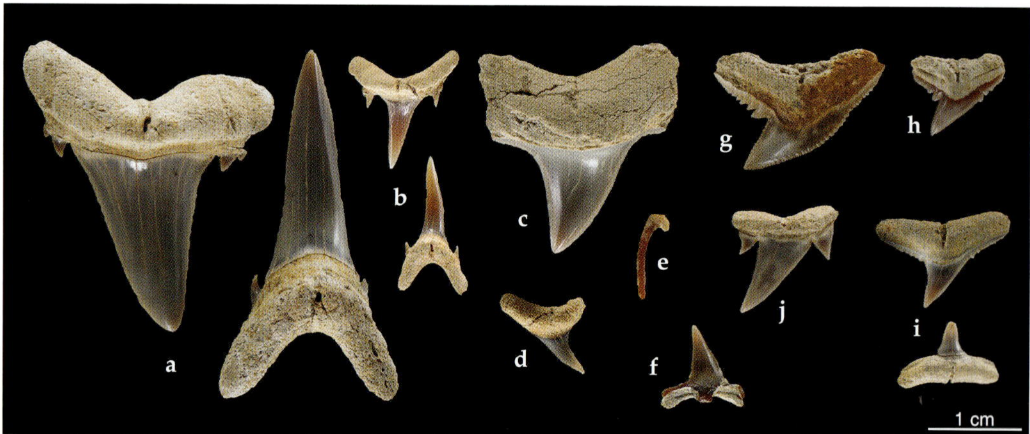

Abb. J3.8. Beliebteste Sammlertrophähen sind Zähne von Haien. Hier eine kleine Auswahl: a, große und b, kleinere Sandtigerhaie; c, Heringshaie; d, Fuchshaie; e, Walhaie; f, Meerengel; g, Tigerhaie; h, Hundshaie; i, Weißspitzen-Riffhaie und j, Carcharoides catticus aus der Familie der Lamnidae, zu denen auch die Heringshaie und der Weiße Hai gehören.

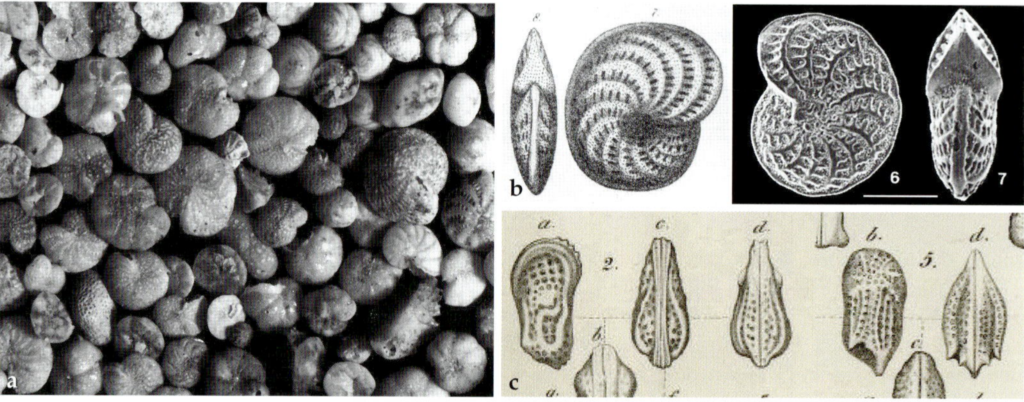

Abb. J3.9. Über Alter und Salinität gibt die Untersuchung der Mikrofauna Auskunft. Nach HAGN, *1981 führen die Ortenburger Meeressande eine reiche Foraminiferen- und ungewöhnlich reiche Ostracodenfauna. a. Streuprobe mit Foraminiferen, Ausschnitt ca. 15 mm; b. Eine für den Ortenburger Meeressand typische Foraminifere, Elphidium ortenburgense, links aus* EGGERS *Originalbeschreibung 1857, rechts aus der Revision von* WENGER, *1987, Maßstab 1 mm; c. Beispiele von Ostracoden (Schalen von Muschelkrebsen) aus* EGGER, *1858.*

Wer noch etwas Zeit im Ortenburger Senkungsfeld mit Jura und Kreide verbringen möchte, dem sei der Abstecher zum 6 km entfernten Kalkberger Bruch empfohlen. Nach Osten über Holzkirchen nach Voglarn, dann noch 1 km nach Norden, wo rechts in einem Wald der historisch bedeutende Steinbruch liegt. Auch hier muss zum Betreten der Grundstücksbesitzer vorher um Erlaubnis gefragt werden (MATTHIAS GREILER, Kalkberg 1, 94081 Fürstenzell, Tel. 0171 4295738).

Der Aufschluss liegt heute, von hohen Bäumen eingenommen, abseits jeder Hektik und doch ist es einer der aufregendsten Orte für jeden, der die hier immer noch in senkrechten Wänden anstehenden Felsen zu deuten vermag. Wie eingangs geschildert (S. 127) wurden mit einsetzender Auffaltung der Alpen am nördlichen Rand des Ortenburger Senkungsfeldes Jura- und Kreideablagerungen gequetscht, steil aufgerichtet und überschoben (KRAUS, 1915). EGGER lieferte 1858 in »Der Jurakalk bei Ortenburg und seine Versteinerungen« die erste ausführliche Beschreibung seiner tektonischen Beobachtungen in diesem Steinbruch. In jüngster Zeit hat sich NIEBUHR eingehend mit den Jura-Reliktvorkommen zwischen Straubing und Passau befasst und die lithostratigraphischen Einheiten neu gegliedert (NIEBUHR, 2013). Auch die jetzt als Sandbach-Formation bezeichneten Kreideablagerungen, die heute nicht mehr sichtbar hier bei Voglarn, in Marterberg und anderen Orten im Ortenburger Senkungsfeld aufgeschlossen waren, erfuhren durch SCHNEIDER, NIEBUHR, WILMSEN & VODRÁZKA (2011) eine umfassende Neubearbeitung.

Abb. J3.10. a. EGGERS Profil des Kalkberger Bruchs (1858); b. Neugliederung der Niederbayerischen Jura-Reliktvorkommen durch NIEBUHR, 2013; c. Südwand des Kalkberger Bruchs (Aufnahme 11.08.2018); d. Kieselnierenkalk im Kalkberger Bruch.

Zurück in Maierhof fahren wir auf der Hauptstraße (St 2119) zwei Kilometer weiter nach Süden und biegen im Kreisverkehr kurz vor Ortenburg an der Hacklmühle auf die kleine Zufahrt zum Freibad Unteriglbach ab. Hier halten wir bei einem neben der Straße aufgestellten Felsblock.

Der Brocken aus Cordierit-Sillimanit-Gneis liegt am Ostrand des Aidenbach-Griesbacher Hochs am Kreuzungspunkt der Wolfach-Störung mit der von hier in Richtung Fürstenzell verlaufenden Ortenburg-Störung und markiert das südwestlichste übertage anstehende Vorkommen des kristallinen Grundgebirges. Er wurde beim Straßenbau ausgebaggert. Ein zweiter Block liegt im Gebüsch gegenüber.

Abb. J4.1. Der Gneisblock an der Hacklmühle.

Mit Blick nach Osten über das Tal der Wolfach sehen wir (im Ortenburger Senkungsfeld liegend) Schloss Ortenburg auf den sanften Hängen des Ortenburger Schotters.

Abb. J4.2. Schloss Ortenburg thront heute unmittelbar auf dem ehemaligen Delta des Ortenburger Schotters.

Wir überqueren die Wolfach und fahren den Hang hinauf zum Schloss Ortenburg, Stammschloss der Grafen zu Ortenburg.

J4 Der Ortenburger Schotter – Von der Oberen Meeresmolasse zur Oberen Süßwassermolasse

Es lohnt sich, hier auf der Terrasse des Schlosskellers Ortenburg kurz innezuhalten und den Blick hinaus ins weite Rottal schweifen zu lassen. Man kann sich gut vorstellen, hier auf einer Sandbank des Ortenburger Schotter-Stromes zu stehen, unmittelbar an der Deltafront, an der Küste des Ottnangium-Meeres, das im Osten jenseits des Inns bereits vom Schutt der im Süden aufsteigenden Alpen zurückgedrängt wurde und bald beginnen wird, seinen Salzgehalt zu verlieren und sich in die brackische Oncophora-See zu verwandeln, um schließlich in die lakustrisch/limnische Obere Süßwassermolasse überzugehen und zu verlanden.

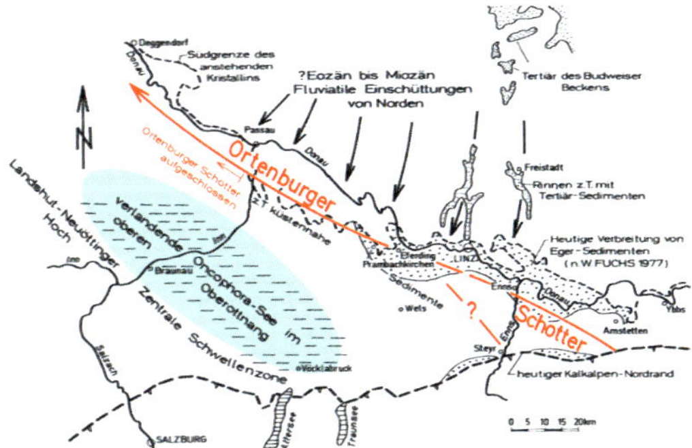

Abb. J4.3. Fließrichtung des Ortenburger Schotters gegen Ende des Ottnangiums. – Nach UNGER, *1997.*

Abb. J4.4. Aragonitschalige Schnecken und Muscheln in der ehemaligen Kiesgrube Hinterhainberg.

Wir haben den Ortenburger Schotter in Neustift und Maierhof bereits als Bedeckung der Blättermergel gesehen. Jetzt werden wir die Abfolge der ca. 16 Meter Schotter und ca. 18 Meter darüber liegenden Feinsande und Tone mit ihren Fossilien näher kennenlernen.

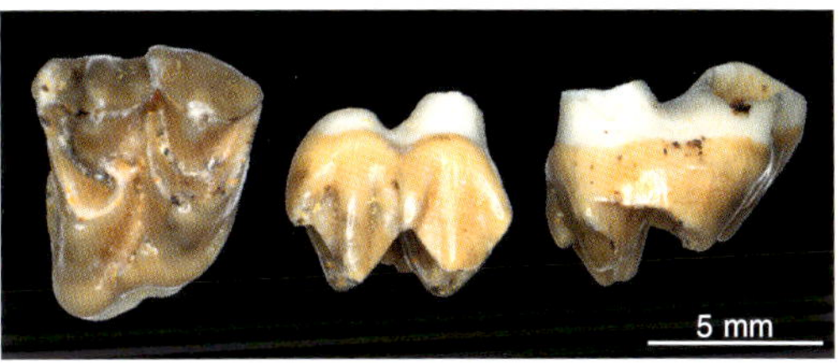

Abb. J4.5. Oberkiefer-Backenzahn (M1) des Hirsches Procervulus dichotomus (GERVAIS, *1849), Hinterhainberg. – Coll. A.* PFAUNTSCH, *1979.*

Heute ist Schloss Ortenburg von einem Wildpark umgeben. Bei seiner Anlage wurden die 150 Meter östlich gelegenen steilen Wände der Kiesgrube Hinterhainberg rekultiviert. Noch vor 40 Jahren konnte man aus den Wänden regelmäßig Fossilien absammeln: Knochen und Zähne von Nashörnern, Hirschen, Bibern, Krokodilen, Schildkröten, Zähne mariner Fische, z. B. Zahnbrassen, fragile Schalen mariner und brackischer Muscheln und Schnecken wie Austern, *Viviparus*, *Turritella* u. a.

Abb. J4.6. a. Vor dem Eingang zum Ortenburger Schloss liegt ein größerer verkieselter Baumstamm aus dem Kieswerk Alex in Rauscheröd; b. Derselbe Stamm noch in Rauscheröd (Aufnahme 1975).

Weiter geht es in östlicher Richtung zu den teils aufgegebenen und teils noch aktiven Kiesgruben von Rauscheröd. Über die Kreuzung in Hinterhainberg 1,7 km, dann unten im Tal links zum »Kieswerk Alex«, der westlichsten, teils renaturierten Gruben, aus der die hier vorgestellten Fossilien stammen. Vor dem Betreten muss beim Betreiber eine Genehmigung eingeholt werden: Sand- und Kieswerk Rauscheröd, Ulrich Alex GmbH, Rauscheröd 4, 94496 Ortenburg, Tel. 08542 9604–0.

Die Ulrich Alex GmbH gewinnt aus dem Schotter im Raum Ortenburg hochwertige Sand- und Kiesmaterialien als Zuschlagstoffe in der Betonproduktion, die im Hoch- sowie im Garten- und Landschaftsbau eingesetzt werden.

Das Kieswerk Alex ist Typuslokalität des »Ortenburger Schotters«. Die weißgrauen, mittel- bis grobsandigen Schotter mit einem Quarzitanteil von 50–70 %, zahlreichen zentralalpinen Geröllen und einem Granat-Anteil von über 80 % bei den Schwermineralien sprechen für sein alpines Liefergebiet, obwohl der Schotterstrang als fluviatile Deltaschüttung in das ältere Meeresbecken der Oberen Meeresmolasse entlang des Grundgebirgsrandes in Richtung Westen verläuft (Abb. J4.3, UNGER 1997). Ab Ortenburg vergrößert sich der Schotterfächer auf 10 Kilometer Breite und zieht westwärts bis nach Plattling und Straubing in die tiefer gelegenen Teile des Molassebeckens hinein. Diese Dimensionen und auch der Transport großer Baumstämme sprechen für die enorme Energie dieses untermiozänen Flusslaufs zur Zeit des obersten Ottnangiums bis untersten Karpatiums vor ca. 17 Mio. Jahren (UNGER 1997).

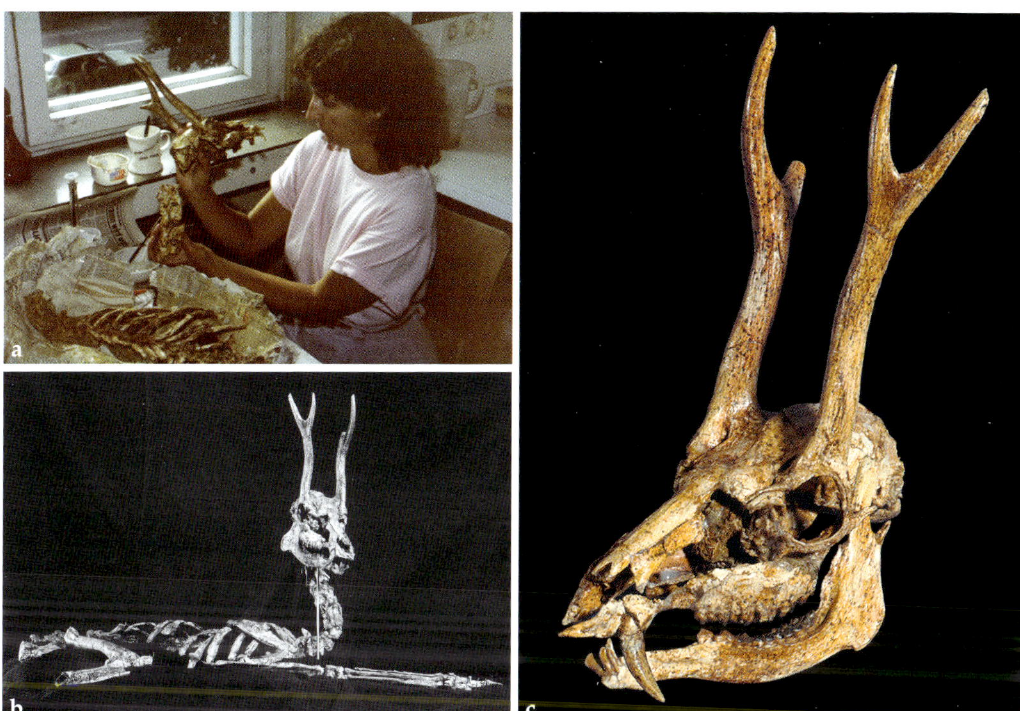

Abb. J4.8. a. RENATE LIEBREICH präparierte den Jahrhundertfund in der Bayerischen Staatssammlung für Paläontologie und historische Geologie in München. b. Das fertig montierte Skelett, wie es heute zu sehen ist. c. Der Schädel mit Geweih. GERTRUD RÖSSNER bearbeitete den Fund im Rahmen ihrer Doktorarbeit und bestimmte die Art als *Procervulus dichotomus* (GERVAIS, 1849). Durch Röntgenaufnahmen, die eine beginnende Porosität im Inneren des Geweihs aufzeigen, konnte belegt werden, dass diese sehr ursprüngliche Hirschart das Geweih bereits wie die modernen Hirsche abwerfen konnte.

Der Hirsch wurde etwas über der Mitte der insgesamt an dieser Stelle 18 Meter mächtigen Kieswand gefunden. Die unter dem Ortenburger Schotter liegenden rein marinen Glaukonitsande und Blättermergel waren in den 1960er Jahren kurzzeitig aufgeschlossen und entsprachen dem, was nur 4 Kilometer weiter östlich in den Sandgruben von Holzbach anstehend zu beobachten war.

◁ Abb. J4.7. Star unter all den Fossilien aus dem Ortenburger Schotter ist der heute im Museum »Mensch und Natur« in München ausgestellte »Hirsch aus Rauscheröd«. a. Der Fundort an der Nordost-Wand der Grube auf einer Aufnahme aus dem Jahre 2004 (s. Pfeil). b. Der erfahrene Sammler REINHARD BAUMGARTNER meldete dem Verfasser 1984 den Fund. In einer umgehend erfolgten Notgrabung wurde das Skelett von RENATE LIEBREICH (BSPG) eingegipst und für den Transport nach München vorbereitet. c,d. Aufnahmen während der Bergung. Der Hirsch lag mit dem Bauch nach oben in einer Sandlinse auf festerem Kies. Hals und Schädel waren nach unten gebogen. Offensichtlich trieb das tote Tier im Wasser, blieb mit seinem Geweih nach unten in einem Bereich mit geringer Strömung hängen und wurde bald mit Sand und Kies eingebettet. e. Der Unterkiefer während der Bergung.

Abb. J4.9. Fossilien mariner Tiere aus der Deltafront des Ortenburger Schotters. Sie beweisen, dass dieser Fluss zu einer Zeit ins Ottnangium-Meer mündete, als die Obere Meeresmolasse in diesem Bereich noch vollmarin war. a. Die Auster *Crassostrea gryphoides* (SCHLOTHEIM, 1813); b. *Glycimeris deshayesi*; c. *Anadara diluvii*; d. Ein Haiwirbel in Fundlage präpariert inmitten einer Sandlinse in Höhe der Fundstelle des Hirsches; e. So viele Zähne von meist Sandtigerhaien sprechen dafür, dass diese Haie regelmäßig im Delta auf Jagd gingen. Links unten zwei Zahnplatten von Adlerrochen, rechts unten drei Zähne von Meerbrassen; f. Zwei weitere zusammen mit Zähnen gefundene Wirbel eines Sandtigerhais; g. Auch Seekühe haben sich im Delta getummelt, wie mehrere im Laufe der Jahre gefundene Rippenfragmente belegen. – a–e coll. J. KRAHN. ▷

5 cm
b
1 cm
c
1 cm
a
d
1 cm
e
f
1 cm
g
1 cm

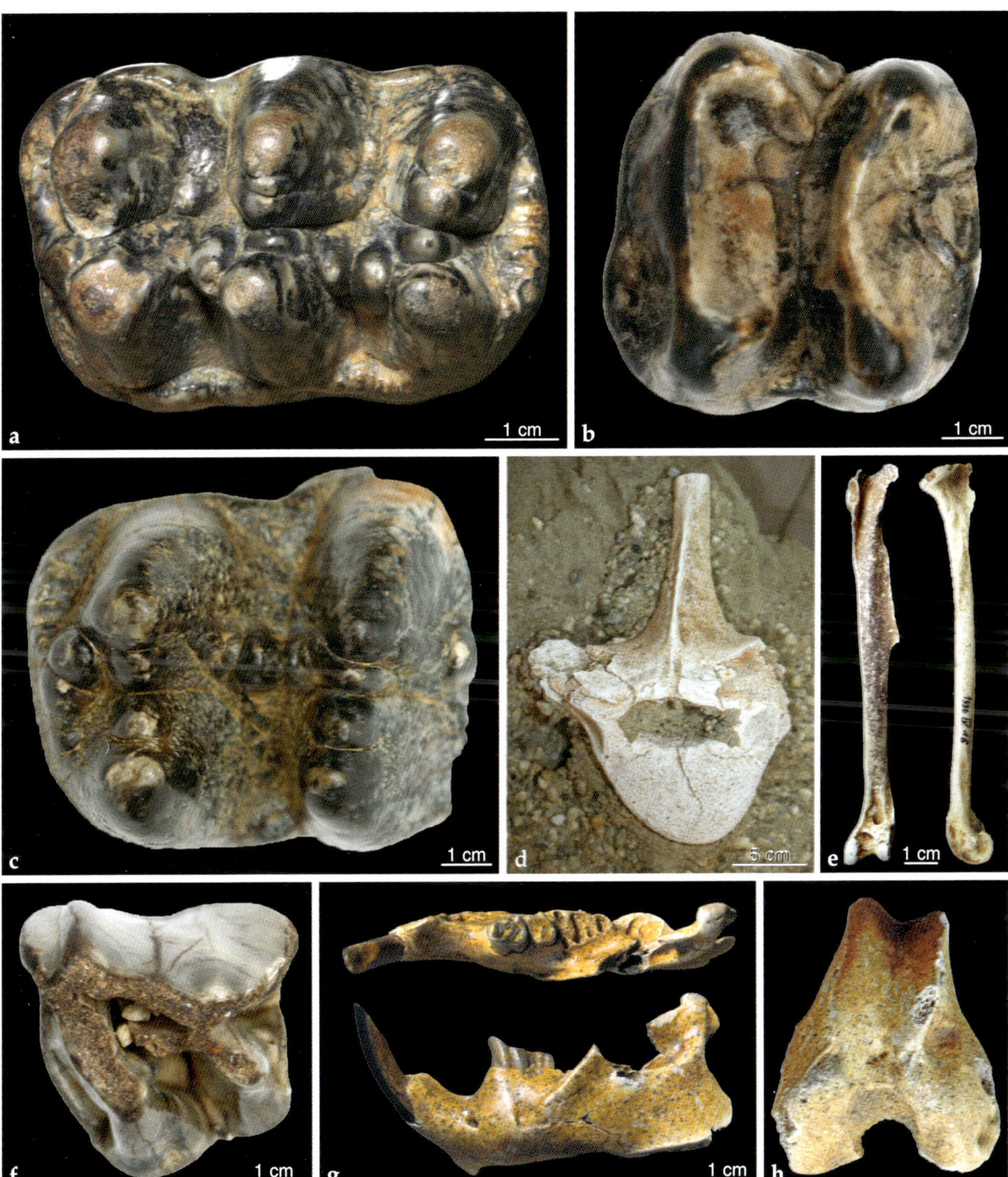

Abb. J4.10. Alle Reste von großen Landsäugetieren wurden im unteren bis mittleren Bereich der Schotter gefunden, hauptsächlich in Höhe der Kieselholzvorkommen. Es gab Horizonte, wo sich Feinsandlagen und Kieslagen abwechselten. Fragilere Knochen waren oft in solche Sandpolster eingebettet. a. Backenzahn eines der beiden in Rauscheröd nachgewiesenen Elefantenvorläufer, Gomphotherium subtapiroideum (SCHLESINGER, 1917) (BSPG 1990 IV 15); b. Zahn eines Hauerelefanten, Prodeinotherium bavaricum (VON MEYER, 1831); c. Häufig wurden Zähne beim Transport im Flussbett beschädigt, wie dieser größere Zahn von Gomphotherium subtapiroideum; d. Brustwirbel eines Rüsseltiers; e. Der erste Kormoran war in Bayern schon heimisch, bevor sich Fischer über ihn ärgern konnten. Unterschenkelknochen von ?Borvocarbo tardatu GÖHLICH & MOURER-CHAUVIRÉ, 2010 (BSPG 1990 IV 16, Holotypus); f. Oberer linker Molar des Nashorns Alicornops simorrensis (LARTET, 1851). Drei Nashorn-Arten liefern Hinweise auf sowohl feuchte Bereiche (Prosantorhinus cf. douvillei), als auch auf halbtrockenen (Brachypotherium brachypus) und eher trockenen Wald (Alicornops simorrensis) (HEISSIG in RÖSSNER, 1995); g. Wie dieser Unterkiefer von Steneofiber jaegeri (KAUP, 1832) belegt, waren auch Biber schon hier zuhause (BSPG 1990 IV 19); h. Oberschenkelknochen eines Paar- oder Unpaarhufers. – a, e, g coll. R. BAUMGARTNER; b–d, f coll. J. KRAHN.

Abb. J4.11. Auf dieser Aufnahme von 2004 kann man gut erkennen, dass die gleichförmige Kiesschüttung im unteren Bereich weiter oben in kreuzgeschichtete Wechsellagen von Feinsand und Kies übergeht, wo dann auch gehäufter durch Eisenoxidausfällung braun gefärbte Hohlräume sichtbar werden, die ursprünglich Treibholz enthielten, das meist verrottet ist, gelegentlich aber verkieseln konnte.

Was den Aufschluss Rauscheröd auszeichnet, ist die relative Häufigkeit von Fossilien mariner Tiere (Abb. J4.9) zusammen mit Zähnen und Knochen kleiner und großer Landtiere (Abb. J4.10), vor allem in den unteren zwei Drittel der Aufschlusswand, bis zur Höhe der Fundlage des Hirsches. In dieser Höhe konnte man rostig braun gefärbte Löcher in der Wand beobachten, Hohlräume, die durch Treibholz entstanden waren, das gelegentlich verkieselte oder einfach verrottet war und den Hohlraum hinterließ. Oft lagen in diesen Hohlräumen Kieselhölzer, nur wenige Zentimeter oder manchmal auch mehrere Meter lang und mit einem Durchmesser von bis zu mehr als einem Meter. Alle diese Kieselhölzer hatten eine ausgesprochen kantige, raue Oberfläche und selten war der ganze Stamm mit der Rinde verkieselt. Offensichtlich waren diese Hölzer alle, wie man leicht an der horizontierten Lage der braunen Löcher erkennen konnte, die sich über weite Strecken auch in anderen benachbarten Kiesgruben verfolgen ließ, bei einem Flutereignis angespült worden. Entwurzelte große wie kleine Stämme und Äste wurden noch als Holz auf Sandbänken vor der Küste abgelagert, rasch mit Sand und Kies bedeckt und manchmal durch Verkieselung vor der Zersetzung bewahrt. Walter Jung und Alfred Selmeier haben sich eingehend mit den Kieselhölzern aus Rauscheröd befasst. Jung beschrieb die ersten Palmenhölzer aus Rauscheröd und stellte fest, dass sie aufgrund ihrer Erhaltung nicht aus älteren Sedimenten umgelagert sein können (Jung, 1979, 1981). Selmeier schließt aus dem Nachweis von Palmen, jahresringlosen Mahagonihölzern und dem Fehlen von Nadelhölzern auf einen küstennahen Tropenwald (Selmeier, 1983, 1986, 1989, 2015). Ein tropisches Klima für das oberste Ottnangium schließt Gregor aber aus und nimmt deshalb an, die Kieselhölzer seien alle umgelagert und bereits als verkieselte Stämme aus vermutlich eozänen Sedimenten umgelagert (Gregor, 1980, s. dazu auch Gottwald, 1997, und Unger, 1997). Es gibt tatsächlich auch stark abgerollte glatte Kieselhölzer in Rauscheröd, die sicherlich über weite Strecken im Fluss transportiert wurden, aber für die Mehrzahl der typischen scharfkantigen Hölzer kann man annehmen, dass sie unverkieselt nach einem kurzen Transport zusammen mit den Säugetierresten eingebettet wurden. Eine holzanatomische Untersuchung umgelagerter Kieselhölzer aus Rauscheröd steht bisher noch aus.

Abb. J4.12. Kieselhölzer aus dem Ortenburger Schotter sind seit langer Zeit bekannt. Ihre hellbraune Färbung zusammen mit einer sehr rauen Oberfläche unterscheidet sie von Hölzern anderer Fundorte. Nicht selten wurden mehrere Meter lange Baumstämme gefunden. a. Großer Baumstamm im Urweltmuseum Forsthart; b. Wurzelmantel einer Palme mit einem Durchmesser von gut 70 cm; c. Kernholz einer Palme mit senkrecht verlaufenden großen Leitbündeln; d. Wurzelmantel einer Palme mit typisch wurmförmiger Struktur; e. Querschliff durch den Wurzelmantel einer Palme; f. Querschliff durch das Kernholz einer Palme; g. Querschliff durch einen dicken Laubholzstamm; h. Detail aus (g) mit kleinen und großen Leitbündeln. Um ein Kieselholz zu bestimmen, muss eine aufwändige holzanatomische Untersuchung an Quer-, Radial- und Tangentialschliffen durchgeführt werden (Selmeier, 2015). Aus Rauscheröd sind bisher nur tropische Laubhölzer bekannt, keine Nadelhölzer; i,j. Selten wurden Wurzelstücke gefunden. An dieser Wurzel sind Grabgänge von Insekten zu erkennen; k. Typisches scharfkantiges nicht umgelagertes Kieselholz; l. Durch weiten Transport geglättetes Kieselholz aus Rauscheröd. – b,d–e,l coll. R. Roeckl). ▷

a
b
10 cm
c
2 cm
d
5 cm
e
2 cm
f
5 cm
g
5 cm
h
5 mm
i
10 cm
j
k
5 cm
l
10 cm

Abb. J4.13. a. Im Hangenden der Ortenburger (Delta-)Schotter waren in den 1970er und 1980er Jahren weißlich bis olivfarbene Tone der Oberen Süßwasser-Molasse aufgeschlossen, die allgemein ins untere Karpatium datiert wurden. 8 Meter über der Obergrenze der Ortenburger Schotter konnten aus einer ca. 25 Zentimeter dicken, dunkelbraun-schwarzen tonigen Kohleschicht Gastropoden, Wirbeltierreste (Fische, Reptilien, Amphibien, Säugetiere; Abb. J4.14), Früchte und Samen geborgen werden. Aus den ca. 60 Zentimeter darüber liegenden, dichten, graubraunen Tonen stammen die Pflaster mit Flussperlmuscheln und alle Blattabdrücke; b. Flussperlmuscheln, Margaritifera flabellata; c–e. Blätter des Zimtbaums, Daphnogene polymorpha; f. Walnussbaum, cf. Juglans acuminata; g–h. Blatt eines Gagelstrauchgewächses, Myrica lignitum; i. Fruchtkapseln eines Sumpf-Heusenkrauts, Ludwigia pfeilii GREGOR, 2017. Holotypus (s. Pfeil), Naturmuseum der Stadt Augsburg NMA 2016-43A/828, Aufnahme ca. 1977; j. Frucht einer Wassernuss, Hemitrapa teumeri, BSPG 1979 XV 2, Aufnahme ca. 1977.

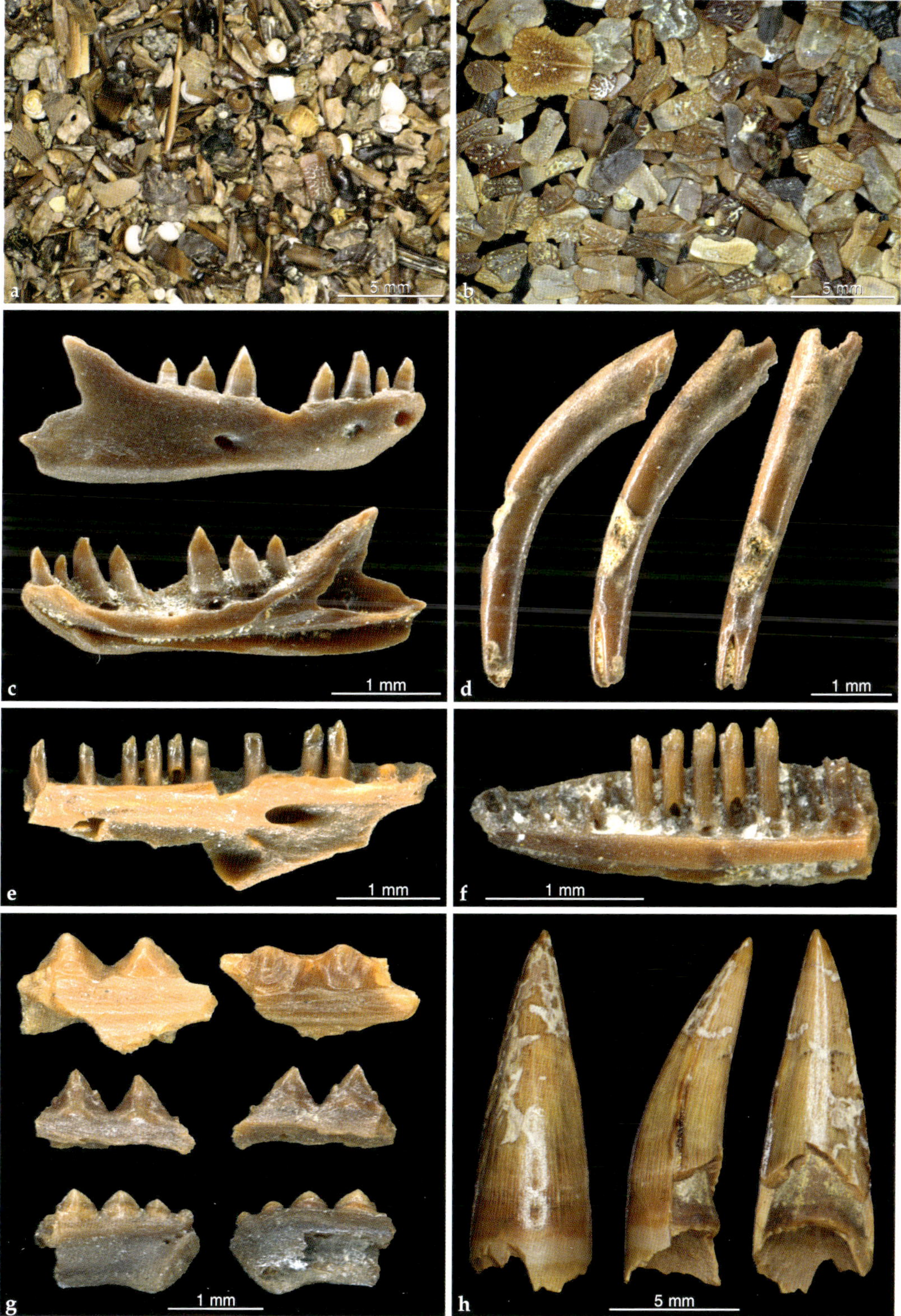
a
5 mm
b
5 mm
c
1 mm
d
1 mm
e
1 mm
f
1 mm
g
1 mm
h
5 mm

Abb. J4.15. Ebenfalls aus der Kohleschicht stammen diese Schalen von Land- und Süßwasserschnecken. 1–2. Schlammschnecke, Lymnaea urceolata; 3. Schlammschnecke, Stagnicola praebouilleti; 4 Staliopsis edlaueri; 5. Staliopsis grimmi; 6. Radix socialis; 7. Posthornschnecke, Planorbarius cornu; 8. Ancylus wittmanni; 9–10. Discus neumaieri; 11. Glanzschnecke, Aegopinella subnitidens; 12. Oxychilidae? sp. incertae sedis; 13–16. Bänderschnecke, Palaeotachea sp., manchmal sogar mit Erhaltung der Farbbänder (15).

◁ *Abb. J4.14. a. Beim Schlämmen der Kohleschicht kamen zahlreiche Reste kleiner ins Wasser eingespülter, aber auch im Wasser lebender Tiere (Fische, Amphibien) zutage; b. Hautknochenplättchen der Panzerschleiche Scheltopusik; c. Unterkiefer (Außen- und Innenseite) einer Doppelschleiche, Blanus sp.; d. Giftzahn einer Schlange mit Giftkanal; e,f. Kiefer von Echsen; g. Kieferfragmente eines Chamäleons, das nach dem Verf. Chamaeleo pfeili benannt wurde (SCHLEICH, 1984); h. Zahn eines kleinen Alligators der Gattung Diplocynodon. Darüber hinaus sei erwähnt, dass auch mehrere Panzer von Landschildkröten (Ptychogaster) gefunden wurden. Die artenreiche Kleinsäugerfauna wurde zuerst von ZIEGLER & FAHLBUSCH (1986) bearbeitet und wird seither immer wieder als Typuslokalität vieler neu beschriebener Arten aus der Säugetierzone MN 4b als Referenz herangezogen. Die Grenze der Limnischen Süßwasserschichten (unteres Karpatium) liegt über den Oncophora-Schichten im Hangenden der Ortenburger Schotter, welche selbst noch der Oberen Meeresmolasse (oberes Ottnangium) zuzurechnen sind.*

Wir beenden hier unsere natürlich nur oberflächliche Betrachtung der spannenden Geschichte des Flusses, der im oberen Ottnangium seine Kiesfracht aus den Alpen im Raum Ortenburg noch in ein rein marines Meer zu schütten begann. Später, als das Meer sich durch die Aufschüttung des Molassetrogs in eine Brackwasser-See (Oncophora-Schichten) und schließlich in eine Seen-und-Flusslandschaft verwandelt hatte (Limnische Süßwasserschichten), die von den noch jungen Alpen bis zum moldanubischen Grundgebirge reichte, änderte sich durch eine langsame Kippung der Trogachse die Fließrichtung der Flüsse entlang des Moldanubikums. Neue Flüsse brachten Sand und Kies aus dem Moldanubikum und lagerten über den Ortenburger Schotter und das Kristallin des Neuburger Waldes ihre Sedimente ab (s. J7, S. 183).

Abb. J4.16. Samen von Hartziella rosenkjaeri (HARTZ 1909). SZAFER, *der die Gattung 1963 aufstellte, nahm eine Verwandtschaft mit den Onagraceen an, während* GREGOR (1982) *sie für fossile Verwandte des Gagelbaums (Myrica faya) hält.*

Abb. J4.17. a. Heute sind große Teile des Sand-und-Kieswerks Rauscheröd, aus dem die vorgestellten Fossilien stammen, von der Natur zurückerobert. Die Kieshalden sind zugewachsen und ein kleiner Teich am Grunde hat sich in einen Biotop für Frösche, Lurche und andere Tiere und Pflanzen verwandelt. Ganz ähnlich kann man sich die Situation während der Ablagerung der Kohleschicht im Hangenden des Schotters vorstellen. b. In den Feinsanden, die im Profil der Grube das Hangende bilden, hat sich eine beachtliche Kolonie Wildbienen angesiedelt. c. Nördlich der oberen Grubenzufahrt wurde ein neuer Aufschluss im Ortenburger Schotter geschaffen. Auch hier sind die braun gefärbten Löcher auszumachen, in denen gelegentlich Kieselhölzer erhalten sind. Darüber erkennt man die Wechsellagerung von Kies und Feinsand, darüber die Tonlagen (hier durch Algen grün gefärbt). Die Kohleschicht und ihre Fossilien sind hier, nur wenige Hundert Meter von der Hauptgrube entfernt, nicht mehr nachzuweisen. d. Mit Blick nach Norden schaut man über die nächsten Grubenfelder über die Donau bis zu den Höhen des Bayerischen Waldes.

Weiter geht es in Richtung Südosten ca. 7 km auf der Straße nach Fürstenzell. Auf halber Strecke passieren wir die Orte Holzbach, Dinglreit, dann Scheuereck und Spirkenöd.

Noch in den 1950er und Anfang der 1960er Jahre konnte man hier entlang der Ortenburg-Störung innerhalb des Ortenburger Senkungsfeldes in den Sandgruben von Holzbach und Spirkenöd noch reichlich Fossilien, vor allem Haizähne, sammeln. Hier transgredieren direkt auf Kieselnierenkalk des oberen Juras die Glaukonitsande der Oberen Meeresmolasse aus der Zeit des Ottnangiums (nicht mehr wie in Meierhof die Ortenburger Meeressande des Eggenburgiums). Die Glaukonitsande werden von marinen Blättermergeln überlagert und im Hangenden bilden Ortenburger Schotter die Höhenzüge. In Scheuereck wurde nordöstlich der Holzbacher Straße der Jurakalk sogar untertage gefördert. Südwestlich der Straße gab es große Halden, auf denen man Fossilien und Hornsteinknollen sammeln konnte.

In Fürstenzell lohnt sich ein Besuch der ehemaligen Zisterzienser-Abtei mit der Klosterkirche Maria Himmelfahrt und seiner prächtigen Rokokobibliothek. Auf der Griesbacher Straße fahren wir 4 km nach Südosten über Pilzweg bis kurz vor Mitterdorf, wo wir rechts der Straße den erst relativ neu angelegten großen Abbau der Fa. Erbersdobler sehen. Vor dem Betreten muss beim Betreiber eine Genehmigung eingeholt werden: Erbersdobler Ziegel GmbH & Co. KG, Gurlarn 2, 94081 Fürstenzell, Tel. 08502 9117–0.

J5 In den Tiefen der Oberen Meeresmolasse – der Neuhofener Mergel

Wir befinden uns hier in Mitterdorf zwischen der Ortenburg- und der Verlängerung der Wolfach-Störung auf dem Aidenbach-Griesbacher Hoch, wo die Neuhofener Mergel als hellgraue Mergel und Sandmergel anstehen. Es sind Ablagerungen in sehr ruhigem, küstenfernen Wasser. Die Makrofauna unterscheidet sich sehr deutlich von der uns bereits aus den Brandungszonen von Neustift und Meierhof bekannten. Anstatt dicker großer Muschel- und Schneckenschalen sind hier alle Schalen

Abb. J5.1. a. Die sehr fossilreiche Mergelgrube im nahegelegenen Oberschwärzenbach ist heute nicht mehr zugänglich (Aufnahme 07.08.2004); b. Ebenso der Abbau in Schmidham (Aufnahme 07.08.2004); c. Beim Ausbau der Straße in Mitterdorf war 1978 Neuhofener Mergel großflächig aufgeschlossen; d. Aktueller Abbau der Fa. Erbersdobler (Aufnahme 12.08.2018); e. Ein nicht zu übersehender Hinweis: Bitte holen Sie vor Betreten des Geländes eine Erlaubnis dazu ein!

Abb. J5.2. a. Anhäufung kleiner Muschel- und Schneckenschalen in einem Grabgang; b. Ein Krebsrest in typischer Erhaltung; c. Sehr häufig sind diese kleinen Seeigel, Brissopsis ottnangensis HOERNES, *1875, die nach der Stratotypuslokalität Ottnang in Oberösterreich benannt sind; d. »Elefantenzähne« heißen die Röhren von Scaphopoden (Grabfüßer oder Kahnfüßer), Gadila cf. gracilina* SACCO, *1897; e. Die kleine Tiefwasserschnecke Ringicula minor* (GRATELOUP, *1838) tritt massenhaft auf und ist Anzeiger für größere Wassertiefe; f. Saccella subfragilis* (HOERNES, *1875); g. Yoldia longa* BELLARDI, *1875; h. Nassarius pauli* (HOERNES, *1875); i. Nochmals ein vollständiger »Elefantenzahn«, Gadila cf. gracilina* SACCO, *1897.*

dünn und sehr klein. Überhaupt wirkt der Mergel auf den ersten Blick fossilleer. Man muss geduldig Brocken um Brocken aufschlagen und genau hinsehen, um die Spülsäume und Grabgänge von Seeigeln und Krebsen zu erkennen, in denen wie in Fossilfallen alle Hartteile konzentriert zu finden sind. Bei der Grabung 1978 wurden Hunderte Krabben und Krebse entdeckt, von kleinen, nur wenige Millimeter großen Schwimmkrabben bis zu ausgewachsenen Langusten. Die meist nur als Abdruck, aber schön erhaltenen Seeigel, Röhren von Kahnfüßern und andere Molluskenschalen kann auch heute noch jeder finden.

Außergewöhnlich ist die hervorragende Erhaltung von Fischresten, insbesondere Zähne von Haien und Rochen und die Otolithen von Knochenfischen im Neuhofener Mergel. Dies hat zweierlei Gründe: In dem feinen Sediment, das fast nur aus Mikroorganismen wie Foraminiferen, Radiolarien und Ostrakoden besteht, sind solche fragilen Fossilien so perfekt erhalten, dass sie kaum besser aus rezenten Fischen präpariert werden könnten. In den Glaukonitsanden der Küstenzonen der Oberen Meeresmolasse sind fast alle Fossilien von Wirbeltieren durch die andauernde Bewegung im quarzreichen Sand stark abgerollt, kleinere Zähne meist völlig zerstört. Und zum anderen ist hier eine erstaunliche Vielfalt an Arten erhalten. Noch dazu sind es meist Tiefwasserarten, wie sie

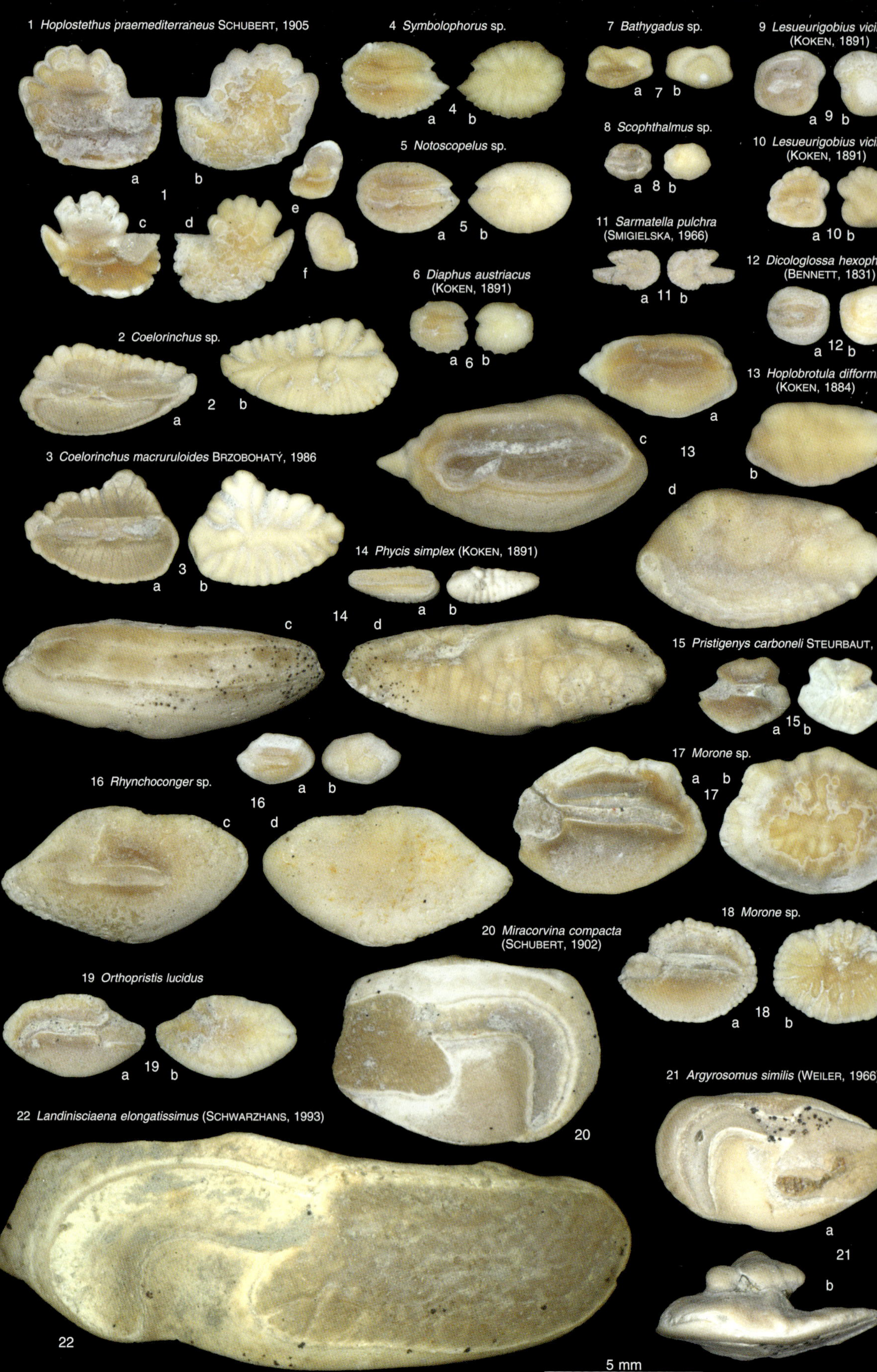
1 Hoplostethus praemediterraneus SCHUBERT, 1905
a
b
1
c
d
e
f
2 Coelorinchus sp.
a
2
b
3 Coelorinchus macruruloides BRZOBOHATÝ, 1986
a
3
b
4 Symbolophorus sp.
a
4
b
5 Notoscopelus sp.
a
5
b
6 Diaphus austriacus
(KOKEN, 1891)
a
6
b
7 Bathygadus sp.
a
7
b
8 Scophthalmus sp.
a
8
b
9 Lesueurigobius vicir
(KOKEN, 1891)
a
9
b
10 Lesueurigobius vicir
(KOKEN, 1891)
a
10
b
11 Sarmatella pulchra
(SMIGIELSKA, 1966)
a
11
b
12 Dicologlossa hexopht
(BENNETT, 1831)
a
12
b
13 Hoplobrotula difformis
(KOKEN, 1884)
a
b
c
13
d
14 Phycis simplex (KOKEN, 1891)
a
b
c
14
d
15 Pristigenys carboneli STEURBAUT,
a
15
b
16 Rhynchoconger sp.
a
b
16
c
d
17 Morone sp.
a
b
17
18 Morone sp.
a
18
b
19 Orthopristis lucidus
a
19
b
20 Miracorvina compacta
(SCHUBERT, 1902)
20
21 Argyrosomus similis (WEILER, 1966)
a
21
b
22 Landinisciaena elongatissimus (SCHWARZHANS, 1993)
22
5 mm

c
1
e
f
d
a
b
a
2
b
c
4
d
a
3
b
a
6
b
a
5
b
a
b
7
a
b
8
a
b
a
9
b
c
a
10
b
a
11
b
12
a
b
a
13
b
2 mm

kaum sonstwo weltweit gefunden wurden. Hier wurden Zähne von extrem seltenen Tiefwasserhaien gefunden und viele der Knochenfische sind neue Arten. Man darf allerdings auch den Aufwand nicht unterschätzen, dessen es bedarf, diese winzigen Fossilien zu finden. Bei der Grabung 1978 wurden ca. 15 Tonnen Mergel getrocknet, mit Wasserstoffperoxid aufbereitet, geschlämmt und die Rückstände ausgelesen, um ca. 100 perfekt erhaltene Haizähne und ca. 1000 bestimmbare Otolithen zu finden.

Im benachbarten Oberösterreich nennt man die Neuhofener Mergel *Robulus*-Schlier, nach der besonders häufig darin vorkommenden Foraminifere *Robulus inornatus* (D'ORBIGNY, 1846). Die Altersbestimmung mariner Sedimente erfolgt traditionellerweise mit Hilfe von Foraminiferen. Nach WENGER, der die Mikrofaunen der Oberen Meeresmolasse eingehend untersucht hat (WENGER, 1987), wurden die vollmarinen Neuhofener Mergel im unteren Ottnangium abgelagert. Ihr absolutes Alter beträgt ca. 19–18 Mio. Jahre. Auch WITT (1967) kommt nach Bearbeitung der Ostracoden zu diesem Ergebnis und bezeichnet die Ostracodenfauna der Neuhofener Mergel als die am besten erhaltene der ostniederbayerischen Molasse.

Wir verlassen diese Beckensedimente und fahren zurück zum Strand, um uns Sedimente anzusehen, die das Molassemeer bei seinem Vorstoß auf den Granit des Neuburger Waldes hinterlassen hat.

Rückfahrt 4 km auf derselben Straße nach Fürstenzell. Im Kreisverkehr rechts abbiegen in Richtung Aspertsham, dann nach ca. 1,5 km, kurz vor Aspertsham links nach Gurlarn. Nach 1 km erreicht man die »Tonwarenfabrik und Granitwerke Fürstenzell« der Fa. Erbersdobler. Hinter dem Fabrikgelände führt ein alter Betriebsweg rechts am aufgelassenen Steinbruch vorbei zur verfüllten Grube mit Granitblöcken aus der Brandungszone des tertiären Meeres. Auch hier wieder muss vor dem Betreten beim Betreiber die Erlaubnis hierzu eingeholt werden: Erbersdobler Ziegel GmbH & Co. KG, Gurlarn 2, 94081 Fürstenzell, Tel. 08502 9117-0.

◁◁ *Abb. J5.3 (Seite 162). Die aus dem Neuhofener Mergel von Mitterdorf und Oberschwärzenbach ausgelesene Otolithenfauna dürfte zu den besterhaltenen und artenreichsten zu zählen sein. Hier einige Beispiele, um deren Vielfalt zu zeigen. 1. Hoplostethus praemediterraneus* SCHUBERT, *1905, Kaiserbarsch, lebt in Tiefen von 180–1800 m; 2. Coelorinchus sp., evtl. neue Art, Grenadierfisch, Tiefseefisch, heute nur in tropischen Meeren; 3. Coelorinchus macruruloides* BRZOBOHATÝ, *1986; 4. Symbolophorus sp., evtl. neue Art, wie (5) und (6) kleiner Tiefseefisch der Familie Myctophidae mit Leuchtorganen. Otolithen von Myctophiden sind sehr häufig und dienen als Anzeiger für Tiefwassersedimente, in denen auch Tiefseehaie gefunden werden können; 5. Notoscopelus sp.; 6. Diaphus austriacus (*KOKEN, *1891); 7. Bathygadus sp., evtl. eine neue Art, ein Tiefseedorsch, dessen lebende Verwandte in Tiefen von 200–2700 m, meist zwischen 400 und 1500 m vorkommen; 8. Scophthalmus sp.; 9,10. Lesueurigobius vicinalis (*KOKEN, *1891), vollmarine Grundel; 11. Sarmatella pulchra (*SMIGIELSKA, *1966), ein Hering; 12. Dicologlossa hexophthalma (*BENNETT, *1831), eine Seezunge; 13. Hoplobrotula difformis (*KOKEN, *1884), Bartmännchen oder Schlangenfische leben in großen Tiefen tropischer und subtropischer Meere; 14. Phycis simplex (*KOKEN, *1891), ein Gabeldorsch; 15. Pristigenys carboneli* STEURBAUT, *1984, ein Großaugenbarsch; 16. Rhynchoconger sp., evtl. eine neue Art, Congeraal; 17,18. Morone sp., juvenil (17) und adult (18), ein Wolfsbarsch; 19. Orthopristis lucidus, ein Grunzer; 20. Miracorvina compacta (*SCHUBERT, *1902); 21. Argyrosomus similis (*WEILER, *1966); 22. Landinisciaena elongatissimus (*SCHWARZHANS, *1993), Holotypus (BSPG 1984 X 101) aus Mitterdorf. Miracorvina, Argyrosomus und Landinisciaena sind Umberfische aus der Familie der Sciaenidae. Ihre Otolithen sind sehr massiv und können daher unter günstigen Bedingungen auch im Strandbereich erhalten bleiben. Wir sind ihnen schon in Neustift (Abb. J2.7d) begegnet. Für die Überprüfung der Bestimmungen sei* WERNER SCHWARZHANS *aufs Herzlichste gedankt.*

◁ *Abb. J5.4 (Seite 163). Aus der Vielzahl von Haien aus dem Neuhofener Mergel hier eine Auswahl von Arten, die sehr klar auf eine Wassertiefe von mindestens 200 m hinweisen. Darunter sind besonders die vielen Dornhaie (1–7) interessant. 1a–f. Centrophorus sp., Schlinghaie leben in Tiefen von 100–1400 m; 2a–b. Deania sp., Schaufelnasenhaie leben in Tiefen ab 150 m; 3a–b. Squalus sp., Dornhaie zwischen 50 und 200 m; 4a–d. Etmopterus sp., Laternenhaie haben Leuchtorgane und leben in großer Tiefe; 5a–b. Palaeocentroscymnus sp., ein weiterer Laternenhai; 6a–b. Squaliolus sp., Zwerghai, lebt in großen Tiefen; 7a–b. Isistius triangulus (*PROBST, *1879), ein Zigarrenhai; 8a–b, 9a–c. Zähne (8) und Rostralzähne (9) von Pristiophorus suevicus* JAEKEL, *1890. Sägehaie sind bodenbewohnend, sie spüren mit langen Barteln und ihrem sägeartigen Rostrum kleine Tiere im Boden auf und leben von der Gezeitenzone bis in die Tiefsee; 10–12. Verschiedene Katzenhaie, 11a–b. Galeus sp., Fleckhaie, lebten in 50–1400 m Tiefe; 13a–b. Pseudocarcharias sp., Krokodilhai, ein Tiefwasser-Sandtigerhai, der im Neuhofener Mergel die in den Glaukonitsanden so häufigen beiden anderen Sandtigerhai-Gattungen Carcharias und Odontaspis ersetzt.*

J6 Die Brandungszone und der Strand des Ottnangium-Meeres in Gurlarn und Höch

Gurlarn liegt östlich der tektonischen Störungslinien, außerhalb des Ortenburger Senkungsfeldes, am Rand des Kristallins des Neuburger Waldes. Der Granit, der hier in mehreren Steinbrüchen abgebaut wurde, endet abrupt gegen Westen und setzt sich in der Tiefe an der Südost-Spitze des Ortenburger Senkungsfeldes bedeckt von Jura und Oberer Meeresmolasse fort. Die weiter nach Südosten bis über den Inn verlaufende Fortsetzung der Ortenburg-Störung ist der Grund für die exponierte Lage des Granits östlich dieser Linie, entlang derer an vielen Orten von Neuhaus am Inn über Schärding bis Allerding Granit abgebaut wurde. Der Granit am Rande des Neuburger Waldes bildete immer die natürliche Barriere für das aus südlicher und südöstlicher Richtung vordringende Meer. Während langer Perioden ohne Meeresbedeckung war seine Oberfläche tiefgründig verwittert. Wie heute am Lusen, waren weite Teile von den für Granit typischen kugeligen Verwitterungsformen, den sog. »Wollsäcken« bedeckt.

Nach einer Zeit des Trockenfallens gegen Ende des Eggenburgiums, also nach Ablagerung der Ortenburger Meeressande, die im Ortenburger Senkungsfeld erhalten geblieben sind, stieg im unteren Ottnangium der Meeresspiegel wieder an. Die Neuhofener Mergel wurden in tektonisch abgesenkten Bereichen wenige Kilometer von der Küste entfernt in ruhigem Wasser abgelagert. Die Wellen dieses Meeres brandeten gegen den Granitwall des Neuburger Waldes, zerrieben die kleineren Gesteinsbrocken zu Sand und wirbelten die riesigen, durch Verwitterung vorgeformten Granitkugeln der »Wollsäcke« wie Mahlsteine durcheinander. In Gurlarn ist diese Brandungszone sichtbar. Der Granit steigt zum Neuburger Wald hin an und auf ihm lagern zuunterst in Senken eingebettet hellgraue Mergel, die dem Neuhofener Mergel entsprechen.

In die Mergel eingebettet liegt ein Konglomerat aus zahlreichen kleinen und großen Geröllen, die aus wollsackverwitterten Granitkugeln entstanden. Viele von ihnen waren, als der Aufschluss frisch angelegt wurde, mit Austern, großen Seepocken und Würmern bewachsen. Auch auf der anstehenden buckeligen, glatt geschliffenen Oberfläche des Granits selbst konnte man an geschützten Stellen diesen Bewuchs sehen. Die grauen Mergel enthalten kaum Makrofossilien, aber zahlreiche Spuren. Darüber folgt horizontal abgeschnitten, braun gefärbt eine ca. 50 Zentimeter mächtige Wechsellage von sehr fossilreichem Grob- und Feinsand mit Mergelfetzen vermischt und darüber fein geschichtete, fossilleere Mergel, also die Glaukonitsande und Blättermergel des mittleren Ottnangiums. Fossilien aus Gurlarn waren jüngst Gegenstand

Abb. J6.1. Dieser idealisierte Stich aus dem 19. Jahrhundert zeigt die 1892 von FERDINAND ERBERSDOBLER gegründete Ziegelei und davor die Granitsteinbrüche von Gurlarn. Dahinter am Prallhang des Molassemeeres steigt das Gelände zum Neuburger Wald hin an. – Mit frdl. Genehmigung Fa. Erbersdobler Ziegel GmbH & Co. KG.

Abb. J6.2. a. Der alte Granitsteinbruch in Gurlarn. Das Hangende ist tektonisch stark beansprucht. Man kann sich gut vorstellen, wie hier das Meer tosend über die Felsen hereinbrach. Da wo links oben ein paar Kinder stehen, hat der Verf. als Fünfjähriger seinen ersten Haizahn gefunden; b. Gleich oberhalb und ein paar Hundert Meter südlich liegt der Aufschluss Gurlarn, hier mit Blick auf seine Ost-Wand. Das Grundwasser staut sich auf dem Granit. Links sieht man einige der Strandgerölle auf dem im feuchten Zustand dunkelgrauen, trocken hellgrauen Neuhofener Mergel liegen. Der Granituntergrund steigt nach Westen um ein paar Meter an. Von dort sind die Gerölle während der Sedimentation der Neuhofener Mergel in den Mergel hineingepurzelt. Über dem Neuhofener Mergel folgt deutlich durch seine braune Farbe abgesetzt (etwa so hoch wie die grünen Büsche rechts im Bild) die Wechselfolge von Sand und Sandmergel, aus der die Fossilien stammen. Darüber folgt Blättermergel. Vielleicht waren die Neuhofener Mergel ursprünglich mächtiger und wurden beim weiteren Anstieg des Meeresspiegels, als die Glaukonitsande abgelagert wurden, teilweise wieder abgetragen. Sie könnten hier in der Senke hinter der Strandbarriere des anstehenden Kristallins geschützt als Relikt erhalten geblieben sein. In weiter in Richtung Neuburger Wald gelegenen Gruben (Kälberbach, Höch) transgredieren die Glaukonitsande unmittelbar auf dem Grundgebirge. – Aufnahmen vom 25.07.2004.

Abb. J6.3. a. Einer der vielen Granitblöcke mit dichtem Bewuchs großer Seepocken (cf. Chesaconcavus gurlarnensis); b. Von den Seepocken sind auf den Blöcken oft nur die Basalplatten erhalten; c. Auch Austern (Ostrea digitalina) waren auf den Granitkugeln aufgewachen; d. Schichtflächen des Neuhofener Mergels sind übersät mit kleinen Grabgängen; e. Ein abgerollter Mergelbrocken, auf dessen Oberfläche noch ansatzweise Bohrlöcher von Bohrmuscheln zu erkennen sind. – Aufnahmen vom 25.07.2004.

wissenschaftlicher Detailbearbeitungen, etliche Arten wurden von hier als neu beschrieben, u. a. die Seepocke cf. *Chesaconcavus gurlarnensis* CARRIOL & SCHNEIDER, 2008 (s. a. SCHNEIDER, BERNING, BITNER, CARRIOL, JÄGER, KRIWET, KROH & WERNER, 2009, und SCHNEIDER, PIPPÈRR, FRIELING & REICHENBACHER, 2011). Der Mergel und der Sand aus diesem Aufschluss wurden als Beimengung für die Ziegelproduktion verwendet. Bis vor ca. zehn Jahren tummelten sich hier viele Sammler, um im Glaukonitsand Haizähne zu suchen. Inzwischen aber ist die Mergelgrube wieder zugewachsen.

Wie bereits erwähnt, wurde früher in weiteren Steinbrüchen entlang der nach Südosten bis über den Inn verlaufende Fortsetzung der Ortenburg-Störung Granit abgebaut und oft konnte man, wie z. B. in Neuhaus am Inn (STADLER, 1925) oder in Allerding (SCHULTZ, 1972; HARZHAUSER et al., 2014) die Transgressionsfläche mit wollsackverwitterten Granitblöcken und eine dazwischen angereicherte marine Fauna mit Schnecken, Muscheln und Wirbeltierresten beobachten. In Allerding konnte man in einer »Fischzahn-Brekzie« zu Tausenden Haizähne zwischen den vollständig verwitterten Gra-

Abb. J6.4. a. Das Basiskonglomerat aus kantigen Granitstücken, eingebettet in eine zementartig verfestigte Mergelmasse, enthielt auch viele umgelagerte, stark abgerollte Stücke von Kieselnierenkalk; b. Sammler suchen in den Glaukonitsanden mit Siebvorrichtungen nach Fossilien; c. Die Fossilschicht aus Grob- und Feinsand im Wechsel mit dazwischen geschalteten dünnen Mergelbändern. Darüber, horizontal abgeschnitten und durch ein braunes Oxidationsband getrennt, folgen die Blättermergel; d. In der Nähe des anstehenden Granits fand man Anreicherungen von Fossilien. In Bildmitte ein Tergum der Seepocke cf. Chesaconcavus gurlarnensis; e. In Bildmitte die im Alter sesshaft werdende Pilgermuschel Talochlamys brussoni (DE SERRES, 1829), rechts unten Ostrea digitalina (DUBOIS, 1831); f. Perfekt an die Brandungszone angepasst: Crassostrea gryphoides (SCHLOTHEIM, 1813); g. Fragment einer größeren Pilgermuschel, Pecten herrmannseni (DUNKER, 1848); h. Talochlamys brussoni (DE SERRES, 1829); i. Eine der vielen Korallen, Flabellum sp. – Aufnahmen vom 25.07.2004.

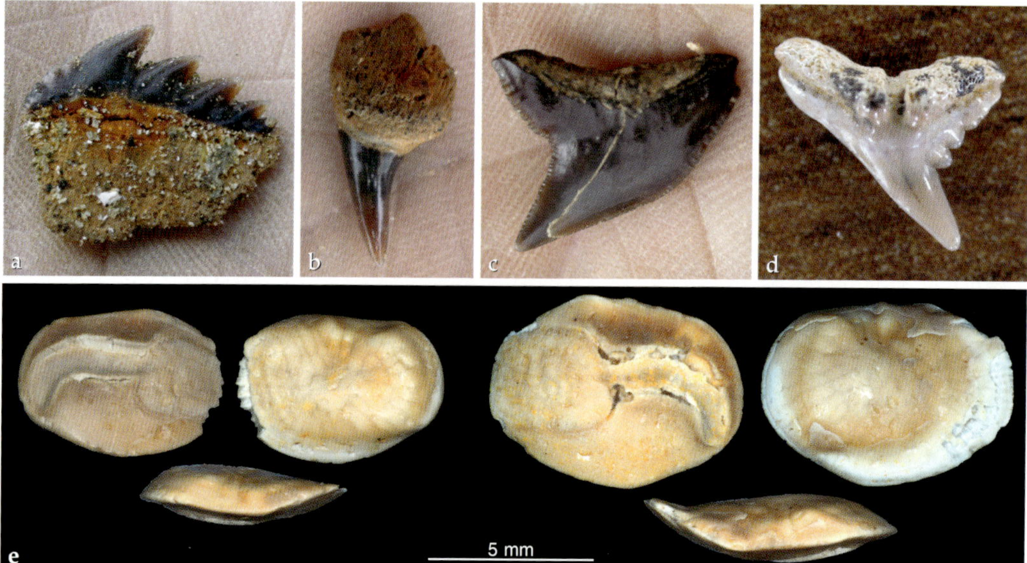

Abb. J6.5. Fast jeder Sammler möchte Zähne von möglichst großen Haien finden. Die gab es natürlich auch, aber gerade die kleineren geben Auskunft über das Alter der Sedimente, Wassertiefe, Salinität und Temperatur. Die Zähne aus Gurlarn stammen alle aus den Glaukonitsanden des mittleren Ottnangiums. Entsprechend fehlen hier die Tiefwasseranzeiger (z.B. die Dornhaie) und es dominieren Arten, die im flacheren Küstenbereich jagen. a. Unterkieferzahn eines jungen Breitnasen-Siebenkiemerhais, Notorynchus primigenius (AGASSIZ, 1843); b. Dazu passend ein Oberkieferzahn; c. Leicht zu verwechseln mit dem Tigerhai, Physogaleus contortus (GIBBES, 1849); d. Hakenzahnhai, Chaenogaleus affinis (PROBST, 1878). e. Wir hatten schon Otolithen von Umberfischen (Sciaenidae) in Neustift (Abb. J2.8d) und Mitterdorf (Abb. J5.3) kennengelernt. Interessanterweise ist in Gurlarn eine andere Art vertreten, die zur Gattung Ctenosciaena gehört. Das ist nach frdl. Mitteilung von W. SCHWARZHANS sehr spannend, da es der erste Nachweis der Gattung in Europa und wohl eine neue Art ist. – Aufnahmen vom 25.07.2004.

nitwollsäcken aufsammeln. Leider waren diese unmittelbar dem Granit aufliegenden Zähne durch Säurelösung ausgebleicht und stark korrodiert.

In den 1960er und 1970er Jahren gab es vor dem Bau der Autobahn im nur 4 Kilometer genau östlich von Gurlarn liegenden Sandwerk Höch bei Fürstdobl einen großen Aufschluss in dem 25 Meter hoch Glaukonitsande und Blättermergel des mittleren Ottnangiums abgebaut wurden. Kurz vor der Aufschüttung der Grube wurde der Aufschluss von SEITNER (1977) in einer Dissertation ausführlich bearbeitet. Dieser Aufschluss war ein Eldorado für viele Fossiliensammler. Auch wenn der Aufschluss ab Sommer 1976 dem Bau der Autobahn Regensburg-Passau-Linz zum Opfer fiel, können die auf den nächsten Seiten von dort gezeigten Funde das Bild der Küste zur Zeit des Mittleren Ottnagiums vervollständigen. Ganz besonders viel Zeit hat in Höch der Straßenmeister ARNOLD PFAUNTSCH mit seiner Familie fast täglich verbracht. Einige seiner besonders spektakulären Funde sind hier zusammen mit denen des Verf. abgebildet.

Abb. J6.6. Gurlarn beim letzten Besuch des Verf. am 12.08.2018. Die großen Granitblöcke sind immer noch zu sehen.

Abb. J6.7. a. Auf diesem Foto von 1973 kann man unten links am Hang die Sandgrube in Kälberbach und rechts darüber das Sandwerk Höch erkennen. b. In Höch wurden die Grob- und Feinsande in der Grube vorgesiebt. c. Sande und dünne Mergellagen wechselten im unteren Teil der Grube ab. Im Hangenden waren kaum mehr Sande zwischen den Blättermergeln anzutreffen. d. In einer Waschanlage wurde der Sand fraktioniert und vom groben Siebrückstand getrennt. Hier war der Ort, wo viele Sammler auf den Zufallsfund eines großen Haizahns – leider oft vergeblich – warteten. e. ARNOLD PFAUNTSCH, »der Mann mit dem Rechen«, sucht mit Kennerblick die Halde mit grobem Siebrückstand nach Fossilien ab.

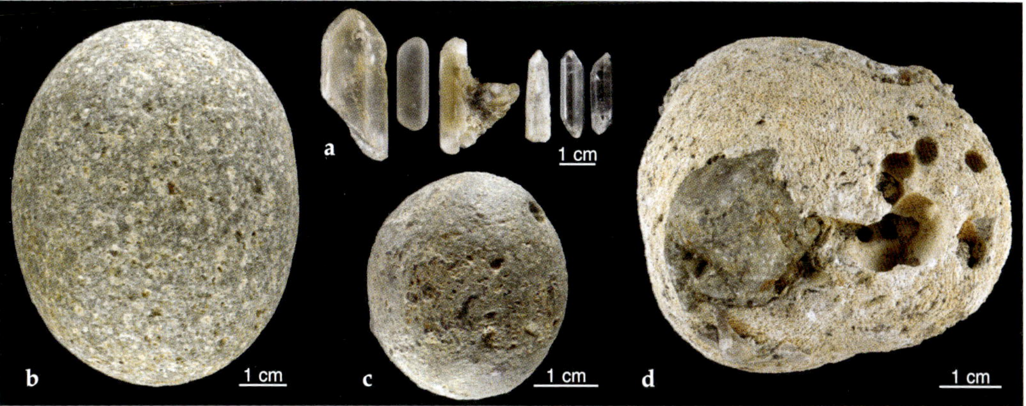

Abb. J6.8. a. Bei der Verwitterung des Grundgebirges im Untergrund wurden Quarzkristalle bzw. auch Bergkristalle aus Klüften freigelegt, die im Transgressionshorizont kaum beschadet die Brandungswellen überstanden. b. Ein perfekt von der Brandung geformtes Ei aus dem anstehenden Granit im Untergrund von Höch. c. Diese Hornsteinknolle aus nahegelegenem verwitterten Oberen Jura im Ortenburger Senkungsfeld war bereits kugelig. Auf ihrer Oberfläche haben sich kleine Phosphoritablagerungen gebildet. d. Diese Moostierchenkolonie hat sich auf einem kleinen instabilen Stück Gneis angesiedelt und wurde zur Kugel abgerollt. Die Löcher stammen von Bohrmuscheln.

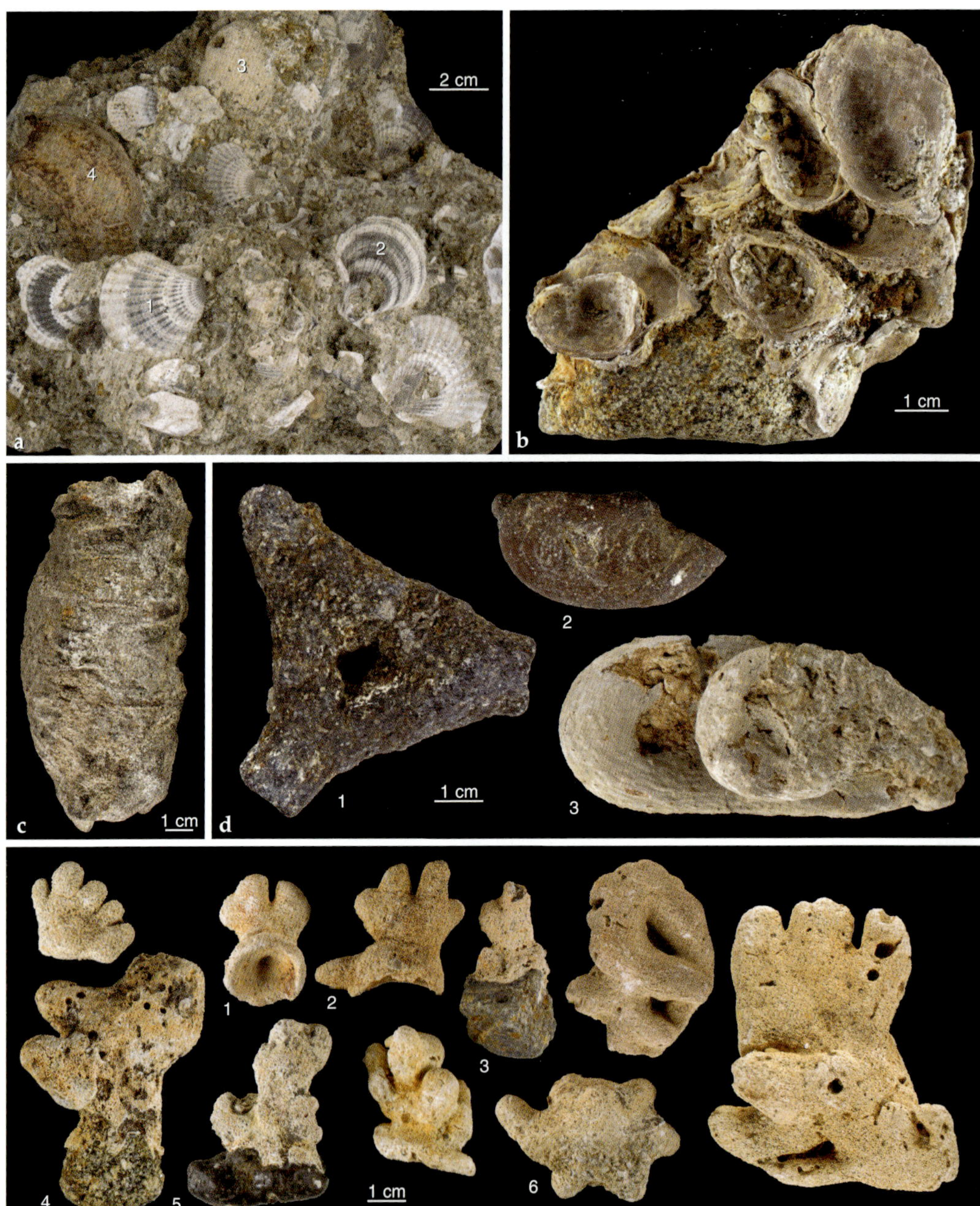

Abb. J6.9. a. Ein Handstück aus dem basalen sehr fossilreichen Glaukonitsand von Höch. 1, Aequipecten submalvinae; 2, Talochlamys multistriata; 3, »Cellepora globularis«; 4, Wirbeltierknochen. b. Jeder von den Wellen gelöste Stein wurde besiedelt. Hier hat eine kleine Austernkolonie auf einem basal abgeflachten Granitbrochen offensichtlich für längere Zeit einen stabilen Halt gefunden. c. Eine mit feinerem Sand ausgefüllte, als Steinkern erhaltene Wohnröhre, vielleicht von einem Krebs. d. Weitere Grabbauten unbekannter Herkunft (1) und von Würmern erzeugt (2,3). e. Kugelige, verzweigte Aggregate von »Cellepora globularis« (Moostierchen, Bryozoen) waren überaus häufig. Sie siedelten auf leeren Schalen von Schnecken und Muscheln, bildeten kleine verweigte Ästchen oder wucherten auf allem, was sich als Untergrund geeignet erwies. Hier z.B. auf einem kleinen noch kantigen Stückchen Granit (3,4) oder auf einer Phosphoritknolle (5). Ging der Träger verloren, blieb ein napfförmiger Eindruck auf der Unterseite übrig (1,2), auch auf der Unterseite dieser »Schildkröte« (6).

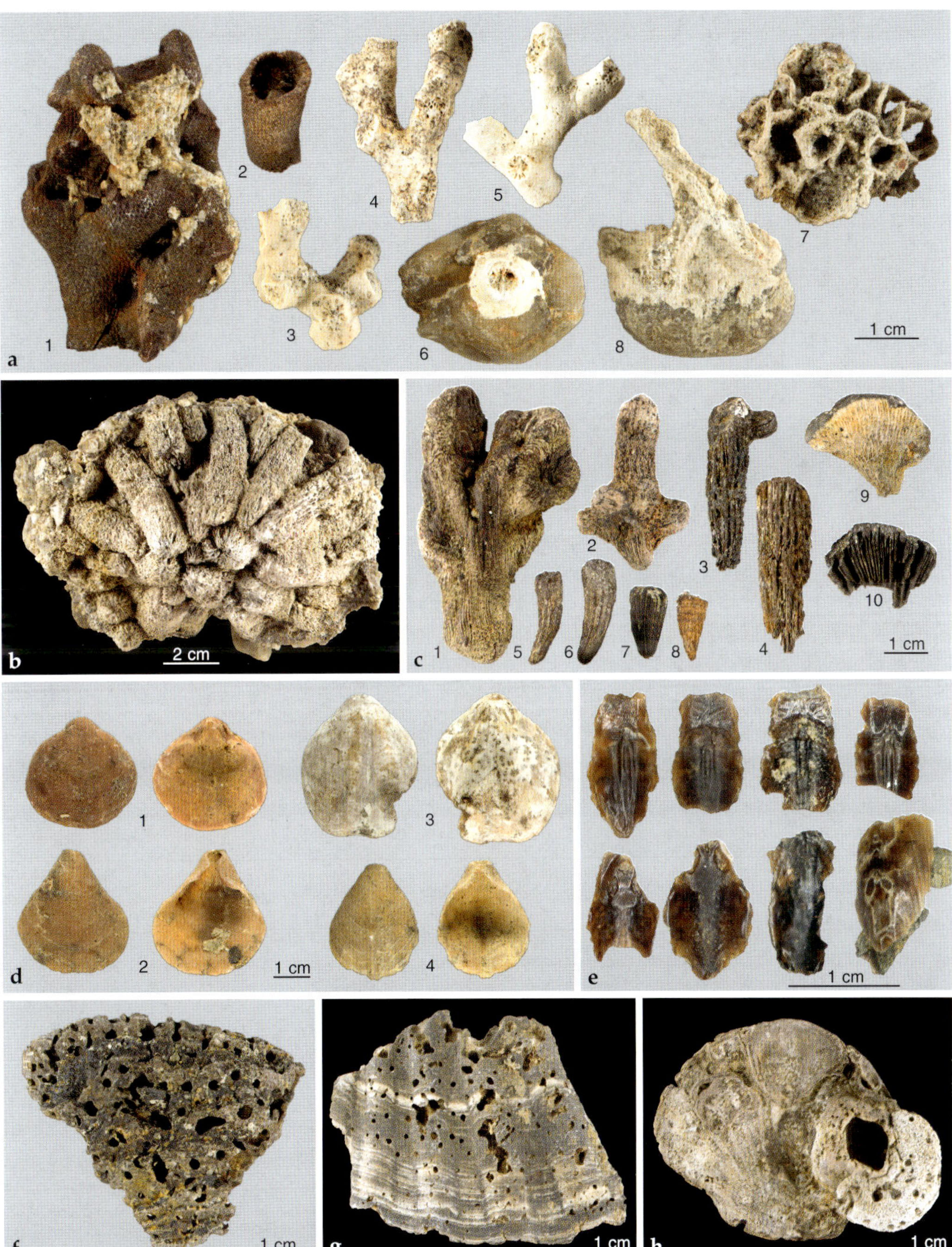

*Abb. J6.10. a. Äste der Bryozoe Myriapora truncata (*PALLAS*, 1766) werden als Trugkorallen bezeichnet. Seltene große Kolonien (1,2), kleine verzweigte Stöckchen (3–5), auf einem Stück Quarz aufgewachsen (6). Die Bryozoe Pentepora fascialis (*PALLAS*, 1766) (Neptunschleier) (7–8). b. Korallenstöcke erreichten Durchmesser von 30 cm. c. Andere solitär wachsende Korallen. d. Armfüßer (Brachiopoda), Gurlarnella waltli* BITNER & SCHNEIDER*, 2009 (1,2) und Aphelesia winebergeri* BITNER & SCHNEIDER*, 2009 (3,4). e. Der Brachiopode Lingula sp. gilt als »lebendes Fossil«. f,g. Spuren des Bohrschwammes Cliona sp. h. Pilgermuschelschale bewachsen mit Austern, einer großen Seepocke und diese mit einer Moostierchenkolonie.*

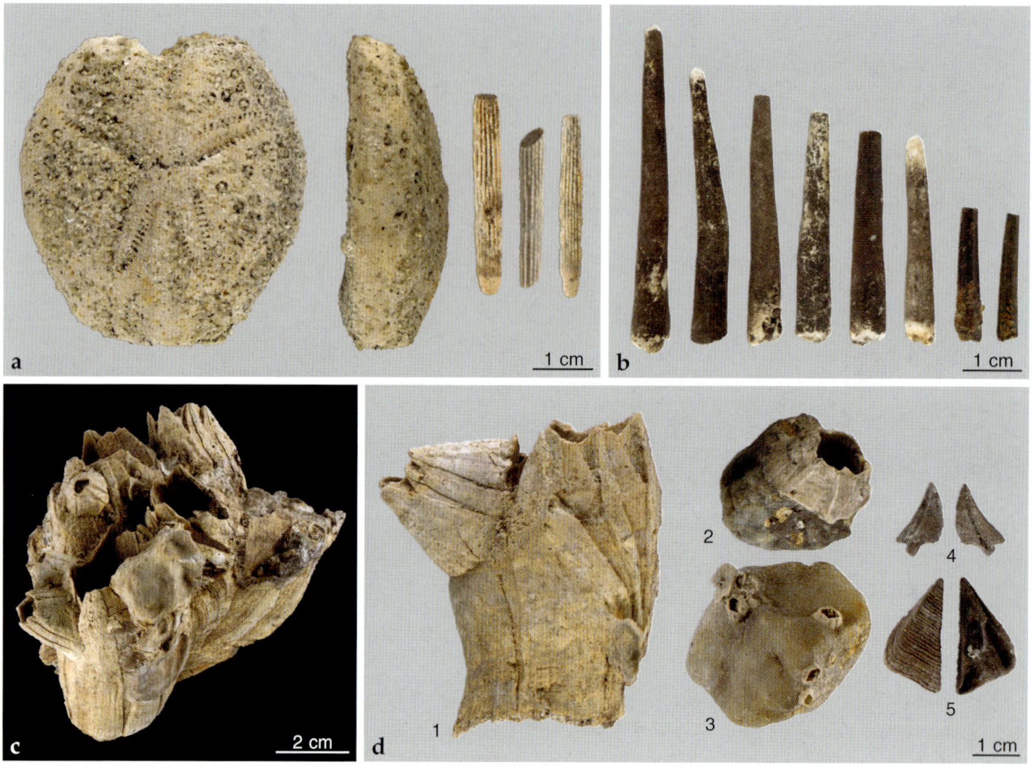

Abb. J6.11. a. Seltener Fund eines irregulären Seeigels (*Hemipatagus ocellatus* (DEFRANCE,1827)) und Stacheln regulärer Seeigel (*Cidarinae* sp.). b. Steinkerne von Grabfüßern (*Scaphopoda*). c. Seepocken (*Cirripedia*) der kürzlich erst beschriebenen Art *Chesaconcavus gurlarnensis* CARRIOL & SCHNEIDER, 2008 wuchsen in großen Kolonien zusammen. d. Weitere Seepocken (*Chesaconcavus gurlarnensis* CARRIOL & SCHNEIDER, 2008). Große Einzelstücke sind eher selten (1); eine einzelne Seepocke auf einem Gneisbrocken (2); mehrere noch sehr junge Seepocken auf einem Quarzbrocken (3); Häufig wurden die isolierten Verschlussklappen gefunden. Außen- und Innenansicht des Tergums (4) und des Scutums (5).

Abb. J6.12. Im Gegensatz zu Maierhof (Ortenburger Meeressande), Neustift (Brandungszone des Ottnangium-Meeres) und Mitterdorf (tieferer, küstenfernerer Bereich des Ottnangium-Meeres) waren in Höch nur selten Schalen von Schnecken und Muscheln aus Aragonit erhalten. Dafür aber sehr attraktive Schalen aus Calcit. 1. *Sthenorytis proglobosa* SACCO, 1891; 2. *Cirsostrema crassicostanomala* SACCO, 1891; 3–4. *Cirsotrema miovaricosum* SACCO, 1891.

*Abb. J6.13. Dass dennoch eine artenreiche Schnecken- und Muschelfauna vorhanden war, bezeugen zahlreiche Funde von meist unbestimmbaren Steinkernen. Hier nur einige Beispiele: Die Feigenschnecke (1) Ficus cf. condita (*Brongniart*, 1823) ist auch im Neuhofener Mergel mit Schalenerhaltung häufig. Kegelschnecken, Conidae (12–13), Turbanschnecken ?Bolma paratethyca* Harzhauser & Landau*, 2014 (14) hatten wir schon in Neustift kennengelernt (s. J2.9), ebenso die Kreiselschnecke ?Calliostoma sturi (*Hoernes*, 1875) (15). Lastträgerschnecken Xenophora sp. (16–17). Nabelschnecken Naticidae (18) bohren mit ihrer Raspelzunge kreisrunde Löcher in die Schalen anderer Weichtiere, um sie zu verzehren. Zwei Gattungen von Kaurischnecken (19–20). Schlangenschnecken ?Tenagodus obtusus (21). Unter den vielen Steinkernen von Muscheln seien hier nur die Bohrmuscheln (25–27) erwähnt, deren tropfenförmige Grabgänge wir auch in Treibhölzern sehen werden (Abb. J6.23).*

2a
2b
3
1
4
5
6
7
8
9
5 cm

1
2
3
4
6
7
5
9
8
10
11
12
13
5 cm

1
2
3
4
5
6
7
8
9
10
11
12
13
14a
15
14b
16
5 cm
17
18
19
20
21
24
25
22
23
26
27

◁ *Abb. J6.14 (drei Seiten vorher). Die härtesten Schalen aus Calcit besitzen Austern. Crassostrea gryphoides (SCHLOTHEIM, 1813) wurde häufig mit 5 bis 20 cm Länge gefunden. Wie Bruchstücke alter Exemplare mit Erhaltung des Schlosses zeigen (4–5), wurde diese Auster in Höch mehr als 30 cm lang.*

◁ *Abb. J6.15 (zwei Seiten vorher). Austern sind selbst bei sehr guter Erhaltung schwierig zu unterscheiden, da die Form ihrer linken Klappen (1–5, 9–10) weitgehend vom Untergrund bestimmt wird, auf dem sie aufgewachsen waren. Ihre rechten Klappen (6–8) sind dagegen glatt und ohne zur Bestimmung taugliche Merkmale. Die hier so verschieden aussehenden Schalen (1–10) stammen wohl alle von Ostrea digitalina (DUBOIS, 1831); 11–13. Pycnodonte cf. callifera (LAMARCK, 1819).*

◁ *Abb. J6.16. Pilgermuscheln (Pectinidae) können sich durch Zusammenklappen ihrer Schalen aktiv fortbewegen. Dies erlaubt ihnen, sich von ungünstigen Standorten, z. B. bei zu hoher Sedimentzufuhr fortzubewegen. Ihre Schalen bestehen wie die der Austern aus Calcit, sind also häufig fossil erhalten. 1–3,5. Talochlamys brussoni (DE SERRES, 1829) kann sich im Alter auf eine Unterlage festheften. 4. Talochlamys multistriata (POLI, 1795). 6. Flexopecten palmatus (LAMARCK, 1806). 7–10. Flexopecten davidi (FONTANNES, 1876). 11–13. Pecten herrmannseni (DUNKER, 1848). 14–17. cf. Pecten hornensis DEPÉRET & ROMAN, 1902. 18. Oopecten ? sp. 19. Oopecten cf. gigas (SCHLOTHEIM, 1813). 20–23. Aequipecten submalvinae (BLANCKENHORN, 1901). 24–27. Aequipecten sp., eine in Höch häufige, aber noch nicht identifizierte Art.*

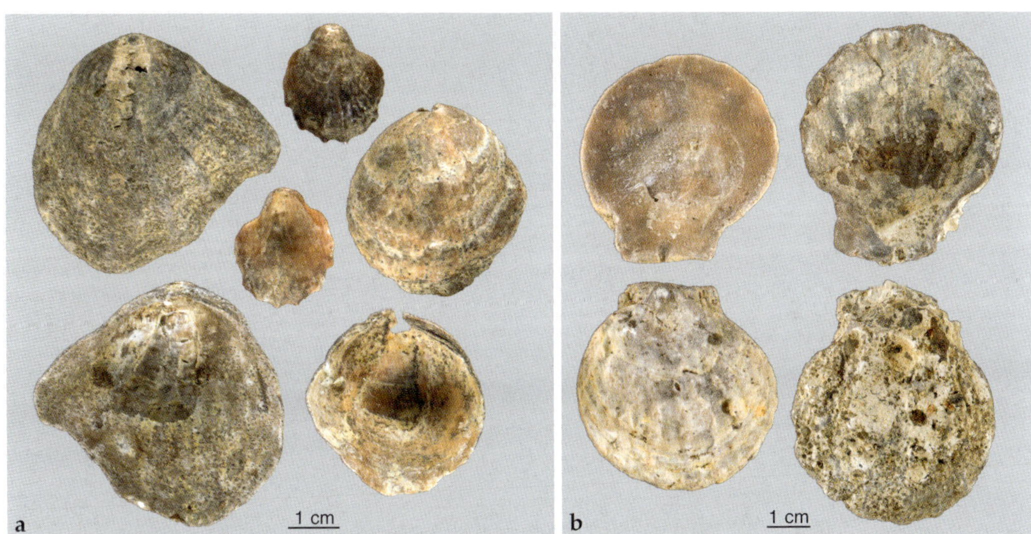

Abb. J6.17. Ebenfalls zu den Kammmuscheln (Pectinida) gehören a. die Sattel- oder Zwiebelmuschel Anomia ephippium LINNÉ, 1758 und b. die Felsenpilgermuschel ? Hinnites crispus (BROCCHI, 1814), die auch in Neustift häufig gefunden wurde.

Abb. J6.18. Die Sammler pilgerten nach Höch nur aus einem Grund, sie wollten »Haifischzähne« finden, möglichst große und viele. ARNOLD PFAUNTSCH fand mehr als 200 000 Zähne.

Abb. J6.19 (nächste Seite). Es gab ein generelles Problem mit den Haizähnen aus Höch: sie waren alle in der Brandung sehr stark abgerollt, ihre Seitenspitzen waren abgebrochen, die Wurzeln stark beschädigt. Zähne kleinerer Arten (Isistius, Centrophorus, Pristiophorus u. a.), wie wir sie aus dem Neuhofener Mergel (Abb. J5.4) gesehen haben, wurden selten gefunden und waren dann so sehr abgeschliffen, dass sie kaum mehr bestimmbar waren. Trotzdem galt Höch für viele Jahre als Fundort Nummer 1 für Haizähne. a. Die früher als »Carcharodon megalodon« bezeichneten großen Zähne stellen wohl eine Übergangsform zwischen Otodus (Megaselachus) chubutensis und Otodus (Megaselachus) megalodon dar. Sie sind nicht die Vorläufer des Weißen Hais, sondern haben sich aus der im Alttertiär sehr häufigen Gattung Otodus entwickelt. Mit Otodus (Megaselachus) megalodon stirbt diese Linie aus. ▷

Abb. J6.19 (Fortsetzung). b. Zähne von Heringshaien. Die Heringshaie entwickelten an der Grenze Miozän/Pliozän gezähnelte Ränder, die effektiver als glatte waren. Daraus wurde innerhalb kurzer Zeit die Gattung Carcharodon, der Weiße Hai. c. Zahn eines Fuchs- oder Drescherhais, Alopias exigua. d. Carcharoides catticus hatten wir auch in Maierhof gesehen (Abb. J3.7). e. Am häufigsten wurden Zähne von Sandtigerhaien gefunden. Die zwei Arten der Gattung Carcharias sind oft gar nicht so leicht zu unterscheiden. Bei der größeren Art Carcharias vorax (früher als Odontaspis cuspidata bestimmt) (1a) sind die Innenseiten der Zähne glatt (1b), bei Carcharias taurus (2a–b) hingegen erkennt man auf der Innenseite eine unregelmäßige Runzelung des Zahnschmelzes (2c). Viel seltener sind die Zähne von Odontaspis molassica (4a–b), die mit der heute lebenden Art Odontaspis ferox und mit Odontaspis noronhai nahe verwandt ist. Die Zahnkronen sind rundum fühlbar glatt (4c), es ist nicht einmal eine Schneidekante ausgebildet und die Zahnspitzen sind sehr ausgeprägt. Die Art ist ökologisch sehr interessant, weil sie eigentlich ein typischer Tiefwasseranzeiger ist und nahelegt, dass in nicht weiter Entfernung vom Strand entsprechende tiefe Becken vorhanden gewesen sein müssen, wo diese Tiefseefische leben konnten. Gleiches gilt für die nahe verwandten Koboldhaie, die heute als seltener Beifang aus großen Tiefen gefischt werden. Sie sind mit der Art Mitsukurina lineata vertreten. In Höch waren sie extrem selten, während sie zusammen mit Odontaspis molassica in zentralen Bereichen der Oberen Meeresmolasse die beiden Carcharias-Arten ersetzen.

*Abb. J6.20. a. Zähne des Breitnasen-Siebenkiemerhais Notorynchus primigenius (*Agassiz*, 1835), oben aus dem Oberkiefer, unten aus dem Unterkiefer, links ein Seitenzahn und rechts der sog. Symphysenzahn aus der Mitte des Unterkiefers. Es ist erstaunlich, dass in Höch niemals Zähne der nahe verwandten Gattungen Hexanchus und Heptranchias und auch nicht von Paraheptranchias gefunden wurden, die zeitgleich und nicht weit entfernt in den tieferen Beckenbereichen der Oberen Meeresmolasse, z.B. in der Taufkirchner Bucht vorkommen. Auch Krausenhaie (Chlamydoselachus) und Nagelhaie (Echinorhinus) wurden trotz intensiver Suche nach ihnen nie gefunden. b. Riffhaizähne, Carcharhinus priscus (*Agassiz*, 1843). c. Zähne des Katzenhais Pachyscyllium dachiardi (*Lawley*, 1876). d. Zähne von Hemipristis serra *Agassiz*, 1835 aus der Familie der Wieselhaie, oben aus dem Oberkiefer, unten aus dem Unterkiefer, jeweils links Innen- und rechts Außenseite des Zahns. e. Leicht zu verwechseln oben ein Zahn von Physogaleus contortus (*Gibbes*, 1849) (1) und unten des Tigerhais Galeocerdo aduncus *Agassiz*, 1835 (2). f. Ein Zahn des Meerengels Squatina sp. g. Natürlich wurden auch viele Haiwirbel gefunden. Auffallend seitlich erweitert und massiv sind die Wirbel der am Boden lebenden Meerengel (1). Kreisrund und sanduhrförmig sind die Wirbel eines Sandtigerhais (2) und des größten hier vorkommenden Hais Megaselachus (3).*

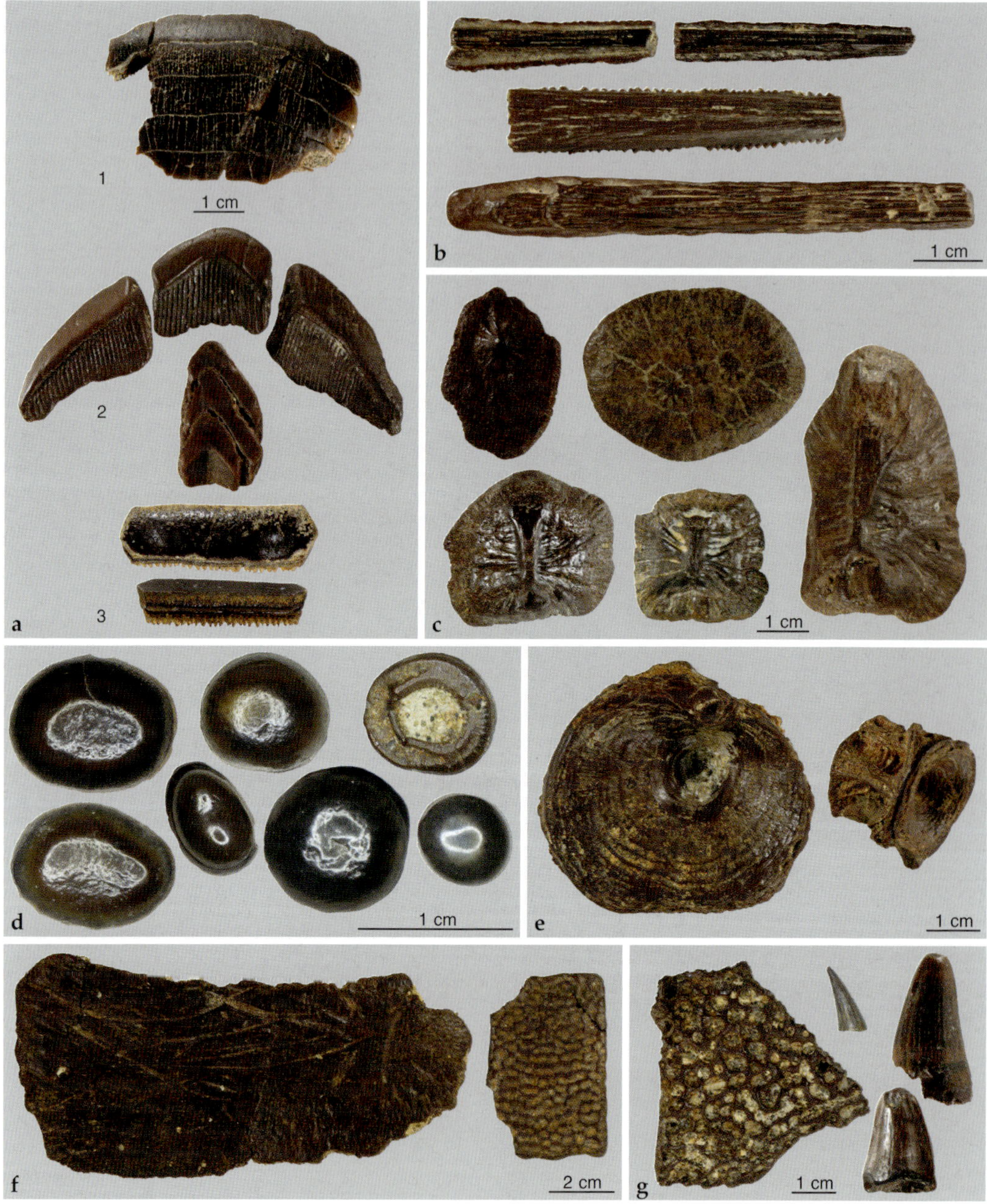

Abb. J6.21. a. Stellvertretend für eine Vielzahl von Rochen, die in Höch nachgewiesen wurden, hier die Zahnplatten der beiden recht häufigen Adlerrochen Aetobatus arcuatus (AGASSIZ, 1843) (1 Oberkiefer, 2 Unterkiefer) und Myliobatis sp. (3). b. Mehrere Stechrochen der Gattung Dasyatis sind nicht nur durch ihre recht winzigen Zähnchen, sondern auch durch Schwanzstacheln belegt. c. Verschiedene Hautplatten von Rochen. d. Von Knochenfischen fand man hauptsächlich die auffallenden dunkel glänzenden Pflasterzähne von Meerbrassen der Gattung Sparus. e. Wirbel größerer Knochenfische. Otolithen fand man in Höch übrigens keine, weil zur Zeit, als dort gesammelt wurde, niemand wusste, wie sie aussehen. f. Panzerplatten von Schildkröten. Die große Platte links weist Bissspuren auf, die wahrscheinlich von Haien stammen. Rechts die Platte einer Weichschildkröte der Gattung Trionyx. g. Knochenplatte eines Krokodils und dazu passend die beiden großen Zähne rechts. Der kleine Zahn stammt von einem kleinwüchsigen Alligator der Gattung Diplocynodon, den wir bereits in Rauscheröd angetroffen haben (Abb. J4.14).

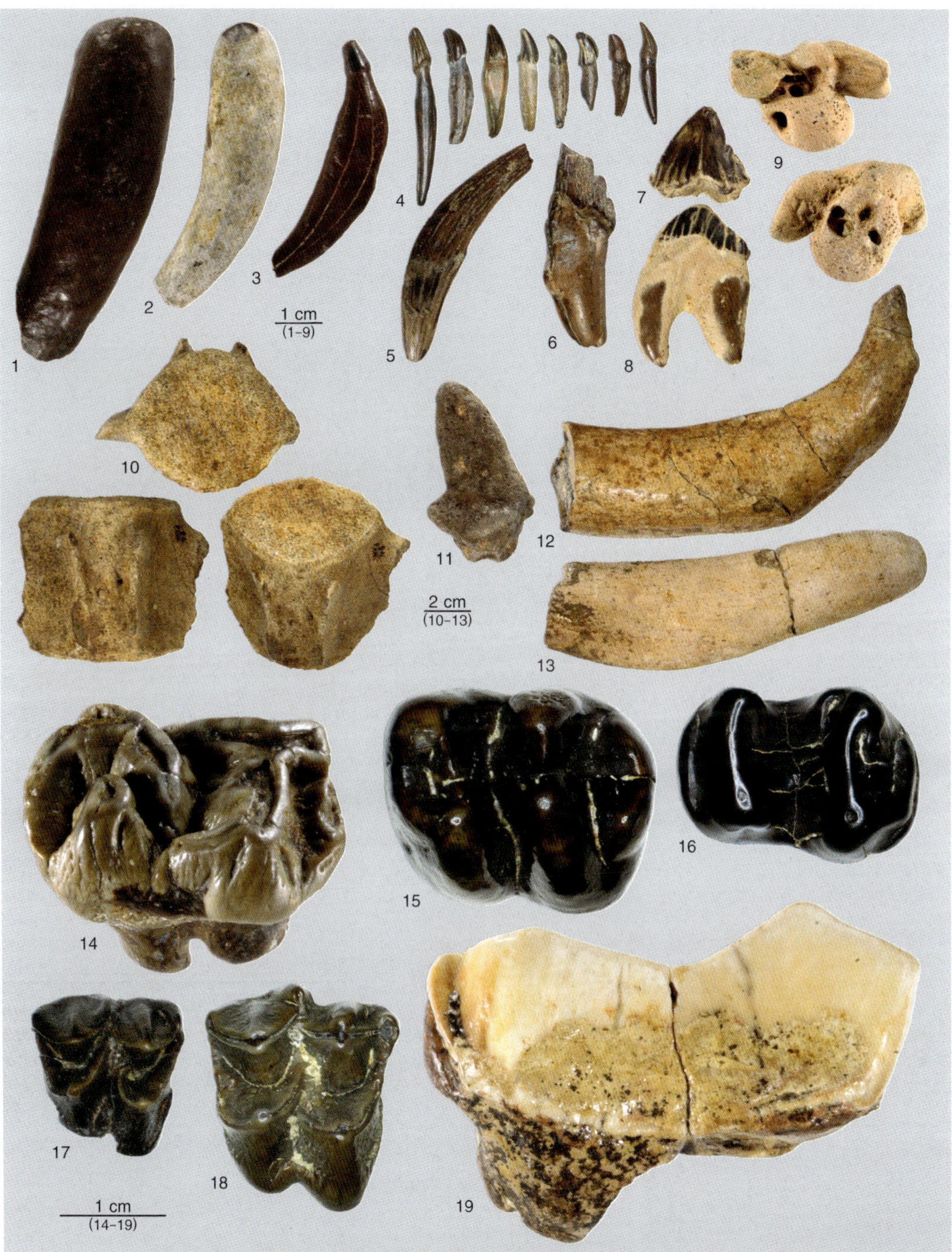

Abb. J6.22. Von marinen Säugetiere sind Wale, Delphine und Seekühe vertreten, von denen Zähne, Wirbel und diverse Knochen und Schädelfragmente gefunden wurden. 1–2. Zähne von Zahnwalen aus der Familie Physeteridae (Pottwale). 3. Zahn des Zwergpottwal Miokogia elongatus. 4. Zähne kleiner Delphine, Acrodelphis und Schizodelphis. 5–8. Zähne des Zahnwals Squalodon bariensis; Schneidezahn (5), Backenzähne (6–8). ZITTEL beschrieb 1877 von Bleichenbach a.d. Rott, einem Ortsteil von Bad Birnbach und 35 km südwestlich von Höch, einen fast kompletten Schädel dieses Zahnwals. Der Fund wurde für die Sammlung des Naturhistorischen Vereins Augsburg erworben, kam dann auf Betreiben ZITTELS …

◁ *Abb. J6.22 (Fortsetzung). … an die Bayerische Staatssammlung nach München, wo er leider den Krieg nicht überstand. 9. Ohrknochen eines Zahnwals. 10. Wirbel eines Zahnwals, als »Aulocetus molassicus« beschrieben. – 11–16. Von Seekühen blieben vor allem die massiven, schweren Rippen in Bruchstücken erhalten, aber auch Schädelfragmente, Teile von Wirbeln und einige Zähne. Die Verdickung von Knochen, vor allem der Rippen (Pachyostose), erwarben die Seekühe im Laufe der Evolution als Anpassung an ein Leben im Wasser, um den statischen Auftrieb des Körpers auszugleichen. 11. Dornfortsatz eines Seekuhwirbels. 12. Proximaler Teil einer Rippe. 13. Distales Rippenfragment. 14–15. Backenzähne aus dem Oberkiefer verschiedener Seekühe. 16. Unterkieferzahn einer Seekuh. – 17–19. Sehr selten wurden auch Zähne vom Land eingeschwemmter Säugetiere gefunden, wovon einige der Nashornzähne aus älteren Sedimenten, aus dem oberen Oligozän umgelagert sein könnten (pers. Mittlg. KURT HEISSIG). Die höheren Teile des Neuburger Waldes lagen über lange Zeit trocken, bevor die Transgression des mittleren Ottnangiums alles überflutete. 17. Backenzahn von Procervulus dichotomus (GERVAIS, 1849), einem Hirsch. 18. Backenzahn eines ausgestorbenen Verwandten von Hirschen und Giraffen, Palaeomericidae indet. 19. Fragment eines Nashornzahns, Brachypotherium brachypus (LARTET, 1837).*

Abb. J6.23. Wie zu erwarten, fand man in Höch auch verkieselte Hölzer. Für die Diskussion um das Klima zur Zeit der Ablagerung der Glaukonitsande im Vergleich mit der fast zeitgleich erfolgten Schüttung der Deltaschotter des Ortenburger Schotters von Rauscheröd wäre die Bestimmung der Kieselhölzer aus Rauscheröd sehr aufschlussreich. 1–2. Dicht aneinandergereihte Bohrgänge von Pholaden (Bohrmuscheln, vgl. Abb. J6.13: 25–27) liefern den Beweis dafür, dass diese Hölzer als Holz im Meerwasser schwammen und nicht etwa als bereits verkieselte Hölzer umgelagert wurden. 3. Auffallend und einzigartig ist dieses kleine verkieselte Holz einer lianenartig wachsenden Pflanze, vielleicht aus der Familie der Aristolochiaceae (Pfefferartige) wie die vergrößerte Aufnahme des Querbruchs darunter zeigt. 4. Dieses Kieselholz sieht auch farblich wie ein heute angespültes Treibholz aus. Es wurde aber vor 18 Mio. Jahre von den Wellen an einem paradiesisch erscheinenden tropischen Meeresstrand am kristallinen Südhang des Neuburger Waldes angespült. Kaum vorzustellen, dass man zu dieser Zeit mit einem Floß vom Neuburger Wald nach Westen über das heutige Gebiet des Bodensees und weiter durch das Tal der Rhône bis ins Mittelmeer hätte reisen können.

Wir beenden hier unsere Zeitreise, die wir in Gurlarn begonnen hatten und fahren weiter zum 5 km entfernten letzten Exkursionspunkt, dem Aussichtspunkt »Zur Platte«. Dazu umkreisen wir Gurlarn in einem Bogen in Richtung Irsham, fahren ein paar hundert Meter zurück in Richtung Fürstenzell und biegen nach N ab in Richtung Altenmarkt/Rehschaln. Nach 3 km, kurz nach Rehschaln sehen wir den Neuburger Wald endlich als »Wald«. Hier rechts abbiegen zum ca. 1 km entfernten Waldrestaurant »Zur Platte«.

J7 Aussichtspunkt Zur Platte

Der Neuburger Wald erreicht auf der Platte mit 499 Metern seine größte Erhebung. Von hier hat man einen herrlichen Blick nach Norden über das Donautal und den ganzen Vorderen Bayerischen Wald und nach Süden und Südwesten über das Molassebacken zu den Gipfeln der Nördlichen Kalkalpen. Man kann sich gut vorstellen, von hier das ganze Molassemeer zu überblicken. Auf der Platte wurde in einem kleinen Steinbruch gleich neben dem Waldrestaurant Granit abgebaut.

Abb. J7.1. a. Der höchste Punkt des Neuburger Waldes am Zugang »Zur Platte«. Die geologische Karte 7446 Passau zeigt uns hier »mittelkörnigen Granit vom Typ Platte/Gurlarn«. b. Blick von der Aussichtsterrasse über den Neuburger Wald und das Donautal auf den Brotjacklriegel (links mit Sendeturm).

Die jüngsten Sedimente, die wir bisher besucht haben, waren die Ortenburger Schotter und deren hangende Sedimente aus der Zeit des Karpatiums, als das Meer verbrackt war und durch eine Landschaft aus Seen und Flüssen abgelöst wurde. Was dann weiter geschah, ist mit Fossilien nicht mehr so einfach zu belegen. Die jüngeren obermiozänen und pliozänen Sande und Schotter enthalten kaum Fossilien. Eine Ausnahme sind die Kieselhölzer aus dem Hammerbachtal, das 1 Kilometer östlich der Platte nach Nordwesten in Richtung Passau/Neustift verläuft. Der Verf. wurde als Schüler durch einen ca. 1,5 Meter langen verkieselten Stamm, der im Gymnasium Leopoldinum in Passau ausgestellt war, inspiriert, im Hammerbach nach Kieselhölzern zu suchen. In den 1970er Jahren

◁ *Abb. J6.24. 2 km westlich von Höch liegt in einem Wasserschutzgebiet mitten im Neuburger Wald (Graben ist hier strengstens verboten!) auf dem Kristallin ein kleines isoliertes Vorkommen von Bryozoenkalk. Der Fundort ist auf allen geologischen Karten des Gebiets verzeichnet. In geringer Wassertiefe wurden hier massenhaft Bryozoenäste zusammengespült, daneben Schalen von Schnecken, Muscheln (Flexopecten davidi, Aequipecten submalvinae), Terebrateln und Seepocken. Es konnten auch mehrere Arten von Haien nachgewiesen werden (Centrophorus, Squatina, Carcharhinus, Carcharias), die nahelegen, dass es sich hier um das höchstgelegene Vorkommen von Sedimenten des Ottnangium-Meeres handelt. a. Ein kleiner Bach spült Bryozoenknollen frei (Verf. am 19.08.2006); b. Knolle aus Bryozoenkalk; c. Detail aus b.*

Abb. J7.2. a. Typisches Kieselholz aus dem Hammerbach; b. Querschliff eines Kastanienholzes Castanoxylon bavaricum SELMEIER, *1970. c. Querschliff des Pappelholzes Populoxylon priscum* MÄDEL-ANGELIEWA, *1968 (BSPG 1979 XV 511). Die Schliffbilder wurden freundlicherweise von* RALF ROSIN *aus der Slg.* SELMEIER *zur Verfügung gestellt.*

wurden aus dem Hammerbach, vor allem von A. PFAUNTSCH und R. BAUMGARTNER weit mehr als tausend versteinerte Holzstücke geborgen. Viele davon hat ALFRED SELMEIER holzanatomisch untersucht und veröffentlicht (SELMEIER, 1984, 1991). Die tropischen Faunenelemente der Ortenburger Schotter (Palmen, Mahagonigewächse) sind verschwunden, das Klima muss sich verändert haben. Der Neuburger Wald war jetzt von einem dichten Edelkastanienwald bedeckt, wie wir ihn heute z. B. am Monte Baldo antreffen. Bemerkenswert ist, dass unter den zahlreichen Kastanienhölzern auch ein anderes Holz war, das SELMEIER als Pappelholz bestimmen konnte. Es gibt nur noch einen weiteren Fundort versteinerter Pappelhölzer, in Ungarn. Dies zeigt, wie wichtig es ist, auch unscheinbar wirkende Fossilien den richtigen Fachleuten zu zeigen.

Etwa 1 Kilometer nördlich der Platte kurz vor der Donau wurden beim Autobahnbau bei der Brückenüberführung Alte Poststraße Tone und Kohletone angetroffen. Die Kohle wurde früher gleich daneben in Rittsteig ca. 50 Zentimeter mächtig abgebaut. Diese Kohletone enthielten eine Pollenflora, die auf ausgedehnte Kiefernwälder hinweist, aber auch in großer Zahl Stachelspitzen von Früchten der Palme *Calamus daemonorops* (GREGOR, 1982). Diese ca. 12 Mio. J. alten Tone sind vermutlich in die Zeit der Oberen Süßwassermolasse (Tortonium) zu stellen.

Der Mensch hat diesen Kulturraum früh besiedelt und dabei Spuren hinterlassen, die Geologen natürlich auffallen. Am Hang südlich des Sandwerks Höch fand der Verf. z. B. Mikrolithen mittelsteinzeitlicher Jäger (zu sehen im Römermuseum Boiotro in Passau), auf den Feldern bei Unterirsham (2 km südlich der Platte) liegen in großer Zahl Artefakte und noch unbearbeitete Hornsteinknollen, die ausgewittert aus den von dort nicht weit entfernten natürlichen Juravorkommen von Menschen der Steinzeit zusammengetragen wurden. Auch an den Hängen bei Maierhof beschrieb MOSER (1980) steinzeitliche Artefakte aus dem vor Ort anstehenden Kieselnierenkalk. IRMGARD FRIEDL hat in dieser Gegend viele Jahre gesammelt, der Besuch ihrer Sammlung in Reutern ist sehr zu empfehlen.

Es ist nicht möglich, auf so wenigen Seiten auch nur annähernd die Vielfalt aller geologischen und paläontologischen Besonderheiten aufzuzeigen oder wenigstens die wichtigsten Fundorte kurz zu erwähnen. Dennoch wird die Vielzahl der gezeigten Arten manchen Leser überraschen. Die ausgewählten Bilder sollen wenigstens den Eindruck vermitteln, dass am Rande des Neuburger Waldes tatsächlich eine »Schatzkammer« darauf wartet, entdeckt zu werden.

Literatur zu Exkursion J

AMMON, L. V. (1875): Die Jura-Ablagerungen zwischen Regensburg und Passau. Eine Monographie des niederbayerischen Jurabezirks Keilberger Jura. Unter besonderer Berücksichtigung seiner Beziehungen zum Frankenjura. – München.

BAUBERGER, W. & H. J. UNGER (1984): Geol. Kt. Bayern 1:25.000. Erläuterungen z. Blatt Nr. 7446 Passau. – München (BGLA).

BITNER, M. A. & S. SCHNEIDER (2009): The Upper Burdigalian (Ottnangian) brachiopod fauna from the northern coast of the Upper Marine Molasse Sea in Bavaria, Southern Germany. – N. Jb. Geol. Paläont. Abh., 254: 117–133; Stuttgart.

CARRIOL, R.-P. & S. SCHNEIDER (2008): A new Concavinae (Cirripedia, Chesaconcavus) from the Late Burdigalian (Miocene) of Lower Bavaria (Germany). – N. Jb. f. Geol. Paläont. Abh., 248: 345–354; Stuttgart.

EGGER, J. G. (1857): Die Foraminiferen der Miocän-Schichten bei Ortenburg in Nieder-Bayern. – N. Jb. Mineral., Geol. u. Paläont., Abt. B, Geol. u. Paläont., 1857: 266–311.

– (1857): Die Ostrakoden der Miocän-Schichten bei Ortenburg in Nieder-Bayern. – N. Jb. Mineral., Geol. u. Paläont., Abt. B, Geol. u. Paläont., 1858: 403–443.

– (1858): Der Jurakalk bei Ortenburg und seine Versteinerungen. – Erster Jahres-Bericht des naturhistorischen Vereins in Passau für 1857: 29–68; Passau (F. W. Keppler).

– (1860): Der Diatomeenmergel von Habühl bei Ortenburg. – Dritter Jahres-Bericht des naturhistorischen Vereins in Passau für 1859: 216–234; Passau (F. W. Keppler).

GÖHLICH U. & C. MOURER-CHAUVIRÉ (2010): A New Cormorant-like Bird (Aves: Phalacrocoracoidea) from the Early Miocene of Rauscheröd (Southern Germany). – Records of the Australian Museum., 62: 61–70; Sydney.

GOTTWALD H. P. J. (1997): Alttertiäre Kieselhölzer aus miozänen Schottern der ostbayerischen Molasse bei Ortenburg. – Documenta naturae, 109: 1–83; München.

GREGOR H. J. (1980): Zum Vorkommen fossiler Palmenreste im Jungtertiär Europas unter besonderer Berücksichtigung der Ablagerungen der Oberen Süßwassermolasse Süd-Deutschlands. – Ber. Bayer. Bot. Ges., 51: 135–144; München.

– (1982): Die jungtertiären Floren Süddeutschlands. Paläokarpologie, Phytostratigraphie, Paläoökologie, Paläoklimatologie. – Stuttgart (Ferdinand Enke).

– (2017): Eine neue Art der Onagraceen (Nachtkerzengewächse) in der miozänen Oberen Brackwasser-Molasse Bayerns – *Ludwigia pfeilii* nov. spec. – Documenta naturae, 196 Teil 7: 33–52; München.

HAGN, H., H. MALZ, E. MARTINI, W. WEISS & W. WITT (1982): Exkursion G: Miozäne Vorland-Molasse Niederbayerns und Kreide von Regensburg. – In: HAGN, H. (Hrsg.): Die Bayerischen Alpen und ihr Vorland in mikropaläontologischer Sicht. – Geologica Bavarica, 82: 263–279; München.

HAGN, H. & O. HÖLZL (1952): Geologisch-paläontologische Untersuchungen in der subalpinen Molasse des östlichen Oberbayerns zwischen Prien und Sur mit Berücksichtigung des im Süden anschließenden Helvetikums. – Geologica Bavarica, 10: 1–208; München.

HARZHAUSER, M., B. LANDAU, O. MANDIC, A. KROH, K. KUTTELWASCHER, P. GRUNERT, S. SCHNEIDER & W. DANNINGER, (2015 [2014]): Gastropods of an Ottnangian (Early Miocene) rocky shore in the North Alpine Foreland Basin (Allerding, Austria). – Jb. Geolog. Bundesanstalt, 154: 137–167; Wien.

HÖLZL, O. (1958): Die Mollusken-Fauna des oberbayerischen Burdigals. – Geologica Bavarica, 38: 1–348; München.

JUNG, W. (1979): Palmenholz mit Wurzelmantel. – Jb. u. Mitt. Freunde Bayer. Staatsslg. Paläontol. hist. Geol. München, 7: 12–13; München.

– (1981): Sind die fossilen Palmenhölzer aus der Oberen Süßwassermolasse Bayerns umgelagert? – Ber. Bayer. Bot. Ges., 52: 109–116; München.

JUNG, D. & G. DOPPLER (2017): Tertiär-Molasse im östlichen Niederbayern (Exkursion I am 21. April 2017). – Jber. Mitt. oberrhein. geol. Ver. N.F., 99: 285–306; Stuttgart.

KRAUS, E. (1915): Geologie des Gebietes zwischen Ortenburg und Vilshofen an der Donau. – Geognostische Jahreshefte, 28: 91–168, 1 geologische Karte; München.

MOSER, M. (1981): D13 Maierhof/Weng, »Kalkofen« NW, Kr. Vilshofen. In: WEISGERBER, W. (Hrsg.): 5000 Jahre Feuersteinbergbau. Die Suche nach dem Stahl der Steinzeit. – Veröffentl. a. d. Deutschen Bergbau-Museum Bochum, 22: 450; Bochum.

NIEBUHR, B. (2013): Lithostratigraphie der mittel- bis oberjurassischen Reliktvorkommen zwischen Straubing und Passau (Niederbayern). – Schriftenr. dt. Ges. Geowiss., 83: 73–83; Hannover.

– (2014): Lithostratigraphie der mittel- bis oberjurassischen Reliktvorkommen zwischen Straubing und Passau (Niederbayern) (Beitrag zur Stratigraphie von Deutschland). – Schriftenr. Dt. Ges. Geowiss., 83: 73–82; Hannover.

RÖGL, F. & F. F. STEININGER, F. F. (1983): Vom Zerfall der Tethys zu Mediterran und Paratethys. Die neogene Paläogeographie und Palinspastik des zirkum-mediterranen Raumes. – Ann. Naturhist. Museum Wien, 85 A: 135–163; Wien.

RÖSSNER G. E. (1995): Odontologische und schädelanatomische Untersuchungen an *Procervulus* (Cervidae, Mammalia). – Münchner Geowissenschaftliche Abhandlungen (A), 29: 127 pp.; München (Pfeil).

SCHLEICH, H.-H. (1984): Neue Reptilien aus dem Tertiär Deutschlands. 2. *Chamaeleo pfeili* sp.nov., von der untermiozänen Fossilfundstelle Rauscheröd/Niederbayern. (Reptilia, Sauria: Chamaeleonidae). – Mitt. Bayer. Staatsslg. Pal. hist. Geol., 24: 97–103; München.

– (1985): Neue Reptilienfunde aus dem Tertiär Deutschlands. 3. Erstnachweis von Doppelschleichen (*Blanus antiquus* sp. nov.) aus dem Mittelmiozän Süddeutschlands. – Münchner Geowiss. Abh. (A), 4: 1–16; München.

SCHNEIDER, S., B. BERNING, M. A. BITNER, R.-P. CARRIOL, M. JÄGER, J. KRIWET, A. KROH & W. WERNER (2009): A parautochthonous shallow marine fauna from the Late Burdigalian (early Ottnangian) of Gurlarn (Lower Bavaria, SE Germany): Macrofaunal inventory and paleoecology. – N. Jb. Geol. Paläont. Abh., 254: 63–103; Stuttgart.

SCHNEIDER, S., M. PIPPÈRR, D. FRIELING & B. REICHENBACHER (2011): Sedimentary facies and paleontology of the Ottnangian Upper Marine Molasse and Upper Brackish Water Molasse of eastern Bavaria: A field trip guide. – In: CARENA, S., A. M. FRIEDRICH & B. LAMMERER (eds.): Geological Field Trips in Central Western Europe: Fragile Earth International Conference, Munich, Sept. 2011: Geol. Soc. of America, Field Guide, 22: 35–50.

SCHNEIDER, S., B. NIEBUHR, M. WILMSEN & R. VODRÁZKA (2011): Between the Alb and the Alps. – The fauna of the Upper Cretaceous Sandbach Formation (Passau region, southeast Germany). – Bull. of Geosciences, 86 (4): 785–816; Prague (Czech Geological Survey).

SCHREYER, W. (1959): Der Granit von Neustift bei Vilshofen in Niederbayern. – Geologica Bavarica, 39: 3–28; München.

SCHULTZ, O. (1972): Eine Fischzahn-Brekzie aus dem Ottnangien (Miozän) Oberösterreichs. – Ann. Naturhistor. Mus. Wien, 76: 485–490; Wien.

SEITNER, L. (1977): Geologische und sedimentpetrographische Untersuchungen der ostniederbayerischen Molasse im Gebiet zwischen Fürstenzell, Neukirchen a. Inn und Rittsteig bei Passau (Teil I). Sedimentpetrographische Untersuchungen der Oberen Meeresmolasse im Aufschluß Höch bei Fürstdobl (Teil II). – Unveröff. Dipl.-Arbeit Univ. München; München.

SELMEIER, A. (1983): *Carapoxylon ortenburgense* n. sp. (Meliaceae) aus dem untermiozänen Ortenburger Schotter von Rauscheröd (Niederbayern). – Mitt. Bayer. Staatsslg. Paläont. hist. Geol., 23: 95–117; München.

– (1984): Kleinporige Laubhölzer (Rosaceae, Salicaceae) aus jungtertiären Schichten Bayerns. – Mitt. Bayer. Staatsslg. Paläont. hist. Geol., 24: 121–150; München.

– (1986): Jungtertiäre Kieselhölzer aus Rauscheröd (Niederbayern). – Cour. Forsch.-Inst. Senckenberg, 86: 249–260; Frankfurt a. Main.

– (1989): Ein verkieselter Mahagonistamm (Meliaceae) aus dem Ortenburger Schotter. – Naturw. Z. f. Niederbayern, 31: 81–106; Landshut.

– (1991): Verkieselte *Castanea*-Hölzer aus dem Neuburger Wald bei Passau (Niederbayern). – Mitt. Bayer. Staatsslg. Paläont. hist. Geol., 31: 149–165; München.

– (2015): Anatomie tertiärer Kieselhölzer aus dem nordalpinen Molassebecken. Anatomy of tertiary silicified woods from the North Alpine Foreland Basin. – ROSIN, R. (Hrsg. Holzforschung TU München). – München (Selbstverlag).

STADLER, J. (1925): Geologie der Umgebung von Passau. – Geognost. Jh., 38: 38–117, 1 geologische Karte; München.

STEININGER, F. F. & R. ROETZEL (1999): Jüngeres Tertiär (Miozän und Pliozän: 23,8 bis 1,8 Millionen Jahre vor heute). – In: F. F. STEININGER (Hrsg.): Erdgeschichte des Waldviertels. – Schriftenr. d. Waldviertler Heimatbundes, 38: 79–88; Waidhofen/Thaya (Waldviertler Heimatbund, Horn).

SUTTER, C. (1960): Erläuterungen zur Geologischen Karte von Blatt Gergweis, Niederbayern. – Diplomarbeit; München.

UNGER, H. J. (1984): Geol. Kt. Bayern 1:50.000. Erläuterungen z. Blatt Nr. L 7544 Griesbach im Rottal. – München (BGLA).

– (1997): Der Ortenburger Schotter am Nordrand der ostbayerischen Molasse. – Geol. Bavarica, 102: 361–392; München.

UNGER, H. J. & W. BAUBERGER (1985): Geol. Kt. Bayern 1:25.000. Erläuterungen z. Blatt Nr. 7546 Neuhaus a. Inn. – München (BGLA).

UNGER, H. J. & J. SCHWARZMEIER (1982): Die Tektonik im tieferen Untergrund Ostniederbayerns. – Jb. Oberösterr. Museal-Ver. Linz, 127: 197–220; Linz.

WENGER, W. F. (1987): Die Foraminiferen des Miozäns der bayerischen Molasse und ihre stratigraphische sowie paläogeographische Auswertung. – Zitteliana, Abh. Bayer. Staatsslg. Paläont. hist. Geol., 16: 173–340; München.

WITT, W. (1967): Ostracoden der bayerischen Molasse (unter besonderer Berücksichtigung der Cytherinae, Leptocytherinae, Trachyleberidinae, Hemicytherinae und Cytherettinae). – Geol. Bavarica, 57: 3–120; München.

ZIEGLER, R. & V. FAHLBUSCH (1986): Kleinsäuger-Faunen aus der basalen Oberen Süßwasser-Molasse Niederbayerns. – Zitteliana, Abh. Bayer. Staatsslg. Paläont. hist. Geol., 14: 3-80; München.

ZITTEL, K. A. V. (1877): Ueber *Squalodon bariensis* aus Niederbayern. – Palæontographica, vol. xxiv (1876–1877); Cassel.

K Gesteine und Mineralien des Magmenkörpers Fürstenstein-Tittling-Saldenburg

Von der Autobahnausfahrt Aicha vorm Wald fahren wir in Richtung Aicha vorm Wald, dann rechts ins »Gewerbegebiet Aicha« und schließlich rechts in die Dreiburgenstraße entsprechend dem Wegweiser »Fa. Kusser Granit«.

K1 Kusser Granitwerke Aicha

Moderne Technik bei der Gewinnung großer hochwertiger Blöcke im Steinbruch und ihrer präzisen Verarbeitung im Werk bietet heute eine Fülle neuer Verwendungsmöglichkeiten, erlaubt ungeahnte Formen und Dimensionen und realisiert Ideen von Architekten und Künstlern für moderne Objekte. Die öffentlich zugängliche Ausstellung in den Kusser Granitwerken Aicha zeigt mehrere Exponate (Abb. K1.1) und informiert über die Fürstenstein-Tittlinger Granitsorten und deren Verarbeitungsvarianten (Grobkorn und Feinkorn, geschliffen und poliert). Weltweit bekannt geworden ist das Familienunternehmen im Jahr 1986 durch die erstmalige Herstellung einer Hochglanz-Granitkugel mit einer Präzision, die es erlaubt, dass sich die Kugel bei geringem Wasserdruck in ihrem Basisstein scheinbar schwerelos drehen kann. 75 Tonnen wog der im Tittlinger Firmensteinbruch 2008 abgebaute Monolith, aus dem dann im Werk Aicha eine 28 Tonnen schwere schwimmende Kugel mit 270 Zentimetern Durchmesser im Fußball-Design gefertigt wurde. Mit dem hochtechnisierten Maschinenpark und speziellem Know-how gehört der mittelständische Betrieb zu den weltweit führenden Unternehmen der Branche.

Abb. K1.1. Polierte Kugel aus Tittlinger Granit mit natürlichem Pegmatitband. Ausstellungsobjekt der Kusser Granitwerke GmbH im Werk Aicha vorm Wald.

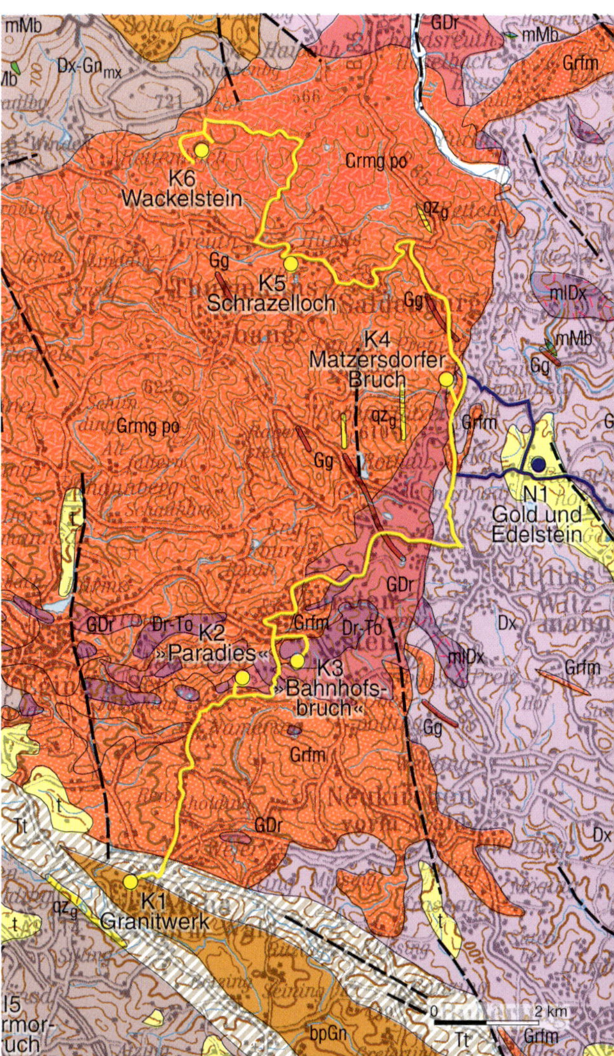

Anfahrt zum Steinbruchgebiet Richtung Fürstenstein, jedoch nach den letzten Häusern von Nammering links dem Wegweiser »J. Kusser Granit, Werk Paradies« auf der Schotterstraße zum Steinbruch folgen. Für das Betreten auf eigene Gefahr muss vor Ort eine Genehmigung eingeholt werden. Ebenso ist darauf zu achten, dass während des Besuchs die erforderlichen Sicherheitsvorkehrungen getroffen und eingehalten werden.

K2 Das »Paradies« am Hochberg bei Fürstenstein

Das Landschaftsbild (Abb. K2.1) im Raum Fürstenstein–Tittling ist durch aktive und aufgelassene Steinbrüche geprägt. Hier im Steine-Paradies stehen feinkörniger Tittlinger Granit, Granodiorit und Quarzglimmerdiorit (TROLL 1964) an. Gelegentlich ziehen helle Aplitadern (Abb. 23) durch das Gestein. Der 140 Quadratkilometer große Intrusivkomplex Fürstenstein–Tittling–Saldenburg (Abb. 4) ist in der Endphase der variszischen Gebirgsbildung in mehrphasigen Intrusionen entstanden (CHEN & SIEBEL 2004, TEIPEL et al. 2008, KLEIN et al. 2008, SIEBEL 2017).

Es begann vor **334–331 Mio. Jahren** mit **basischen** (arm an SiO_2) **bis intermediären** (weder besonders reich noch arm an SiO_2) magmatischen **Schmelzen**, die **als Wärme-Masse-Ströme** aus dem oberen Erdmantel und der unteren Erdkruste kamen und in höhere Stockwerke der Erdkruste eindrangen. Nach Abkühlung kristallisierten hornblendereiche **Diorite** (Quarzglimmerdiorit und Granodiorite; Abb. K2.2) in einer **Erdkrustentiefe von 12–14 Kilometern** aus. In nordöstlicher Fortsetzung kamen vor **324–321 Mio. Jahren** saure (reich an SiO_2) Schmelzen aus der tieferen Erdkruste auf und drangen wie auch die späteren **Granitintrusionen in Erdkrustentiefen von 16–18 Kilometern** vor. Unter anderem entstand muskovitfreier **mittelkörniger Tittlinger Granit**. Im schmelzbedingten Kontaktbereich wurde dioritisches Material von der sauren Schmelze resorbiert, was in Abbildung K2.3 an der Nadelstreu aus Hornblende-Kristallen im Übergang zum stärker quarzhaltigen Granit zu erkennen ist (TROLL 1964). Darüber hinaus schließt in der Südostecke des Plutons **feinkörniger Tittlinger Granit** (Abb. K2.4) an, der relativ schnell aus saurer Schmelze erkaltete. Hinzu kommt am Nordrand des Plutons der **Eberhartsreuther Granit**, welcher vor **320–312 Mio. Jahren** intrudierte

Abb. K2.1. Luftbild dreier Granitsteinbrüche des Intrusivgebiets Fürstenstein–Tittling bei Nammering.

Abb. K2.2. Polierter Granodiorit von Fürstenstein.

Abb. K2.3. Mischdiorit im schmelzbedingtem Übergang vom dioritischen zum granitischen Aussehen, Steinbruch »Paradies« der Firma Kusser, Fürstenstein.

Abb. K2.4. Poliertes Tittlinger Feinkorn, Granitwerk Hohenberg der Firma Kusser.

(Chen & Siebel 2004). Die zentrale Hauptmasse des Plutons besteht aber aus dem **316–312 Mio. Jahre** alten, mittel- bis grobkörnigen, biotitreichen **Saldenburger Granit** (Abb. 18; Handelsbezeichnung »Tittlinger Grobkorn«; s. K6, S. 196, Wackelstein bei Loh), der wegen der größeren Kalifeldspäte als porphyrischer Granit bezeichnet wird.

Wie kam es zur Platznahme dieses großen Intrusivkomplexes? Als Begleiterscheinung tektonischer Aktivitäten in der Pfahl-Zone (spätvariszische Deformation) jedoch räumlich von ihr abgesetzt, kam es in einem regionalen **Stressfeld der Erdkruste** zu **Scherbewegungen mit seitlichem Versatz und Dehnungen**. Sie führten zur Bildung tiefreichender kilometergroßer Fiederspalten und gaben durch schrittweise Öffnung und Rotation Anlass zum separaten Aufstieg verschiedener Schmelzen, bis im Zentrum der Bewegungen die aufsteigende Hauptmasse Platz fand. Diese mo-

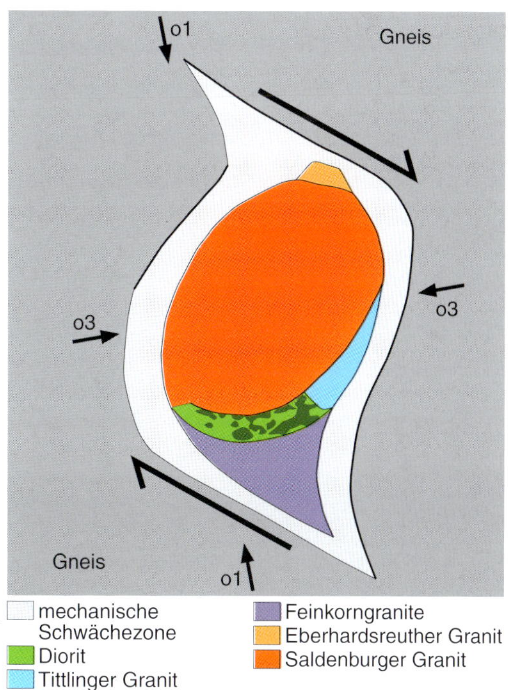

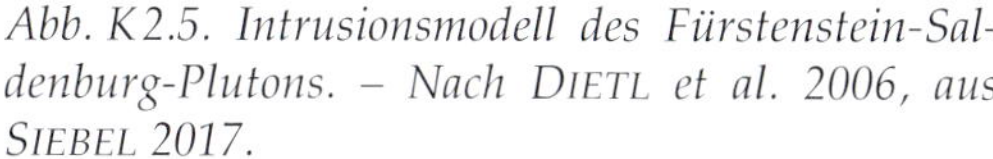
Abb. K2.5. Intrusionsmodell des Fürstenstein-Saldenburg-Plutons. – Nach Dietl et al. 2006, aus Siebel 2017. ▷

Abb. K2.6. Gesägte und gebohrte Blöcke aus Granodiorit und Tittlinger Granit mit Spuren der Schießspaltung und der Diamantseil-Sägetechnik, Steinbruch »Paradies« der Firma Kusser, Fürstenstein.

dellhafte Vorstellung (Abb. K2.5; DIETL et al. 2006) kann auch auf das benachbarte Hauzenberg-Massiv übertragen werden.

Dem **natürlichen Kluftsystem im Granitmassiv** folgen die erfahrenen Steinhauer sowohl beim Herauslösen eines Blocks aus dem Gesteinsverband als beim anschließenden, bedarfsgerechten Zerlegen. So war es in Zeiten der reinen Handarbeit mit den in Reihe geschlagenen Kantkeilen, später bei Presslufthammer gestützter Arbeit und anschließender Spaltung von Hand mit Federkeilen und so ist es auch heute beim Einsatz moderner Reihenbohrgeräte. Granit, der höchsten Qualitätsanforderungen entspricht, kann heute in riesigen Blöcken aus dem Gesteinsverband gelöst werden. Auf einem Raupenträgerfahrzeug sind gleich mehrere Hydraulikhämmer in einer Reihe auf Bohrlafetten angebracht. Dieses Reihenbohrgerät treibt die Bohrungen auf engem Abstand bis zur nächsten Horizontalkluft hinunter. Danach werden in alle Bohrlöcher Sprengschnüre eingebracht, diese untereinander verbunden und durch elektrischen Zünder ausgelöst. Die behutsame Schießspaltung hat eine schiebende Wirkung, der isolierte Block (Abb. K2.6) kann weiter formatiert oder mit einem Großgerät abtransportiert werden (BAUER & HELM 2013). Ferner gibt es die Methode der Diamantseil-Sägetechnik, wie sie schon lange beim Marmorabbau Anwendung findet.

Weiterfahrt nach Fürstenstein, dort rechts auf der Bahnhofstraße 500 m zum Betriebsgelände der Fa. Thiele Bayerwald Granitwerk. Während der Bürozeiten ist das Ausstellungsgelände im ehemaligen Bahnhofssteinbruch geöffnet. Eine Anmeldung im Büro ist notwendig.

K3 Der Bahnhofsbruch von Fürstenstein

Betritt man den längst aufgelassenen, am Bahnhof gelegenen alten Steinbruch der Firma »Thiele Bayerwald Granitwerk« überrascht den Besucher das moderne landschaftsarchitektonische Nutzungskonzept mit stillem See (Abb. K3.1) und Ausstellungsgelände inmitten der Granitrotunde. Dies allein ist schon sehenswert. Zudem finden wir an der Steinbruchwand linkerhand des Zugangs überall Titanitfleckendiorit (Abb. K3.2). Wegen seiner zahllosen, bis 1 Zentimeter großen hellen Flecken ist er gut identifizierbar. Die Flecken sind kugelige helle Reaktionshöfe von glimmerfreiem Plagioklas im Umkreis zentraler, brauner Titanitkristalle. Im hellen Reaktionshof wurde Biotit und vielleicht auch Hornblende aufgelöst und das dadurch freigesetzte Titan dem Titanit ($CaTiSiO_5$) zugesetzt (SIEBEL 2017). Beim Spaziergang um den See ist an der Südseite der umlaufenden Felswand jüngerer Zweiglimmergranit über dem Diorit-Granit-Mischverband erkennbar. Im Westteil dominieren die Schollenkontakte des Mischverbandes, an der Nordwand steht nur Tittlinger Granit an (TROLL 1964, 1967). Der Titanitfleckendiorit ist als kontaktmetamorphe Überprägung des älteren Granodiorits durch den intrudierenden Tittlinger Granit zeitgleich mit diesem entstanden (SIEBEL 2017).

Weiterfahrt nach Tittling und dort auf die B85 Richtung Grafenau, jedoch 300 m nach der Abzweigung Stützersdorf linkerhand einem braunen Wegweiser zum »Granitwerk Krenn« folgen. An der Warntafel vor dem Betriebsgelände parken und vom Betreiber die Erlaubnis zum Betreten des Steinbruchgeländes auf eigene Gefahr erfragen.

Abb. K3.1. Ehemaliger Bahnhofsbruch Fürstenstein mit Ausstellungspark der Firma Granit Thiele.

Abb. K3.2. Titanitfleckendiorit an der Südostwand des ehemaligen Bahnhofsbruchs Fürstenstein.

K4 Der Matzersdorfer Steinbruch der Firma J. Krenn bei Tittling

Die hohe Druckfestigkeit, Gleichkörnigkeit, Dichte und Frostbeständigkeit des graublauen, biotitführenden **mittelkörnigen Tittlinger Granits** führte bereits 1893 zur Lieferung von Werksteinen für den Bau der Tittlinger Pfarrkirche. 1928 wurde die Kachlet-Donau-Staustufe aus Granitquadern vom Matzersdorfer Steinbruch gebaut. Jahrzehntelang stand die Massenproduktion von Rand- und Leistensteinen für den Straßenbau im Mittelpunkt der Verarbeitung. Infolge des hohen Konkurrenzdrucks ausländischen Granits in den 1980 er Jahren wurde die Trendwende zu einem anspruchsvollen Warensortiment mit modernster Technologie eingeleitet (HABEL & HABEL 1996). Heute stehen auch hier Bodenplatten und große »Bänke« für den Hochbau in hochwertigster Qualität im Mittelpunkt.

Auch **grobkörniger bräunlicher Saldenburger Granit** (Abb. 18, S. 14), der sich nach Färbung und Körnung vom Tittlinger Granit klar unterscheidet, kommt mit scharfer Trennlinie randlich im Steinbruch vor. Dies spricht dafür, dass er in den bereits verfestigten Tittlinger Granit intrudierte. Derzeit sind an der Steinbruchwand oberhalb der Kontaktzone faust- bis kopfgroße Schollen im Tittlinger Granit erschlossen. Es sind Stücke dioritischer bis granodioritischer Zusammensetzung, die beim Aufstieg der Granitschmelze gut zugerundet und in diese als »**Dioriteier**« (Abb. K4.1) eingebettet wurden. In Klüften findet man Nontronit belegte Flächen mit Mangan-Dendriten (Abb. K4.2). Am oberen Steinbruchrand stecken einige, durch tertiäre Schalenverwitterung zugerundete Blöcke in der Felswand.

Interessant sind hier wie ehemals auch im Kerber- und Kusser-Bruch am Höhenberg bei Stützersdorf Schlieren und Gänge von Pegmatit (Abb. 22). Er stellt die mit leichtflüchtigen Bestandteilen angereicherte Restschmelze des granitischen Magmas dar. So kann er wegen der daraus resultierenden hohen Mobilität große Aggregate des gleichen Minerals bilden. Sein Quarz-Feldspat-Glimmer-Gemenge fällt grundsätzlich großkörnig aus und zusätzlich können Feldspat (Abb. K4.3) und Quarz in Drusen Kristalle bilden. Da die Restschmelze eine Vielfalt von Elementen, darunter auch seltene Elemente enthält, die aus kristallchemischen Gründen nicht in der Hauptkristallisation enthalten

Abb. K4.1. *»Dioriteier« im feinkörnigen Tittlinger Granit, Steinbruch Matzersdorf.*

Abb. K4.2. *Grüner Nontronit auf Kluftflächen mit Mangandendriten, Steinbruch Matzersdorf bei Tittling.*

sind (TENNYSON 1981), ist sie mineralogisch von größtem Interesse. Am Ende aller Gänge und Klüfte haben sich in den Kristallwasser gefüllten Hohlräumen ideale Wachstumsbedingungen für ungestörte Kristallisation ergeben.

Außer einer Gruppe von 12 Oxiden und nahezu 20 Mineralen aus verschiedenen Mineralklassen brachte der Matzersdorfer Bruch über 30 verschiedene Silikate (HABEL & HABEL 1996), darunter so begehrte Beryllium-Minerale wie Beryll [$Al_2Be_3(Si_6O_{18})$] (Abb. K4.4, K4.5), Milarit [$KCa_2Be_2Al[Si_{12}O_{30}] \cdot H_2O$] (Abb. K4.6), Bavenit [$Ca_4Be_2Al_2Si_9O_{26}(OH)_2$] (Abb. K4.8) und Euklas [$BeAl[OH | SiO_4$]. Nachfolgende hydrothermale Umwandlung führte bei einigen Beryllen zu gebleichten Partien mit einem feinkristallinen Bertrandit-Muskovit-Gemisch. Die teilweise Auflösung eines Beryll-Kristalls konnte auch zu einer Hohlraumpseudomorphose führen, in der als Sekundärmineral mikroskopisch kleine weiße Bertrandit-Kristalle [$Be_4(Si_2O_7)(OH)_2$] (Abb. K4.7) wuchsen. Hübsch

Abb. K4.3. *Orthoklas-Kristalle, Pegmatit Matzersdorf.*

Abb. K4.4. *Beryll-Kristall in einem Pegmatitgang, Matzersdorf.*

Abb. K4.5. Aquamarinfarbener Beryll aus einem Pegmatitgang, Matzersdorf.

Abb. K4.6. Milarit-Kristall in einer kleinen Druse, Pegmatitgang, Matzersdorf. Kristall 6 mm.

Abb. K4.7. Bertrandit-Kristalle im Hohlraum eines hydrothermal ausgelösten Beryll-Kristalls, Pegmatitkluft von Matzersdorf bei Tittling. – Foto: FRIEDRICH PFEIL.

◁ *Abb. K4.8. Stilbit-Kristalle (bräunlich) auf Bavenit-Kristallen (weiß, dünntafelig), Pegmatitkluft von Matzersdorf bei Tittling. – Foto:* FRIEDRICH PFEIL.

Abb. K4.9. Orangefarbene Chabasit-Kristalle und weiße Stilbit-Kristallbüschel, Pegmatitkluft von Stützersdorf bei Tittling. – Foto und Sammlung: GEORG WIMMER.

anzusehen sind auch sog. Zeolith-Minerale (Abb. K4.8, K4.9), z.B. bräunlich-gelblicher Stilbit und orangefarbener Chabasit.

Von 30 Zentimeter langen, bläulichen Beryll-Kristallen der 1960er Jahre schwärmt heute noch jeder Mineraliensammler. Artverwandt mit Aquamarin waren sie leider nicht klar genug, um als Edelstein akzeptiert werden zu können. Auch wenn es sich damals schon um Seltenheiten handelte, sind die besonderen Chancen des Mineraliensammelns der 1960er bis 1980er Jahre, welche sich auch aus der damals noch regen Steinbruchtätigkeit in 30 Betrieben ergaben, längst vorbei. So freuen wir uns über schöne Kristallstufen dieser Zeit, welche noch manche Sammlung enthält und würdigen die alte Fundstelle mit unserem Besuch.

Weiterfahrt über Saldenburg nach Hundsruck zum Gasthaus Klessinger in der Hauptstraße linkerhand kurz vor dem Ortsausgang.

K5 Das Schrazelloch in Hundsruck bei Saldenburg

Schrazellöcher, wie der Volksmund sagt, bzw. »**Erdställe**« entsprechend der Fachterminologie sind im Bayerischen Wald gar nicht so selten, dennoch gibt es nur eines, das derzeit gut zugänglich ist. Dies ist möglich während der Betriebszeiten des Hundsrucker Gasthauses (Besuch Mi–So ab 9 Uhr, Tel. 08504 8239, www.gasthaus-klessinger.de). Der Besuch der unterirdischen Anlage kann wärmstens empfohlen werden. In Anbetracht des niedrigen Ganges besteht vor Ort alternativ die Möglichkeit, das Innere der Anlage auch über eine Filmaufzeichnung zu sehen. Das Hundsrucker Schrazelloch wurde urkundlich bereits 1449 erwähnt und ist ein ca. 20 Meter langes Bauwerk mit unzerstörter Hauptkammer und niedrigem Rundbogengang (Abb. K5.1), welches – wie üblich im Verborgenen – vom früheren Kartoffelkeller des Gasthauses ausgeht. Schrazellöcher gibt es bei den ältesten Bauernhöfen und Mühlen.

Geologische Voraussetzung der Erbauung war hier wie auch bei allen anderen Schrazellöchern des Bayerischen Waldes die tiefgründige tertiäre Verwitterungsdecke (**Gesteinszersatz**, sog. Saprolith; vgl. E1, S. 69) des kristallinen Untergrunds. Hiebspuren spitzer Pickel belegen, dass mit gängigem Eisenwerkzeug der Bauernhöfe die gesamte Anlage aus dem sandigen Zersatz herausgekratzt werden konnte. Die hohe Tragfestigkeit der 3–8 Meter tief liegenden Gänge und Kammern ist selbst nach über 500 Jahren noch ungebrochen. Rundbogenprofile sorgen für zusätzliche Stabilität. In Lockersedimenten oder massivem Fels kommen Schrazellöcher nicht vor.

Abb. K5.1. Rundbogengang von 1 m Höhe im Granitzersatz, Schrazelloch Hundsruck bei Saldenburg. – Foto: Arbeitskreis für Erdstallforschung.

So individuell jede Anlage auch aussehen mag, die Erdställe bestehen aus wiederkehrenden, funktional bestimmten Bauteilen (Abb. K5.2): ein **Einstiegsschacht** vom Kellergeschoss eines bestehenden Gebäudes aus, schmale, meist ca. 80 Zentimeter breite und 90–120 Zentimeter hohe **Gangabschnitte**, **Schlupflöcher/Schlupfröhren** mit einem Querschnitt von 35–70 Zentimetern an der Gelenkstelle zweier in horizontaler oder vertikaler Richtung abweichender Gangteile, eine **Trittstufe** vor einem überhöhten Schlupfloch, **Treppenstufen** bei stärkerem Ganggefälle, kleine **Lichtnischen** (Abb. K5.3) zum Abstellen einer tönernen Talgschale, wie sie in Haus und Hof gängig waren, bei größeren Anlagen ein oder zwei **Kammern** von länglichem oder quadratischem Grundriss mit der Möglichkeit gerade noch zu stehen und eine rundlich-ovale **Schlusskammer** mehrfach mit **Sitzbank** für mindestens zwei Personen.

Ferner gibt es noch einen senkrechten **Bauhilfsschacht**, der von der Oberfläche mehrere Meter in die Tiefe getrieben wurde und die unterste Abbausohle vorgab. Im Haspelbetrieb wird man von hier aus das meiste Bergematerial hochgezogen haben, denn ein aufwärts gerichteter Abtransport durch die gegrabenen Schlupflöcher war wegen der räumlichen Enge nicht möglich. Während der Bauarbeiten erfüllte er auch den Zweck der Frischluftzufuhr. Nach Fertigstellung wurde der Hilfsschacht mit einer Trockenmauer aus Steinen vom Gang abgetrennt, komplett bis zur Erdoberfläche verfüllt und damit unkenntlich gemacht.

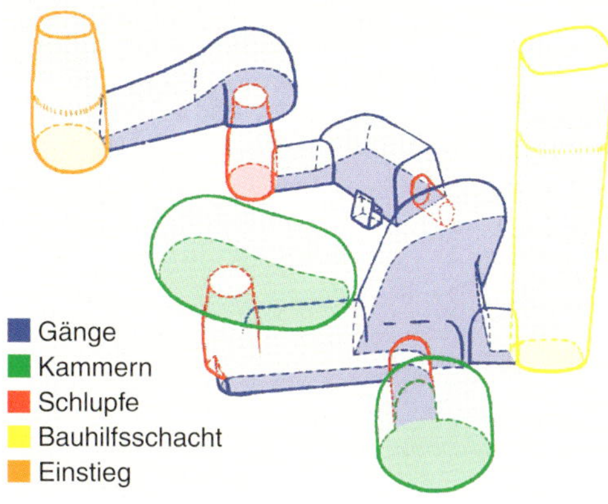

Abb. K5.2. Beispiel einer irrationalen Anordnung verschiedener Abschnitte anhand des Erdstalles Schnepfenbühl. – Modell von HARALD FÄHNRICH, Beschreibung des Erdstalles in: Der Erdstall Nr. 4, Roding 1978, S. 53–61 aus: www.erdstallforschung.de.

Begibt man sich in ein Schrazelloch, so stellt sich nach kürzester Strecke absolute Dunkelheit und Stille ein. Man kommt nur gebückt voran, beiderseits sind die Seitenwände nahe. Jeder **Durchschlupf** (Abb. K5.4) erfolgt in engem Kontakt mit dem umgebenden Gestein und stellt eine besondere körperliche und auch psychische Herausforderung dar. In der Schlusskammer kann man sich nicht des eigenartigen Gefühls von Abgeschiedenheit und Mystik erwehren (SCHWARZFISCHER 1978).

Abb. K5.3. Treppengang mit Lichtnische im Erdstall Rabmühle bei Stamsried, Begehung 1979.

Abb. K5.4. Durchschlupf mit Steinplatte im Erdstall Rabmühle bei Stamsried, Begehung 1979.

^{14}C-Datierungen von Holzkohle aus dem Bauhilfsschacht der Erdställe von Trebersdorf bei Traitsching/Ldkr. Cham und der Höcherlmühle bei Kühried/Ldkr. Schwandorf ergaben **Datierungen von 950–1050 bzw. 954–1071 Jahre n. Chr.** Für den Bayerischen und südlichen Oberpfälzer Wald wird die Anlage von Erdställen im Rahmen einer bäuerlichen **Kolonisierungswelle des 11. und 12. Jahrhunderts** vermutet. Die Nutzung erfolgte offensichtlich durch die Bewohner des darüber liegenden Gebäudes über Generationen hinweg. Keramikscherben des 13. bis 17. Jahrhunderts belegen wiederholte Nutzung und den Zeitpunkt bewusster Verfüllung des Einstiegs. Gegen Ende des Mittelalters wurden offensichtlich keine neuen Erdställe mehr gebaut (WEICHENBERGER 2013).

Bei Bestandserhebungen (SCHWARZFISCHER 1978, AHLBORN 2010) wird immer wieder die Frage nach Sinn und Zweck der aufwändig erbauten mittelalterlichen Erdställe diskutiert. Die Bewohner der privaten, landwirtschaftlichen Anwesen lebten mit ihrem unterirdischen geheimen Gangsystem, dessen enger Einstieg leicht zu tarnen war. Die grenzwertige Bewältigung der Durchschlupfröhren, die unglaubliche Ruhe und Abgeschiedenheit und das gemeinschaftliche Verweilen in der Kammer am Ende sind ein Phänomen, welches nur vom Kultischen her verstanden werden kann. Denkbar wäre ein Ahnenkult verbunden mit dem **Glauben an die Macht der verstorbenen Vorfahren des Anwesens** über **die Lebenden**, wie er z. B. im asiatischen Raum heute noch präsent ist. Diese Vorstellung kann auch bereits in den ältesten, keltenzeitlichen Erdställen Frankreichs und Großbritannien verbreitet gewesen sein, völlig unabhängig von christlichen Jenseitsvorstellungen. An christlichen Zeichen fehlt es in allen Erdställen. Erinnert sei auch an das früher verbreitete **Durchschlupf-Brauchtum**, welches beispielsweise noch für die Zeit um 1900 für einen Durchschlupf zwischen Fels und Kirchenwand von Marienstein bei Falkenstein (SCHWARZFISCHER 1985) belegt ist, wo Gläubige ihre körperlichen Leiden oder seelische Schmerzen abstreifen konnten. Assoziationen wären auch Geburt, Reinigung oder Erneuerung.

Nach dem unteren Ortsende von Hundsruck geht es rechts ab Richtung Eberhardsreuth, dann jedoch vor dem Weiler Hals links Richtung Solla. Kurz vor Loh folgt man dem Hinweisschild zum Wackelstein, parkt kurz nach dem Abbiegen auf der Waldstraße und folgt dem links abbiegenden Wanderweg Nr. 71 die restlichen 400 m bis zum Exkursionsziel.

K 6 Wackelstein bei Loh (610 m)

Einem Zauberwald gleich tauchen plötzlich ungewöhnliche kugelige Gebilde auf einer Bergkuppe auf. Im Umkreis ragen Wollsackformationen aus dem Boden und am höchsten Punkt des flachen Bergrückens eine Felsengruppe mit breiten Klüften. Star des Ensembles ist ein schalenförmiger Wackelstein (Abb. K 6.1) aus Saldenburger Granit: Die Auflagefläche ist so schmal, dass er durch mehrere Personen mit einiger Anstrengung in ein rhythmisches Schaukeln gebracht werden kann. Dasselbe gilt für den Wackelstein am Gibacht im »Regenknie«.

Auch hier stellt sich die Frage nach einem naturheiligen Platz in früherer Zeit und seine kultisch-symbolische Bedeutung. Wenn man beispielsweise den »Goldenen Felsen von Kyaikhtiyo« in Myanmar gesehen und einer der Zeremonien der buddhistischen Bevölkerung vor Ort erlebt hat, kann diesen Zusammenhang nachvollziehen (HAUNER 2018). Gewiss ist nur, dass den Wackelstein von Loh kein Haar von Gautama Buddha im Gleichgewicht halten würde.

Geologisch betrachtet handelt es sich um schalenverwitterte Blöcke (Abb. E 1.3, S. 70) aus alttertiär entstandener kristalliner Zersatzdecke aus bevorzugt grobkörnigem Granit oder Kristallgranit. Sie sind bei uns Vorzeitformen der Natur (HAUNER 2018), die meist noch an Ort und Stelle ihres Entstehens lose im kristallinen Zersatz oder freigespült an der Erdoberfläche liegen. Das nächste Fels-Ensemble folgt 900 Meter weiter Richtung Südwest im gleichen Wald auf 520 Metern Höhe. Die Blöcke sind zahlreicher und zeigen eine größere Formenvielfalt, was durch Gesteinsunterschiede innerhalb des Granitmassivs bewirkt wird. Der Platz wird »Steinernes Kirchlein« genannt und weist Nischen und Felsgassen auf.

Hier endet die Exkursionsroute. Über die historischen Kristallfunde in den Saldenburger Wäldern kann nur berichtet werden.

Abb. K6.1. Wackelstein bei Loh, ein seltenes Gebilde der Natur aus Saldenburger Kristallgranit.

K7 Beryll, Amethyst und Rauchquarz – Historische Funde in den Saldenburger Wäldern

1979 wurden in einer Ansammlung periglazial transportierter Quarzblöcke nahe dem Weiler Hals bei Saldenburg zahlreiche **Beryll-Kristalle** (Abb. K7.1, K7.2) entdeckt, die aus einer grauen Gangquarzmasse stammen. Es handelt sich um grünlich bis gelbbraun gefärbte, hexagonal geformte Kristalle, meist mit Endfläche. Tektonische Beanspruchung führte zu mehrfachen Brüchen, die wiederum mit Quarz und Chlorit verheilt sind. Die Größe der Kristalle ist beachtlich und wird nur noch durch seltene Funde bei Tittling und im historischen Hühnerkobel-Pegmatit im Inneren Bayerischen Wald erreicht.

Zwischen Saldenburg und dem Rothauer See wurde 1970 beim Forststraßenbau in einer insgesamt 10 Kilometer langen, nord-süd-verlaufenden Störungszone ein Quarzgang gefunden, der zonar gefärbte Rauchquarze (Abb. K7.3) von einigen Zentimetern Länge enthielt. Die zonare Färbung wird auf eine entsprechende Verteilung der Spurenelemente Aluminium und Lithium und natürliche γ-Strahlung zurückgeführt (STRUNZ 1971).

Später wurden an anderer Stelle der quarzreichen Störungszone auch kleine Amethyst-Drusen (Abb. K7.4) entdeckt. Die violette Farbe der Kristalle dürfte ähnlich den Amethystquarz-Gängen des Waldviertels von der richtigen Mischung der Spurenelemente Kalium, Aluminium, Lithium und Eisen herrühren.

Abb. K7.1. Gelbbraune Beryll-Kristalle (hexagonale Säulen incl. Kopffläche) in einer Gangquarzmasse, Saldenburger Granit.

Abb. K7.2. Grünlicher Beryll-Kristall in der Gangquarzmasse, Saldenburger Granit.

Abb. K7.3. Rauchquarz als Phantomquarz-Kristalle, Quarzgang in den Saldenburger Wäldern.

Abb. K7.4. Drusenreicher Quarzgang mit Amethyst-Kristallen, Saldenburger Granit.

L Graphit und Kaolin oberhalb der Donauleite

Von Passau aus fahren wir auf der linken Donauseite Richtung Obernzell und biegen in Erlau links nach Kropfmühl ab. Das Besucherbergwerk liegt gut ausgeschildert an der Straße und verfügt über einen großen Parkplatz: Öffnungszeiten: April bis Oktober, Mittwoch bis Sonntag, 10.30–16.30 Uhr, Bergwerksführungen um 11, 13 und 15 Uhr; Eintrittskosten für Infofilm, Führung unter Tage und Graphiteum, aktuelle Information: www.graphit-bbw.de.

L1 Besucherbergwerk und Graphitbergbau Kropfmühl

Mit Ausnahme des Salzbergwerks Berchtesgaden gibt es in Kropfmühl den einzigen noch aktiven Untertagebau in Bayern und ohnehin das einzige Graphitbergwerk in Deutschland. Der oberflächennahe Teil der Lagerstätte ist über den Maxstollen und alte Abbau-Firste bis zur 4. Sohle (42 m Tiefe) als **Besucherbergwerk** erschlossen. Hier bekommt man einen idealen Eindruck vom traditionellen Erzbergbau untertage. Ausgerüstet mit Helm und Schutzkleidung geht es bei der überaus empfehlenswerten Führung hinunter zu den alten Abbaustellen, wo noch authentisches Arbeitsgerät, wie Pressluft betriebenes Bohrgerät (Abb. L1.2), ein Ladefahrzeug, eine Grubenlok oder ein erzbeladener Grubenzug (Abb. L1.3)

Abb. L1.1. Graphitflocken im Diatexit von Spießbrunn bei Breitenberg. – Foto: JOSEF PENZKOFER.

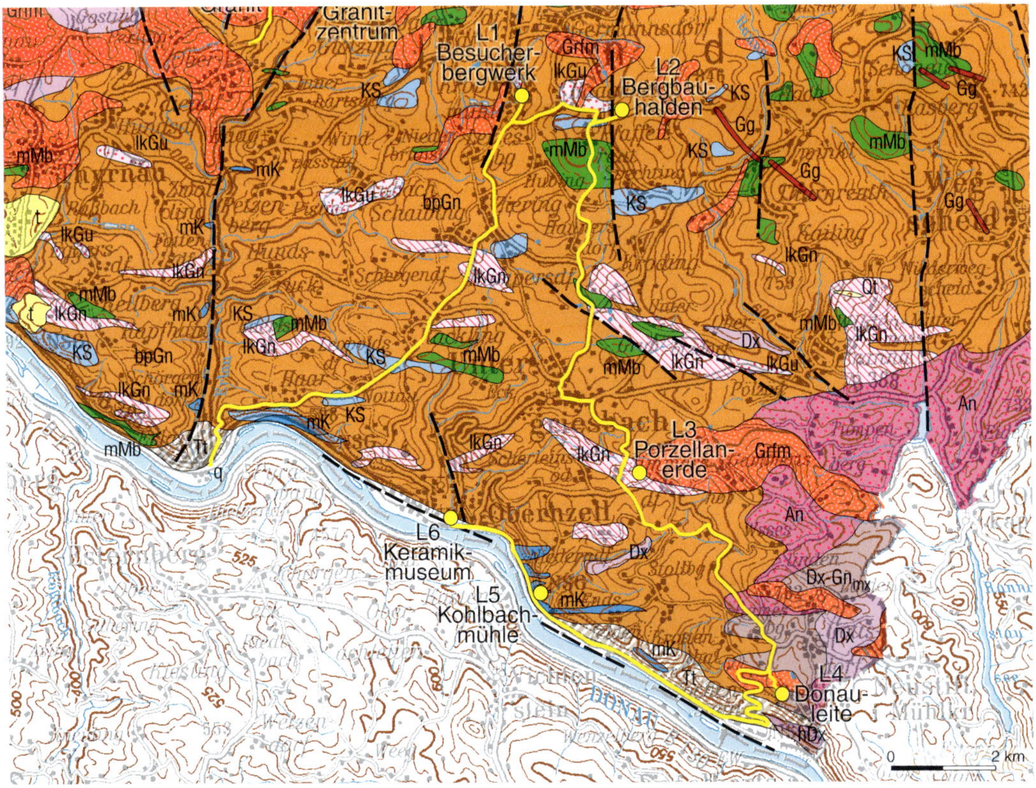

Abb. L 1.2. Pressluftbetriebenes Bohrgerät der 1980er Jahre im Besucherbergwerk Kropfmühl.

Abb. L 1.3. Grubenzug auf der 40-Meter-Sohle des Besucherbergwerks Kropfmühl.

Abb. L 1.4. Calcit-Kristallstufe des Bergwerksmuseums, Fund im »Ewigkeitsstollen« des Graphitbergwerks Kropfmühl, 1976. – Foto: Graphit Kropfmühl Besucherbergwerk gGmbH.

gezeigt werden können. Man geht durch die alten Strecken, erfährt Wissenswertes über die Arbeit der Bergleute untertage und erkennt vor Ort die glitzernden Graphitlinsen und -flöze im stark gefalteten Graphitgneisgebirge. Ergänzend informiert das 2016 eröffnete **Graphiteum** auf 350 Quadratmetern über den Rohstoff Graphit, die Geschichte des Bergbaus, die frühere Graphit-Verwendung und über moderne und zukünftige Anwendungsbereiche. Gesteine und seltene Funde (Abb. L 1.4) aus riesigen Kristalldrusen, die 1974 untertage beim »Ewigkeitsstollen« gemacht wurden, werden ebenfalls präsentiert.

1870 begann der Graphitabbau in Kropfmühl. Über 100 Kilometer Strecken verlaufen untertage. Mehr als 2,5 Mio. Tonnen Roherz wurde aus der Grube gefördert. Als China vor der Jahrtausendwende in großen Mengen billigen Graphit exportierte und mit 70 % Anteil Weltmarktführer wurde, erzwang das Preisdumping die Einstellung der Arbeiten im Bergwerk Kropfmühl. Die Schachtanlage ging aber nur in Wartestellung. Seit Juni 2012 wird in Kropfmühl wieder Graphit gefördert, weil in Deutschland und Europa die

Erzeugung von Reinstgraphit mittlerweile von essentieller industrieller Bedeutung ist. Höchste Qualität veredelten Naturgraphits in Pulvermetallurgie, Bauchemie, Kunststoffherstellung, im Automobilbau, Elektrofahrzeugbau und im High-Tech-Bereich ist gefragt. 2012 erfolgte die Verschmelzung der Graphit Kropfmühl AG mit der AMG Mining AG, eine 100-prozentige Tochter der AMG (Advanced Metallurgical Group N.V.). 2014 wurde daraus die **Graphit Kropfmühl GmbH** ausgegliedert. Zusätzliche Rohstoffsicherung in Zimbabwe, Sri Lanka und anderen Ländern sowie eigene Produktions- und Vertriebs-Standorte in drei Kontinenten machen die Firma zum weltweit führenden Anbieter für veredelten Naturgraphit.

Abb. L1.5. Förderschacht des Graphitbergwerks Kropfmühl, Aufnahme 2015.

Die 1 × 3,5 Kilometer große **Graphitlagerstätte Kropfmühl** ist durch den Erhard-Schacht (Abb. L1.5) von der 5. bis zur 12. Abbau-Sohle in 270 Metern Teufe erschlossen. Derzeit wird im Bereich der 9. und 10. Sohle in Teufen von 165 Metern bis über 200 Meter abgebaut. Außer dem Förderschacht befinden sich auf dem Werksgelände große Gebäude zur Erzaufbereitung und Konzentratherstellung (10 000 t Jahr 2015): Anlagen zur mechanischen Zerkleinerung des Roherzes mit Brecheranlage und Kugelmühle, die Nassflotation mit dem Ziel der Trennung des Graphits von anderen Mineralen und einer Anhebung des Kohlenstoffgehalts auf 98 %, Anlagen zum Sieben und Mahlen, die chemische Reinigung mit Säuren für Reinheitsgrade bis 99 %, die chemische-thermische Reinigung zur Erzeugung von Reinheitsgraden von 99,99 % und abschließendes Mahlen und Fraktionieren auf anwendungsorientierte Korngrößen bis unter 2 µm.

Geologische Situation (KRÜGER et al. 2017). Südlich der Linie Hauzenberg–Sonnen sind im Naturraum Wegscheider Hochfläche besondere Gesteine verbreitet, die als **»Bunte Gruppe« hochgradig metamorpher Gesteine** zusammengefasst werden, ein Gesteinspaket aus dunklen, teilweise **Graphit führenden (Granat-Plagioklas-)Biotit-Gneisen** (Abb. L1.6), hellen quarzitischen Gneisen, Amphibolit-Lagen, Kalksilikatmarmoren und Kalksilikatfelsen. Die Wechsellagerungen von mächtigen Gneispaketen und dünnen Kalksilikat-Lagen spiegeln den Aufbau einer **500–550 Mio. Jahre alten Sedimentfolge aus Grauwacken, Kalken, Tonen und vulkanischen Schichten** wieder. Ablagerungsraum war ein Kontinentalrand mit Vulkanen (ROHRMÜLLER, GEBAUER & MIELKE 2000). Der Graphit in der Lagerstätte ist organischen Ursprungs (WEBER 1987). Er entstammt Faulschlamm-Sedimenten in einem Ablagerungsmilieu ohne Wasseraustausch, also extrem

Abb. L1.6. Graphitführender Biotit-Gneis, Bergwerk Kropfmühl.

Abb. L1.7. Graphitflöz im bergfrischen Zustand aus dem Graphitbergwerk Kropfmühl.

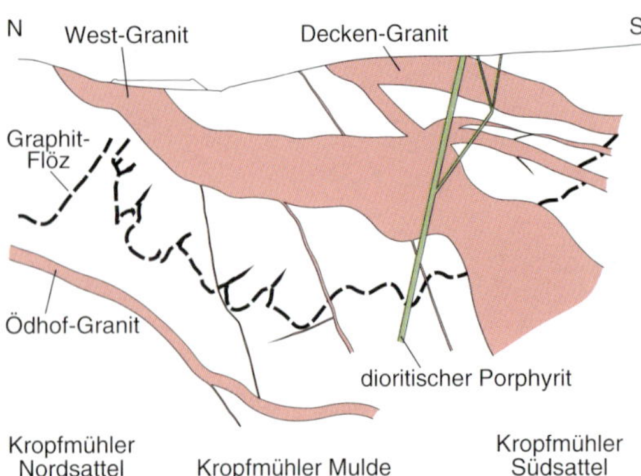

Abb. L1.8. Graphit-Lagerstätte Kropfmühl, Nord-Süd-Profil auf 700 m Länge. – Quelle: GK Graphit Kropfmühl GmbH.

wenig Sauerstoff dafür aber Schwefelwasserstoff (H_2S). Anschließend wurde das Sedimentpaket durch plattentektonische Vorgänge in größere Tiefen abgesenkt und bei hohem Druck und hoher Temperatur während der »**kaledonischen Gebirgsbildung**« umgewandelt. Der damaligen Gebirgsbildung hat der Graphit führende Gneis seine Faltenbildungen zu verdanken.

Graphitflocken mit 0,3–0,8 Millimeter Größe (Abb. L1.1) und Miniatur-Flockenverbände von 1 Millimeter Größe sind in den Biotitgneisen des Raumes weit verbreitet, aber dünn gestreut. Anreicherungen der Graphitflocken in Form eines **Graphit-Flözes** (Abb. L1.7) sind im Bergwerk immer wieder gekappt, was den Bergbau untertage nicht gerade erleichtert. Dies liegt einerseits an der extremen Faltung des Gneises mit Mulden und Sätteln, der späteren tektonischen Zerstü-

Abb. L1.9. Reflektierende Graphitflocken in dem durch Fe-Sulfid (Pyrrhotin) bräunlich gefärbten Graphit-Gneis, Haldenfund Kropfmühl.

Abb. L1.10. Titanit-Kristalle im Nebengestein des Graphitbergwerks Kropfmühl.

ckelung durch Granitgänge und dioritische Porphyrgänge sowie einer jüngeren Nord-Süd-Störung mit deutlichem seitlichen Versatz. Heute weiß man, dass die Lagerstätte nur aus einem einzigen, stark deformierten Graphit-Flöz besteht (KRÜGER et al. 2017). Eine Vorstellung davon vermittelt ein Lagerstätten-Querprofil der Graphit Kropfmühl GmbH (Abb. L1.8). Man darf sich also nicht wundern, dass das oberflächennah auf der Linie Kropfmühl–Pfaffenreut anstehende Graphit-Flöz einer weit ausgebreiteten, zerschnittenen Decke gleich in den Biotit-Gneis-Untergrund abtaucht in Richtung Süden als Sattel auf der Linie Schaibling–Ficht und dann ein drittes Mal auf der Linie Haar–Diendorf an die Tagesoberfläche kommt. Durch Gebirgstektonik davon getrennt, liegt das westlichste Graphitvorkommen räumlich isoliert im Biotit-Plagioklas-Gneis bei Hirzing/Gde. Tiefenbach, wo es bis 1939 in der Dreieinigkeitszeche abgebaut wurde (REISCH 2015).

Außer dem gesuchten Rohstoff kommen in der Graphitlagerstätte auch grüner Feldspat (Andesin) und Hornblende sowie untergeordnet die Erze Pyrrhotin (Abb. L1.9), Pyrit, Magnetkies, Markasit und Zinkblende vor (WIMMER 1981). Einen hohen wissenschaftsgeschichtlichen Stellenwert haben aber die bräunlichen, »briefkuvertförmigen« Titanit-Kristalle (Abb. L1.10) der Lagerstätte. Denn 1795 verifizierte der deutsche Chemiker M.-H. KLAPROTH die **Entdeckung des Elements Titan** anlässlich einer vom Bergbauunternehmen in Auftrag gegebenen Erzanalyse eines Fundes aus der »Graphitgrube bei Hauzenberg« (gemeint war Kropfmühl) und benannte das neue Mineral »Titanit« ($CaTiSiO_5$). **Kropfmühl ist die Typlokalität des Titanits.**

Etwa 300 m geht es auf der Straße nach Erlau zurück, dann aber links ab nach Haagwies. Im Ort folgen wir rechts der Teerstraße »Gartenweg« hinauf zu einem Schachtgebäude aus Holz, das von der Straße aus gut zu sehen ist.

L2 Graphitabbau bei Pfaffenreut

1 Auf der Fahrt nach Pfaffenreut kommen wir in Haagwies am restaurierten **Schachtgebäude des Scherlesreuther Schachts** vorbei, der 1916 von der Fa. »Vereinigte Schmelztiegelfabriken und Graphitwerke JOSEPH KAUFMANN, GEORG SAXINGER jun. & Co., Obernzell« abgeteuft und unterirdisch ab 1933 mit dem Grubengebäude des Graphitwerks Kropfmühl verbunden wurde. Er war der Erzförderung mit Haspel und dem Transport tauben Gesteins vorbehalten. Informationstafeln zeigen einen Seigerriss der Grube und erläutern die Bergbaugeschichte. Verfallene Schächte, Pingen und Halden im Wald hinter dem Schacht und hinunter bis Kropfmühl sind Zeichen des regen Graphitabbaus

Abb. L2.1. Blick vom Rand der Wegscheider Hochfläche (Rumpffläche) über das Graphit-Dorf Pfaffenreut (620 m) auf den tiefer liegenden Passauer Vorwald.

Abb. L2.2. Bretterhütte mit Schachtanlage im Pfaffenreuter Graphitgrubenfeld. – Aufnahme des Geologen Prof. E. WEINSCHENK 1914, Abb. 35.

Abb. L2.3. Bauernknechte am Förderhaspel im Pfaffenreuter Grubenfeld. – Aufnahme E. WEINSCHENK 1914, Abb. 36.

von Kleinbetrieben und saisonalem Abbau durch Bauern als Grundeigentümern im 19. Jahrhundert. Schwierigkeiten mit dem Grundwasser setzten damals in 20 bis 30 Metern Tiefe dem Abbau Grenzen oder erzwangen eine Betriebskooperation wegen der Wasserhaltung und »Wetterführung«.

2. Ein Kilometer östlich liegt über dem gleichen Graphitflöz das Dorf Pfaffenreut (Abb. L2.1) mit einer repräsentative Bürgervilla und bäuerlichen Granitsteinhäusern. Die Bauern hatten das Glück, als Grundstücksbesitzer unmittelbar unter ihrem Ackerboden auf den »Ausbiss« des Graphitflözes zu stoßen und das Recht, ihren Graphit auszugraben. Schwarze Erde war ein untrügliches Anzeichen, man sieht sie heute noch. Vom 16. bis 19. Jahrhundert reichte es aus, wenn die Knechte im Anschluss an die Ernte den Ackerboden entfernten, nebenan zwischenlagerten, den sog. »Schwarzen« ausgruben und mit Pferdefuhrwerken in sog. »**Truhen**« **nach Obernzell** brachten. Als Maßeinheit waren diese mit 14 Zentnern rohen und schuppigen Graphits gefüllt. In der Chronik des Hochstifts Passau von 1796 wird berichtet, dass im Frühjahr die Gruben wieder zugeworfen und Rüben oder anderes darauf angebaut werden. Mitte des 19. Jahrhunderts ging man zur Haspelförderung unter luftigem Holzdach über (Abb. L2.2, L2.3), teufte 20 Meter tiefe Schächte ab und stellte die ersten Bergleute ein.

Abb. L2.4. Bohrkerne der geologischen Untersuchung aus dem Pfaffenreuter Teil des Graphitflözes.

Abb. L2.5. Blauquarz, Zwingauer Schacht/Graphitbergwerk Kropfmühl. – Foto: GEORG WIMMER.

Abb. L 2.6. Vesuvian, Zwingauer Schacht/Graphitbergwerk Kropfmühl. – Foto: Georg Wimmer.

Abb. L 2.7. Diopsid-Kristalle (2 mm), Zwingauer Schacht/Graphitbergwerk Kropfmühl. – Foto: Georg Wimmer.

Abb. L 2.8. Hellvioletter Spinell und orangefarbener Klinohumit, Scherlesreuther Schacht/Graphitbergwerk Kropfmühl. – Foto: Georg Wimmer.

Abb. L 2.9. Grüner Chloropal (mit Nontronit) aus dem Nebengestein der Graphitflöze, Ficht. – Foto: Georg Wimmer.

Abb. L 2.10. Zweifarbiger Opal aus dem Nebengestein der Graphitflöze, Ficht. – Foto: Georg Wimmer.

◁ *Abb. L 2.11. Batavit, Zwingauer Schacht/Graphitbergwerk Kropfmühl. – Foto:* Georg Wimmer.

Abb. L2.12. Halden der Graphitgräberei im Pfaffenreuter Bauernwald.

So prägte im 19. und Anfang des 20. Jahrhundert eine Vielzahl von Schächten das Bild in der weiteren Umgebung. Nach und nach löste der bergmännische Betrieb die »**Bauerngräberei**« ab. 1914 boomte der Bergbau kurzfristig als kriegswichtiges Mineral mit 46 Einzelunternehmen und Gewerkschaften. 1937 wurde das vorher den Grundeigentümern gehörende Mineral unter Staatsvorbehalt gestellt und die bestehende Gesellschaft Kropfmühl in eine Aktiengesellschaft umgewandelt. In diese wurde das letzte tätige bäuerliche Unternehmen integriert. Mit den übrigen Pfaffenreuter Bauern wurden Abbauverträge geschlossen (GOHLA 1984). In den 1960er Jahren fanden umfangreiche lagerstättenkundliche Untersuchungen (Abb. L2.4) statt.

Die noch vor einigen Jahrzehnten bestehende Pfaffenreuther Schachtanlage »**Zwingauer Schacht**« mit ihren für Mineraliensammler ergiebigen Halden ist längst abgetragen. Das Betriebsgelände ist eingeebnet. So kann nur berichtet werden über historische Mineralfunde (WIMMER 1981) im Graphitgneis (Blauquarz, Abb. L2.5), in Marmorpartien der Lagerstätte (Vesuvian, Abb. L2.6; Diopsid, Abb. L2.7; Spinell und Klinohumit, Abb. L2.8) und späten Umwandlungsprodukten (Chloropal, Abb. L2.9; Mischung Chlor- mit Leberopal, Abb. L2.10, und **Batavit**, eine Fe- und Ni-freie Varietät des Schichtsilikats Vermiculit, die E. WEINSCHENK nach der Stadt Passau benannt hatte, Abb. L2.11).

Nach Querung der überörtlichen Hauptstraße am östlichen Ortsrand biegt man unmittelbar danach links in einen unbefestigten Weg ein, dem man 300 m weit durch den Wald folgt bis rechts und dann auch links Halden und Gruben erkennbar sind.

3. Alte, eindrucksvolle **Bergbauhalden und Trichtergruben** (Abb. L2.12) der Graphitgräberei durchziehen den Wald oberhalb von Pfaffenreut jenseits der Hauptstraße in der heute bewaldeten Flur Stierweide. Hier begann der Abbau um 1750/60.

Es geht zurück zur Ortsmitte von Pfaffenreut und dann über Haunersdorf, Untergriesbach (hier links abbiegen und am Ortsende rechts) und Diendorf bis zur Wegekreuzung auf der Hochfläche vor Weiterfahrt zum Kronawitthof.

L3 Porzellanerde für die Porzellan-Manufaktur Nymphenburg

Das Wegekreuz an der Straßenkreuzung in 553 Metern Höhe könnte nicht besser die ±550-Meter-Rumpffläche markieren (Abb. L3.1). Von Exkursionen entlang des Donautales wissen wir, dass unter dem Lössboden am Südrand des Bayerischen Waldes eine tiefgründige Zersatzdecke des kristallinen Gesteins (Saprolith) zu erwarten ist, die klimagesteuert durch intensive chemische Verwitterung im Alttertiär (Palaeogen) entstand. Hauptkennzeichen ist die Bildung der Tonminerale Kaolinit und Halloysit (HAUNER & KROMER 1984) als Verwitterungsprodukte von Feldspäten in lateritischen Böden über tiefgründig zersetztem Ausgangsgestein. Dies ist hier feinkörniger Gneis (Abb. L3.2) mit ausschließlich hellen Bestandteilen (»leukokrater Gneis«) von Feldspat, Quarz und Muskovit-Glimmer.

Es ist denkbar, dass man im Raum Diendorf–Willersdorf–Lämmersdorf, sensibilisiert durch Feldfunde der »schwarzen Erde« in Hohlwegen auf »weiße Erde« aufmerksam wurde und Proben an die Hafner in Obernzell und von dort zur Begutachtung nach Wien weitergab. Jedenfalls kannte der Meissener Überläufer CHRISTOPH KONRAD HUNGER, der die Wiener Porzellanmanufaktur einzurichten half, im Jahr **1718** bereits die sog. »**Passauer Erde**« und gab Bestellungen auf.

Vom nordwestlichsten Fundort Leopoldsdorf (500 m) bis Stollberg (522 m), dem südöstlichsten, liegen alle Fundpunkte auf der ±550-Meter-Rumpffläche. Im 8×4 Kilometer großen Kerngebiet kam

Abb. L3.1. Alttertiäre ±550-Meter-Rumpffläche bei Diendorf südlich von Untergriesbach, im Hintergrund der Haugstein (895 m) im Sauwald jenseits des Donautales.

es zu einer flächenhaften Tiefenverwitterung im Alttertiär mit Kaolinanreicherung in situ. Untrügliches Anzeichen für tiefer liegenden Kaolin war bei der Anlage von 1–2 Meter tiefen Suchgräben sog. »**Mog**«, die graue Verwitterungsschicht eines Mineralgemenges aus Opal, Tremolit etc. Der

Abb. L3.2. Zersetzter leukokrater Gneis als Ausgangsgestein der Porzellanerde, Diendorf bei Untergriesbach.

Abb. L3.3. Porzellanerde (pulverig im Glas und in Stücken, verunreinigt durch »Mog« auf Klüften) mit Originaletikett incl. 1 cm^3-Würfel zur Größenbestimmung). Probenahme am Gebrechtshof bei Untergriesbach durch A. Schneider am 25.07.1857 im Rahmen der Geognostischen Landesaufnahme des Königreichs Bayern unter C. W. Gümbel. – Geowissenschaftliche Sammlung des Landesamtes für Umwelt.

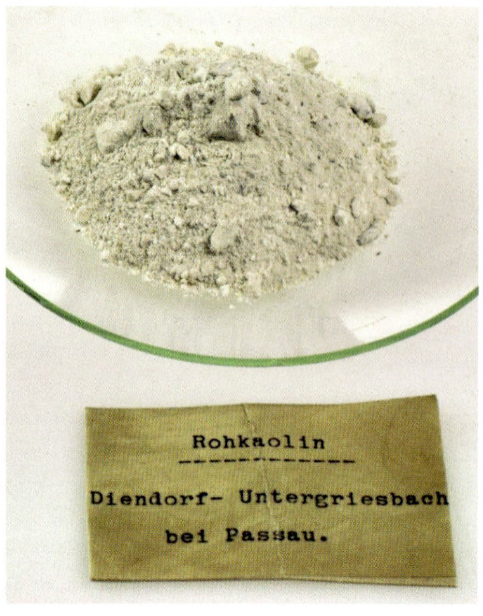

◁ *Abb. L3.4. Porzellanerde (Rohkaolin, geringfügig verunreinigt durch »Mog«) von Diendorf bei Untergriesbach. Probenahme 1857 im Rahmen der Geognostischen Landesaufnahme des Königreichs Bayern unter C. W. Gümbel. – Geowissenschaftliche Sammlung des Landesamtes für Umwelt.*

Abbau der 10–90 Zentimeter mächtigen Kaolinschicht erfolgte auf landwirtschaftlicher Flur nach der Erntezeit und während des Winters in flachen Gruben. Fortschreitender Abbau zwang im 19. Jh. dann zu 5–6 Meter tiefen, mit Holzausbau notdürftig gesicherten Schächten. Ausführlich widmete sich die Geognostische Landesaufnahme des Königreichs Bayern (Gümbel 1868) den Porzellanerdelagern und nahm Proben ergiebiger Fundstellen mit, die heute noch in der Geowissenschaftlichen Sammlung des Landesamtes für Umwelt aufbewahrt werden (Abb. L3.3, Abb. L3.4).

»Die Porzellanerde ist von vorzüglicher Güte und die beste in Deutschland*. Ihre Gewinnung hat um das Jahr 1735 zuerst in Lemmersdorf begonnen, und wird gegenwärtig in die Porzellan-Fabriken nach Nymphenburg und Regensburg, dann geschlemmt vorzüglich aus den Gruben von Kronwitshof nach Wien abgesetzt.«* (Fr. Foetterle, Verzeichnis der an die k.k. geologische Reichsanstalt gelangten Einsendungen von Mineralien, Gebirgsarten usw., 1851: S. 145; Wien).

Im Jahr 1747 hatte Kurfürst Maximilian III. Joseph die Porzellan-Manufaktur in München eingerichtet und ließ von Anfang an »weiße Erde« aus dem fürstbischöflichen Hochstift Passau vom Obernzeller Bürger und Hafnermeister Ph. Stallmayer liefern (Hofmann 1922). Die mehrjährige Suche nach optimalen Verfahren der Porzellanherstellung und farbiger Bemalung sowie der Qualitätsvergleich mit Porzellanerden aus dem Kurfürstentum Bayern führte ab 1754 zur ausschließlichen Verwendung der »Passauer Erde« in der kurfürstlichen Porzellan-Manufaktur und zur Anstellung des italienischen Bildhauers **Franz Anton Bustelli als Modellmeister**. 1761 konnte die **Porzellan-Manufaktur Nymphenburg** in das Nymphenburger Schlossrondell einziehen. Meister Bustelli besuchte 1762 Obernzell und die Kaolinvorkommen und hat »die besten Erden erkauffet« (Ducret 1974). So konnten aus dem Kaolin des Passauer Raumes die von Bustelli entworfenen **Commedia-dell'Arte-Figuren** (Abb. L3.5) entstehen, künstlerischer Höhepunkt seines Schaffens und Grundlage des legendären Rufs der Porzellan-Manufaktur Nymphenburg. 150 Jahre lang wurde mit dem

Abb. L3.5. Leda. Entwurf: Franz Anton Bustelli, 1760, Kurfürstliche Porzellan-Manufaktur. – Porzellan-Manufaktur Nymphenburg.

begehrten Rohstoff aus dem Passauer Porzellanerdegebiet gearbeitet. Mitte des 19. Jahrhunderts war das Rohstoffangebot wegen der hohen Zahl von 60 bäuerlichen Abbaubetrieben besonders hoch, gegen Ende des Jahrhunderts lief die Rohstoffgewinnung wegen Erschöpfung der Lagerstätten aus.

Am Kronawitthof vorbei geht die Fahrt nach Unteröd und dann Richtung Jochenstein. Bei Riedlerhof biegt man links auf einer schmalen Teerstraße nach Riedl ab und folgt 100 m später dem rechts abbiegenden Wanderweg »Donausteig« zum Ebenstein. Am Waldrand kann man parken und geht links den etwa 600 m langen, anfangs am Waldrand entlang führenden Wanderweg bis zur Kapelle Ebenstein.

L4 Felswände der Donauleite – Wanderung zur Kapelle Ebenstein

Der Wanderweg führt kurz vor der Kapelle an Felsgruppen biotitreichen Gneises vorbei, in den vor 340–335 Mio. Jahren (Teipel et al. 2008) Granit in der Frühphase magmatischer Intrusionen eingedrungen war. Von der **Gneisplattform bei der Kapelle Ebenstein** in 582 Metern Höhe (Abb. L4.1) hat man den allerschönsten Blick auf das 300 Meter tief eingeschnittene Donautal in Richtung des Wallfahrtsortes Engelhartszell. Unterhalb der Felsen liegt das Kraftwerk Jochenstein. Auffällig ist die durchgängige Horizontlinie beiderseits der Donau. Die bei Diendorf registrierte ±550-Meter-Rumpffläche findet jenseits des Flusses ihre Fortführung und belegt ein alttertiäres Plateau am Südrand des Kristallins aus dem Zeitraum vor 66–23 Mio. Jahren, das bis ins Mühlviertel reicht.

Es geht auf derselben Strecke zurück und dann Richtung Jochenstein ins Donautal hinunter. Vor der ersten Serpentine lohnt sich an einem randlichen Parkplatz ein kurzer Halt.

Ein Blick auf den felsigen Straßenaufschluss gegenüber zeigt starke bruchtektonische Zerklüftung (Abb. L4.2) und Pressung des ehemaligen Biotit-Plagioklas-Lagengneises. Bei näherer Betrachtung

Abb. L4.1. Blick von der Kapelle Ebenstein über das Durchbruchstal der Donau auf Engelhartszell.

Abb. L4.2. Gesteine der Donauleite entlang der Serpentinenstraße unterhalb Ebenstein.

Abb. L4.3. Nahezu vollständig rekristallisierter körniger Mylonit mit Feldspateinschlüssen aus ehemaligem Biotit-Plagioklas-Lagengneis, Donauleite oberhalb Jochenstein.

(Abb. L4.3) erkennt man deformierten, nahezu vollständig rekristallisierten körnigen Mylonit mit zugerundeten Feldspateinschlüssen und abwechselnd dunklen und hellen Lagen. Wir befinden uns also nicht mehr im ungestörten Gneisgestein sondern in der **bruchtektonischen Zone der »Donauleite«**, die nicht nur während der Phase der Mylonit-Entstehung, sondern auch am Ende des Tertiärs aktiv gewesen ist.

An der Staustufe Jochenstein vorbei geht es donauaufwärts bis zum Parkplatz am Wirtshaus Kohlbachmühle. Hier besteht auch Einkehrmöglichkeit.

L5 Kohlbachmühle: Donaudurchbruch, Ur-Donau und »Eozoon bavaricum«

Von Erlau bis Engelhartszell fließt die Donau (Abb. L5.1) in einem tief eingeschnittenen **Kerbsohlental** zwischen dem Passauer Vorwald und dem österreichischen Sauwald. Sie folgt der tektonischen Störungslinie der »Donauleite«. Flussaufwärts reihen sich noch manche Störungsabschnitte z. B. beim Schaldinger Löwendenkmal oder vor Winzer aneinander, so dass sich insgesamt ein **70 Kilometer langer Donaudurchbruch** durch das Kristallin ergibt.

Gegen Ende des Jungtertiärs erfolgte **vor 5,3–2,6 Mio. Jahren (Pliozän) eine tektonische Hebung am Südrand der moldanubischen Grundgebirgsscholle** und erfasste den Südrand des Vorderen Bayerischen Waldes, den österreichischen Sauwald und das anschließende Mühlviertel (STEININGER & ROETZEL 2008). Dies hatte eine kräftige **Eintiefung aller betroffenen Flussläufe am Unterlauf des Ur-Inns, der Ur-Salzach, der Ur-Donau und ihrer Zuflüsse** (z. B. Ur-Ilz) aus dem Passauer Vorwald zur Folge. Entscheidend war, dass die Ur-Donau im Verbund mit dem Inn (STADLER 1925) als Vorfluter mit der Hebung Schritt halten konnte, deshalb der Begriff »**antezedentes Durchbruchstal**«. Hier hatte Bruchtektonik abschnittsweise durch westnordwest-ostsüdost verlaufende Vertikalklüfte (TEIPEL et al. 2008) eine Schwächezone markiert. Und hier konnte die Tiefenerosion in Zeiten hohen Wasseraufkommens ansetzen und die V-förmige Eintiefung vorantreiben.

Seitlich versetzte Störungsabschnitte in der Größenordnung von 1–2 Kilometern haben die Donau gelegentlich in eine scharfe Kurve gezwungen, ansonsten läuft sie geradlinig auf der Bruchlinie und mäandriert nicht, wie man auch auf der Exkursionskarte sehen kann. All dies sehen wir von Kohlbachmühle aus. Vergleichbare Situationen ergeben sich auch in der Kurve bei Erlau, am westlichen Stadtrand

Abb. L5.1. Antezedentes Durchbruchstal der Donau oberhalb Jochenstein.

von Passau oder donauaufwärts bei Sandbach. Die pliozän-altpleistozäne Eintiefung betrug deutlich mehr als 100 Meter (Keim et al. 2004). Entsprechend finden wir **Hochflächenschotter** der Ur-Donau in Höhenlagen von ca. 420 Metern auf landwirtschaftlicher Flur, die zur Zeit der Aussaat aussehen kann wie ein nachlässig geernteter Kartoffelacker (Abb. L5.2). So zahlreich sind die im Spättertiär transportierten Quarzgerölle.

Hauptgrund der gigantischen Erosionsleistung war das **Ur-Donau-Entwässerungssystem**. Es baute sich in Folge des Einsinkens des Pannonischen Beckens in Ungarn vor ca. 8 Mio. Jahren rückschreitend vom Wiener Becken über die Wachau, wo ein obermiozäner Vorläufer vorgearbeitet hatte (Steininger & Roetzel 2008), und das südbayerische Molassebecken in Richtung Schwarzwald durch Flussanzapfungen aus. Außer allen heutigen Nebenflüssen flossen der Ur-Donau zusätzlich östlich des Rieses der Ur-Main und am Südrand des Schwarzwaldes die Ur-Aare zu. Diese **Aare-Donau** hatte 4 Mio. Jahre lang Bestand. Genügend Zeit, um das Durchbruchstal entlang der Donauleite bei Jochenstein gewaltig einzutiefen. Denn ihr Einzugsgebiet reichte von den Zentralalpen bis zur deutschen Mittelgebirgsschwelle. Ihre Hochschotter lagerte sie im Südschwarzwald und auf den Plateaus der Schwäbischen Alb 200 Meter über dem heutigen

Abb. L5.2. Pliozäner Hochflächenschotter der Ur-Donau auf dem Plateau von Sieglgut (Ausfahrt B12) oberhalb von Passau (419 m): gerundete, faustgroße Quarzgerölle der Ur-Donau.

Abb. L5.3. Ophicalcit-Marmor mit grünen Flecken aus Forsterit: GÜMBELS *»Eozoon Bavaricum« von Steinhag.*

Abb. L5.4. Dolomitmarmor mit fein verteilten hellgrünen Flecken von Forsterit, Marmorkalkbruch bei Zwölfling zwischen Thyrnau und dem Fluss Erlau. Sammlung MICHAEL HAIMERL.

Abb. L5.5. Spinell-Kristall in Oktaederform im Marmor von Hausbach. Ausstellungsobjekt des Urweltmuseum Forsthart.

Niveau der Donau bei Ulm (s. Band 32) und 125 Meter über jenem bei Passau ab. Im jüngeren Pliozän verlor die Ur-Donau durch Aufwölbung des Juras die Aare, während des Ältestpleistozäns den Main und vor der Rißeiszeit den Alpenrhein.

90 Meter über dem Talgrund bei Kohlbachmühle liegt ein heute verstürztes **Marmorvorkommen**, in dem bei der Geognostischen Landesaufnahme des Königreichs Bayern unter C. W. GÜMBEL merkwürdige Strukturen im Marmor gefunden wurden. Angeregt durch aktuelle Funde auf den Britischen Inseln wurden sie anfangs als älteste Spuren organischen Lebens gedeutet. Ein bayerisches Urviech, das »**Eozoon bavaricum**« schien entdeckt worden zu sein. 1894 erkannte man die anorganische Entstehung aus dunkelgrünen Kalksilikaten und bestimmte das Gestein als **Ophicalcit** (Abb. L5.3).

Wie kam es zur Entstehung der Marmorvorkommen und des Ophicalcits? Schicht- und linsenförmige Marmorvorkommen im Passauer Vorwald und entlang der Donauleite von Wimhof bei Vilshofen über Steinhag bei Obernzell bis zum Kohlbruch sind nicht selten. Überwiegend handelt es sich um **Dolomitmarmor**. Er bildet große homogene Massen, zeigt aber auch Bänderung (z. B. Serpentinbänder) in Abhängigkeit von der Schichtung mergeliger oder mergelfreier Dolomitlagen des Ausgangsgesteins. In Partien silikatreichen Dolomits, der auch Spuren des verbreiteten Glimmerminerals Phlogopit ($KMg_3(Si_3Al)O_{10}(F,OH)_2$) enthält, bildeten sich während der Metamorphose aus Dolomit ($CaMg(CO_3)_2$) und Quarz (SiO_2) zunächst Calcit ($CaCO_2$) und Tremolit ($Ca_2Mg_5[(OH,F) \mid Si_4O_{11}]_2$). Bei Erhöhung der Temperatur konnte sich der Tremolit zusammen mit Dolomit zu **Forsterit** (Mg_2SiO_4) und Calcit umsetzen (v. GUTTENBERG 1971). Wie intensiv selbst geringe Mengen dieses Begleitminerals den Marmor färben können, zeigen Funde vom ehemaligen Kalkbruch bei Zwölfling (Abb. L 5.4) nahe Thyrnau. Durch Verwachsung von Calcitkristallen und Forsteritkristallen (KEIM et al. 2004) entsteht ein neues Gestein, der **Ophicalcit**. Dabei wird zunächst meist Olivin und später aus diesem Serpentin gebildet. Bei der Metamorphose können anstelle von Marmorlinsen auch **Kalksilikatlinsen** entstehen, wenn das sedimentäre Ausgangsmaterial heterogen ist. Dann entstehen kalziumreiche Silikatmineralien wie z. B. Diopsid ($CaMgSi_2O_6$) untergeordnet auch Karbonate. Durch Metamorphose konnte aus dem genannten Ausgangsgestein auch zusätzlich **Spinell** ($MgAl_2O_4$, Abb. L 5.5) entstehen.

Entlang der Donau erreicht man nach wenigen Kilometern das repräsentative Schlossgebäude von Obernzell, in dem das Keramikmuseum als Zweigmuseum des Bayerischen Nationalmuseums untergebracht ist. Öffnungszeiten: 1. April bis 6. Januar jeweils Dienstag bis Sonntag, 10–17 Uhr.

L 6 Von prähistorischer Graphitware und Graphit-Schmelziegeln

Das Keramikmuseum im ehemals fürstbischöflichem Schloss würdigt die historische Graphitverarbeitung in Obernzell. Ein Besuch des Museums wird wärmstens empfohlen. Im Untergeschoss stehen beeindruckende Exponate aus der Produktionspalette der Obernzeller Schmelztiegelfabriken und Schwarzgeschirr-Hafner im Mittelpunkt. Ergänzend wird originales **Bergbaugerät der bäuerlichen Graphitgewinnung** des 19. Jahrhunderts aus der Region gezeigt: Haspel, Haspelkorb und Transportschlitten aus Holz und eine der von Pferdefuhrwerken transportierten Graphit-Truhen, Transportbehälter und Maßeinheit zugleich. Im Obergeschoss ist keltische Graphitware von niederbayerischen Fundorten ausgestellt.

Bereits 1516 besaß die Obernzeller Graphitschmelztiegelhafnerei eine eigene Zunftordnung, welche auf eine umfangreiche Produktion am Ort und eine gestiegene Nachfrage im Spätmittelalter schließen lässt. »**Passauer Tiegel**« (Abb. L 6.1) waren Inbegriff geschätzter Schmelztiegelware und dienten der Verwendung in Gold- und Silberschmieden und Münzstätten Europas, später verstärkt der Metallurgie. Rechtsstreitigkeiten im Jahr 1535 bestätigten die Pflicht der Graphitbauern, den Rohstoff zu den **Schmelztiegelmachern nach Obernzell** zu bringen, welche das alleinige Recht der Graphit-Aufbereitung, der Herstellung von Graphit-Schmelztiegeln und auch des Weiterverkaufs minderen Graphitrohstoffs zum Zwecke der **Herstellung von Schwarzgeschirr**, also Essigkrüge, Schüsseln, Teller sowie Ofenschwärze hatten. Dies galt auch noch Mitte des 19. Jahrhunderts. Als aber die Gebrüder BESSEL als Betreiber des Kropfmühler Bergwerks 1877 weltweit das erste Patent auf die von ihnen in Kropfmühl entwickelte Flotationsanlage zur Steigerung des Reinheitsgrades von Graphit erhielten (GOHLA 1984), wischte diese Form der industriellen Revolution das Obernzeller Schmelztiegelmacher-Privileg einfach weg.

Abb. L 6.1. Graphitschmelztiegel aus Hafnerzell. Ausstellung des Keramikmuseums Obernzell.

Wann haben Menschen die Graphitlager des Passauer Vorwaldes in der Natur wahrgenommen? 5500 Jahre v. Chr., denn in allen drei Siedlungsschwerpunkten zu **Beginn der jungsteinzeitlichen Agrarkolonisation** im Dungau, im Isartal und im Donauries war nach archäologischem

Abb. L 6.2. Keltische Graphitkeramik aus dem Oppidum Manching. Ausstellung im Keramikmuseum Obernzell.

Befund Graphit weit verbreitet, als Rohgraphit in Stücken von 2 Gramm bis 1 Kilogramm zum Zwecke der Gesichts- und Körperbemalung und zur Oberflächengraphitierung der Keramik. In der mittleren Jungsteinzeit (»Stichbandkeramik«) verstärkte sich der Trend zur Verwendung als Schmuck oder Amulett, engte sich aber auf das Mündungsgebiet der Isar in die Donau ein. Dann setzte die Graphitverwendung für Jahrtausende komplett aus (PECHTL 2011).

Richtig in Mode kam der Graphit des Passauer Raums in der Verwendung als Graphitreiches Tongeschirr um **750 v. Chr. in der Eisenzeit** (Hallstattzeit, La-Tène-Zeit). In jeder keltischen Siedlung Bayerns und nicht nur im Oppidum Manching war jeder dritte Kochtopf aus Graphitgeschirr (Abb. L 6.2), ein High-Tech-Produkt wasserundurchlässiger Keramik mit hoher Wärmeleitfähigkeit, das serienmäßig hergestellt wurde. Fortschritte in der Erzverhüttung ermöglichten es, die Gefäße in geschlossenen Öfen ohne Sauerstoffzufuhr bei ca. 750 °C zu brennen (RIECKHOFF 1990). Der gestiegene Bedarf muss zum obertägigen Graphitabbau geführt haben. Denn Rillenschlägel und Reibsteinplatten wurden am keltischen Siedlungsplatz Saxing bei Pfaffenreut nahe dem Graphitlager gefunden (SPITZELBERGER 1972). Mit Beginn der provinzialrömischen Herrschaft kam die Graphitverwendung für weitere 1200 Jahre komplett zum Erliegen.

M Hauzenberger Steinwelten, Saußbachleite und Goldener Steig

Anfahrt von Passau auf dem linken Donauufer 7 km in Richtung Obernzell, dann links in Richtung Hauzenberg abbiegen, an Oberdiendorf vorbei und kurz vor Hauzenberg in Wotzdorf links in die Straße »Im Dorf« mit ihren Granitquaderbauten einbiegen.

M 1 Granitquaderbauten und Steinbrüche in Wotzdorf/Gde. Hauzenberg

Die regionale Nachfrage nach Granit als Werkstein setzte verstärkt in der ersten Hälfte des 19. Jahrhunderts ein, zuerst für repräsentative Gebäude in den Marktorten, dann in den Dörfern. Vom Stall bis zum Vierseithof begannen Granitquaderbauten die Holzbauweise abzulösen. Außenmauern von Wohnhäusern und selbst Ställe wurden aus Granit gefertigt. Granitpfeiler trugen Holzdecken, Auflager von Gewölbedecken waren aus Granit, ebenso Bodenplatten im Erdgeschoss und Stall, Treppenstufen, Türgewände, Torgerichte, Wassergranden und Futtertröge, Backofenbauten, Kapellen und selbst die steinerne Milchbank. Sehenswerte Beispiele bietet die Stadt Hauzenberg mit ihren eingemeindeten Dörfern (Abb. M 1.1, M 1.2). In Wotzdorf (»Im Dorf 23«) ist ein 1835 erbauter Bauernhof mit eindrucksvoller Granitfassade erhalten. Unweit von Exkursionspunkt M 2 steht im Hauzenberger Ortsteil Grub (Haus Nr. 7) der prachtvolle Gidibauer-Hof (1816–1850), ein vorbildlich restaurierter Granit-Vierseithof, der heute als Naturhotel mit Restaurant genutzt wird.

Bereits bei Oberdiendorf hatten wir die Südgrenze des 60 Quadratkilometer großen Plutons Hauzenberg-Waldkirchen überschritten, und feinkörnigen »Hauzenberger Granit I« erreicht. Hier

Abb. M1.1. *Gidibauer-Hof (1816-1850), Vierseithof in Granitquaderbauweise, heute ein Naturhotel in Grub/Gde. Hauzenberg.*

Abb. M1.2. *Bauernhof von 1835 im alten Dorfkern von Wotzdorf/Ortsteil von Hauzenberg.*

in Wotzdorf, heute Teil der Stadt Hauzenberg, befinden wir uns im historischen Abbauzentrum des Granitmassivs. Während der 200-jährigen Geschichte des Wotzdorfer Steinbruchgewerbes gab es allein hier 67 Steinbrüche (Quelle: Förderverein Granitzentrum Hauzenberg).

Abb. M1.3. *Granitstein-Marterl beim Gidibauer-Hof in Grub/Gde. Hauzenberg.*

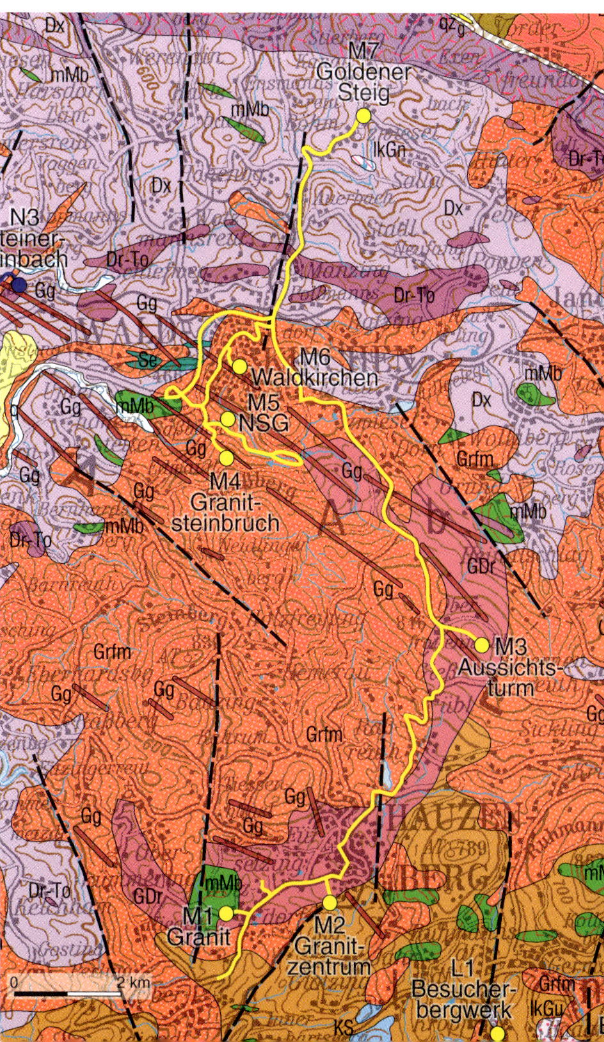

Meist begann die Arbeit der Steinmetze an Granit-Findlingen im Wald, dann setzten die Steinhauer die Arbeit in den Hang hinein fort. Später ging es auf mehreren Sohlen in die Tiefe, Kräne kamen hinzu und Gleisanschlüsse für den Abtransport der von Hand geschobenen Loren, um die Steinmetzarbeit außerhalb des Steinbruchs in den Hütten fortsetzen zu können. KERBER, KINATEDER, KUSSER, SCHULER und ZANKL waren um 1900 die großen Pioniere in und um Hauzenberg und nahmen meist mehrere Steinbrüche in Betrieb. Mit der Granitindustrie des Bayerischen Waldes ging es in den Konjunktur- und Rezessionsphasen der deutschen Wirtschaft auf und ab.

In den 1980er Jahren erlebte die Branche einen erheblichen Konkurrenzdruck durch europäische Importe, die zu harten Arbeitskämpfen, Betriebsstillegungen und Arbeitsplatzverlusten führten. Seitdem zwingt die zunehmend globale Wettbewerbskonkurrenz durch Granit aus China erneut zu Strukturveränderungen und modernsten, kapitalintensiven Ausrüstungen im Steinbruch und der Verarbeitungshalle. Es gilt, die Rohstoffgewinnung in den eigenen Steinbrüchen zu sichern, durch ergänzende Blockware aus dem Ausland das Sortenspektrum zu erweitern und in der Produktpalette firmeneigene Schwerpunkte zu setzen, was man beispielsweise im räumlichen Vorfeld des Wotzdorfer Steinbruchs der Fa. Zankl sowie in der Ausstellungshalle gegenüber dem Hauzenberger Museum »Steinwelten« sehen kann.

Am Ortsende von Wotzdorf sind links die beiden Granitwerke Bauer und Zankl ausgeschildert, wo in Sichtweite des Steinbruchs Fertigware aus dem Hauzenberger Granodiorit liegt.

Der **Granitpluton Hauzenberg-Waldkirchen** (vgl. Exkursionskarte M) ist wie jener von Fürstenstein-Tittling-Saldenburg aus zeitlich aufeinander folgenden Intrusionen zusammengesetzt, jedoch ergibt sich hier die umgekehrte Abfolge einer Füllung vom Zentrum zum Rand. Die höheren Partien des Massivs bestehen aus einem feinkörnigen, graublauen Biotit-Muskovit-Granit, dem sog. **Hauzenberger Granit I**. Zentraler Hauptbestandteil des Intrusionskörpers ist aber der mittel- bis grobkörnige, bräunliche **Hauzenberger Granit II** (DOLLINGER 1967): Die auf dem Zerfall radioaktiver Isotope beruhenden Altersdatierungen ergaben anhand von Uran- und Blei-Isotopenverhältnissen in Zirkon-Kriställchen seine Platznahme vor **329 ± 7 Mio. bis 320 ± 3 Mio. Jahren** in einer Erdkrustentiefe von 16–18 Kilometern. Den Süd- und Ostrand des Granitplutons bildet ein halbkreisartiger Gürtel aus **318,6 ± 4,1 Mio. Jahren altem Granodiorit** (KLEIN et al. 2008). Im Unterschied zum Granit enthält er mehr Plagioklas als Kalifeldspat, sowie die dunklen, magnesium- und eisenhaltigen Minerale Biotit und Hornblende. Die magmatische Abfolge endet hier wie bei Fürstenstein-Tittling mit Restkristallisationen mineralreicher schmaler Pegmatitadern (Abb. 22) oder weißer Aplitbänder (Abb. 23).

Weiterfahrt zum Ortseingang von Hauzenberg. Rechts kommt nach der Abzweigung zum Gidibauernhof-Naturhotel das Museum »Steinwelten«.

M2 Granitzentrum »Steinwelten« in Hauzenberg

Das 2005 eröffnete Hauzenberger Museum ist gleichermaßen ein gelungener architektonischer und museumskonzeptioneller Wurf. Außergewöhnlich daran sind die Ästhetik des Granit-Glas-Gebäudes sowie die ideale Verbindung von Ausstellung und Steinbruch an jener Stelle, wo 1885 mit dem Kinadeter-Steinbruch die Industrialisierung des Hauzenberger Granitgewerbes begann. Die Entstehung des Granits, seine Gewinnung und Bearbeitung und die Welt der Mineralien werden in Dauerausstellungen gezeigt: SteinWelten, die Natur und Menschen prägen und beeindrucken bis heute. Ein Besuch wird wärmstens empfohlen. Öffnungszeiten: Januar bis April täglich 10–16 Uhr, Mai bis Oktober täglich 10–18 Uhr, www.granitzentrum.de.

Abb. M2.1. »Granitzentrum Steinwelten« mit einer Fassade aus Hauzenberger Granodiorit.

Ab Mitte des 19. Jahrhunderts war Hauzenberger Granit für Großprojekte der Region und repräsentative Bauvorhaben in Städten zunehmend gefragt. Ehrenvoll war die Bestellung beider Brunnenbecken für die Ludwig-Maximilians-Universität in München. Ein weiterer Auftrag König LUDWIGS I. VON BAYERN offenbarte aber ein ungeahntes Problem. Von den 36 bestellten Granit-Säulen für den Bau der **Befreiungshalle bei Kelheim** schafften nur die 18 kleinen Säulen mit jeweils 6,5 Tonnen auf Fuhrwerken den Weg über Passau und weiter per Schiff nach Kelheim, um eine tragende Rolle spielen zu können (s. Band 32). Die 18 großen Granitsäulen jedoch, 7 Meter lang und 34 Tonnen schwer, konnten den Granitbruch am Freudensee nicht verlassen, denn Brücken und Wegstrecken waren 1848 mit einem derartigen Schwertransport völlig überlastet. Erst 1908 gelang es in siebenwöchigen Anstrengungen, wenigstens zwei Exemplare vom Steinbruch zum Bahnhof Hauzenberg zu transportieren, um sie mit der neu erbauten Eisenbahnlinie nach München zu bringen und am Eingang der Ludwig-Maximilians-Universität aufstellen zu können. So werten wir es als Würdigung der enormen menschlichen Leistungen, wenn aus dem letzten verbliebenen Fragment einer der »Königssäulen« zur Eröffnung der »SteinWelten« ein Kunstwerk (Abb. M2.3) zu Ehren der Hauzenberger Steinhauer geschaffen wurde.

Nachdem 1863 der Zunftzwang des Steinhauer- und Steinmetzgewerbes entfiel und 1868 diesbezüglich die Gewerbefreiheit ausgesprochen wurde, begann auch die Blütezeit der Granitstadt Hauzenberg (PRAXL 2013). 1898 beschäftigten die acht Steinbrüche in und um Hauzenberg 500 Steinhauer. Gefragt waren damals vor allem Randsteine und Pflastersteine zur Deckung des nationalen Bedarfs. Heute bestimmt der globale Markt die Rahmenbedingungen der heimischen Granitindustrie.

Wir fahren zu dem am Berg gelegenen Verkehrskreisel hinauf, nehmen die Abzweigung Richtung Sonnen-Breitenberg, biegen nach dem Ortsende von Hauzenberg links bei der Ausfahrt Freudensee ab und fahren am Südufer des Sees vorbei nach Raßreuth und auf landschaftlich schöner Strecke (Abb. 3) hoch nach Gießübl. Am oberen Gießübl folgen wir dem Wegweiser nach Oberfrauenwald und parken dort am Bergsattel. Hier führt rechts der Wanderweg »Goldsteig« zum 90 m höher gelegenen Aussichtsturm über den Baumwipfeln hinauf.

Abb. M2.2. Integration des Museumgebäudes »Steinwelten« in das Gelände des historischen Kinateder-Steinbruchs, Hauzenberg.

Abb. M2.3. Eine »Königssäule« für die Helden der Steinbrüche im Museum »Steinwelten« Hauzenberg.

M3 Aussichtsturm Oberfrauenwald (948 m)

Vom höchsten Punkt der **Wegscheider Hochfläche** aus bietet sich ein idealer naturräumlicher Rundblick hoch über den Baumwipfeln. Geologisch betrachtet, befinden wir uns am Rand des Granodiorit-Gürtels, der halbkreisförmig um das Hauzenberg-Waldkirchen-Granitpluton herumführt.

Bei guten Witterungsbedingungen kann man von Oberfrauenwald aus einen wunderbaren Rundblick über den Unteren Bayerischen Wald genießen: von den Berggipfeln des Vorderen Bayerischen Waldes im Westen über die Gipfelregionen (Rachel, Lusen, Haidel, Dreisessel und Plöckenstein) des Inneren Bayerischen Waldes im Norden, die Wegscheider Hochfläche im Osten und Südosten zum Passauer Vorwald im Süden mit der Alpenkette im Hintergrund.

Abb. M3.1. Blick vom Aussichtturm Oberfrauenwald (948 m) über der Granitsteinbruch Eitzing zum Brotjacklriegel (1011 m).

Abb. M3.2. Blick vom Aussichtturm Oberfrauenwald (948 m) zum Dreisessel (1333 m).

Blickt man nach Westen (Abb. M3.1) über den nahe gelegenen Granitsteinbruch am Eitzing (913 m) hinweg, so erkennt man in 30 Kilometern Entfernung den mit einem Sendeturm ausgestatteten Brotjacklriegel (1011 m) in der verwitterungsresistenten Perlgneis-Gipfelregion des Vorderen Bayerischen Waldes. In ihrem Vorfeld liegt das hügelige Bergland des Granitplutons Fürstenstein-Tittling-Saldenburg. Die großen Senken vor ihm gehören zum Eintiefungsgebiet der oberen Ilz. Im Vordergrund erstreckt sich der relativ hoch aufragende Zentralbereich (Neidlinger Berg, 818 m; Rusingberg, 828 m; Steinberg, 830 m) des Hauzenberg-Waldkirchen-Plutons.

In Richtung Nordosten (Abb. M3.2) ist die Bildmitte durch eine ±750-Meter-Rumpffläche mit flach aufgesetzten Höhen (Anglberg, 806 m) geprägt, die naturräumlich zur Wegscheider Hochfläche zählt. Geologisch betrachtet sind es die nordöstlichsten Ausläufer des Hauzenberg Waldkirchen-Granitplutons, welche zum rechten Bildrand hin unter das metamorphe Gesteinsdach eintauchen. Ein Gesteinsaufschluss bei Spießbrunn nahe Breitenberg (Abb. M3.3) zeigt exakt den selten zu sehenden Kontakt zwischen dem metamorphen Gesteinsdach (hier Diatexit) und der »ballonartigen Außenhaut« der aufsteigenden Magmenblase des Granitplutons. Der Kristallisationszeitpunkt des feinkörnigen Granits am Randbereich liegt bei 321–319 Mio. Jahren (Teipel et al. 2008).

Das Landschaftsbild zeigt in 12–15 Kilometern Entfernung das Dreisessel-Massiv mit Höhen von über 1300 Metern. Als separates Granitpluton mit einem Kristallisationsalter von 328–325 Mio. Jahren reicht es bis zum Lusen hinüber (vgl. Band 31). Unmittelbar davor liegt in einer langgestreckten Senke die Pfahl-Zone, mit dem Tal des Großen Michelbaches (630–610 m) bei Neureichenau.

Zurück am Parkplatz geht es wie ausgeschildert nach Waldkirchen. Wir umfahren den Ort in Richtung Hauzenberg und nehmen nach dem Verkehrskreisel am südwestlichen Ortsende Waldkirchens die linksseitige Ausfahrt Saußmühle, um hier zu parken. Von hier aus besuchen wir zuerst den ausgeschilderten, etwas oberhalb gelegenen Steinbruch der Fa. »Granitwerk Birgeder Saußmühle«. Bei LKW-Verkehr darf keinesfalls die Schotterstraße benutzt werden. Man kann ihr aber zum Zwecke der Orientierung im Wald folgen. Vom Betreiber ist vor dem Steinbruchgelände die Erlaubnis zum Betreten des Steinbruchgeländes auf eigene Gefahr zu erfragen.

Abb. M3.3. Kontakt Gesteinsdach (hier Diatexit) zum feinkörnigen Granit im Dachbereich des Hauzenberg-Waldkirchen-Plutons, Spießbrunn nahe Breitenberg. Bildbreite 1,1 m.

M4 Steinbruch des Granitwerks Birgeder am Kirchstein

Hier sind wir **auf den Spuren C. W. Gümbels**, der 1868 von mächtigen Felsburgen am Saußberg (791 m) und Kirchstein (650 m) berichtet hatte. Im Falle des Kirchsteins wurden diese bald Opfer der Steinmetze, die derartige Findlinge in den Wäldern wie seit Jahrhunderten an Ort und Stelle zerlegten und abtransportierten. Heute stoßen wir stattdessen auf einen großen **Steinbruch** (Abb. M4.1), der 1888 von J. Kinateder, dem Gründer des historischen Steinbruchs am Hauzenberger Granitzentrum, angelegt wurde und heute von der **Fa. »Granitwerk Birgeder & Co. GmbH«** in Saußmühle betrieben wird. Sie stellt im Traditionssteinbruch aus gelbgrauem und hellgrauem Granit Pflaster, Mauersteine, Böschungspflaster, Granitsäulen, Leistensteine und Granitblöcke in vielen Variationen und Sondergrößen her.

Vor 100 Jahren war hier ein hölzerner Schwenk-Kran aufgestellt, der im Steinbruch Blöcke von der Abbaufläche hob und auf Schienen geleitete Wagen legte, damit diese auf einer Bremsbergstrecke zur Saußbachmühle hinunter gelassen werden konnten (Abb. M4.2). Dort übernahmen Pferdefuhrwerke den Transport auf neu erbauter Straße bis zur Bahnstation Hauzenberg. Bekanntheit erreichte der historische Bruch durch den Auftrag zur Lieferung von Werksteinen für das 1927 eröffnete Passauer Kachletwerk (Praxl 2013).

Am Kirchstein stehen wir am Nordrand des **Hauzenberg-Waldkirchen-Granitplutons.** Der Birgeder-Steinbruch ist im besten Muskovit führenden, mittel- bis grobkörnigen, gelbgrau bis hellgrau gefärbten **Hauzenberger Granit II** angelegt. Das Gestein ist auf 329±7 Mio. bis 320±3 Mio. Jahre datiert und kristallisierte in einer Erdkrustentiefe von 16–18 Kilometern aus (Klein et al. 2008). Den Steinbruch durchquert ein senkrecht stehender, ca. 4 Meter breiter dunkler, feinkörniger **Porphyrgang** (Abb. M4.1). Sein Intrusionsalter beträgt 299 Mio. Jahre (Siebel 2017). Er gehört weder zeitlich noch räumlich zur granitischen Intrusionsfolge. Porphyrgänge sind keineswegs auf Granitareale begrenzt, sondern durchziehen als Ganggesteine unterschiedlicher chemischer Zusammensetzung in nordwest-südost-verlaufenden, pfahlparallelen **bruchtektonischen Kluftscharen** auf einer Fläche von 3×18 Kilometern auch noch das westlich anschließende Diatexit-Gebiet mit maximal 20 Meter breiten und 100–500 Meter langen Gängen bis über die Wolfsteiner Ohe hinaus. Es sind Erdmantelschmelzen, die auf ihrem langen Weg diverses Krustenmaterial assimilieren konnten und nur 4–6 Kilometer unter der Erdoberfläche (Propach et al. 2008a) erstarrten. Sie haben den **Charakter vulkanischer Schmelzen**, Dazitporphyr als vulkanisches Pendant zum Tiefengestein Granodiorit, Andesitporphyr als Pendant zum Tiefengestein Diorit.

Abb. M4.1. Steinbruch am Kirchstein im Hauzenberger Granit II mit vertikalem, dunklem Porphyrgang in der linken Steinbruchwand, Fa. »Granitwerk Birgeder & Co. GmbH«, Saußmühle bei Waldkirchen, 2016.

Abb. M4.3. Kontaktgrenze Hauzenberger Granit und dunkler Porphyr, Steinbruch am Kirchstein der Fa. Granitwerk Birgeder bei Waldkirchen.

Abb. M4.2. Steinbruch am Kirchstein bei Waldkirchen mit hölzernem Hebekran und schienengeleiteten Wägen, um 1925. – Stadtarchiv Waldkirchen.

Eine damit vergleichbare Schar senkrechter Porphyrgänge gibt es im Bayerischen Wald nur noch im Naturraum des Falkensteiner Vorwaldes (Bernhardswald - Kürn - Regenstauf - Marienthal; C3, S. 37; C7, S. 52), wenngleich mit abweichender Mineralisation. Am Kirchstein haben wir einen dunklen **Dazitporphyr** (Abb. M4.3) mit 67 Gewichtsprozent SiO_2 vor uns. Seine Grundmasse hat Korngrößen von 0,1 bis 0,001 Millimetern und besteht neben Quarz aus Plagioklas, Biotit, Kalifeldspat, Hornblende aber auch Zirkon (Propach et al. 2008). In der Grundmasse schwimmen Kristall-Einsprenglinge der gleichen Mineralien bis 3 Millimeter Größe

Im Steinbruch am Kirchstein sieht man geradezu modellhaft das **dreidimensionale Kluftsystem** eines Granitplutons mit zwei Paaren vertikaler Längsklüfte und einem Paar horizontaler Querklüfte. Die granittypischen **Vertikalklüfte** sind eine Folge der vom Rand bis ins Zentrum sich zurückziehenden Abkühlungsfront des Magmenkörpers, die **Horizontalklüfte** immer eine Folge der Druckentlastung (sog. Entspannungsklüfte) durch Abtragung der auflastenden, ehemals mindestens 3 Kilometer, allgemein jedoch deutlich mächtigeren Gesteinsserie. Dem Kluftsystem folgen die erfahrenen Steinhauer bei der Herauslösung eines Blocks selbst bei Anwendung modernster Methoden.

Abb. M4.4. Dunkelgrünes Epidot-Kristallbüschel, orangefarbene Chabasit-Kristalle und hellgrüne Prehnit-Kristalle aus Funden um 1976 im Pegmatit, Albrechtbruch bei Waldkirchen.

Abb. M4.6. Uraninit-Kristall im Quarz, ehemaliger Albrechtbruch bei Waldkirchen. – GEORG WIMMER.

Pegmatitminerale (Abb. M4.4, M4.5) sind bei den heutigen Abbaumethoden selten geworden, vervollständigen aber im Rückgriff auf Funde der 1970er Jahre das Gesamtbild der Mineralisation. Die **jüngste Mineralisation ist hydrothermaler Art** und betrifft schmale Klüfte des Porphyrits und Granits bei Waldkirchen und am Eitzing. Sie besteht aus Quarz, Flussspat, Pyrit, Kupferkies, Epidot, Chlorit, Hämatit und enthält geringste Spuren von Uran: Autunit ($Ca(UO_2)_2(PO_4)_2 \cdot 10–12H_2O$), Torbernit ($Cu(UO_2)_2(PO_4)_2 \cdot 12H_2O$), Uraninit ($UO_2$; Abb. M4.6), Phurcalit ($Ca_2(UO_2)_3O_2(PO_4)_2 \cdot 7H_2O$); Abb. M4.7) und Uranophan ($Ca(UO_2)_2(SiO_3OH)_2 \cdot 5H_2O$, Abb. M4.8). Die Uranminerale sowie die weißen Kristallkugeln aus dem global seltenen Beryllium-Mineral Uralolit (Abb. M4.9) sind Remobilisate fein verteilter Spuren von Uran im Granit bzw. Beryllium aus Feldspäten.

Abb. M4.5. Apatit-Kristall (8 mm) in einer Pegmatitkluft, Albrechtbruch bei Waldkirchen. – GEORG WIMMER.

Abb. M4.7. Phurcalit vom Steinbruch Eitzing. – Foto und Sammlung JOSEF PENZKOFER.

Abb. M4.8. Uranophan vom Steinbruch Eitzing. – Foto und Sammlung JOSEF PENZKOFER.

Abb. M4.9. Uralolit vom Steinbruch Eitzing. – Foto und Sammlung JOSEF PENZKOFER.

Um anschließend in die Saußbach-Leite zu kommen, gibt es zwei Möglichkeiten. Entweder geht man auf der Schotterstraße bis zum Parkplatz Saußmühle zurück, wo man rechts bei der Informationstafel in den gut ausgeschilderten Wanderweg Nr. 1 einschert oder nimmt in der unteren Spitzkehre des Steinbruchgeländes eine Abkürzung durch den Wald hinunter Richtung Saußbach, wo ein querender Waldweg uns direkt zum Einstieg in das bachnahe Wegstück bringt.

M5 Wanderung im NSG »Saußbach-Leite«

Von der Saußmühle aus folgen wir dem Saußbach aufwärts in einem Fichten-Tannen-Buchen-Mischwald, abschnittsweise einem Eschen-Ahorn-Ulmen-Wald. Zur Zeit der Schneeschmelze saust der Bach mit Getöse durch die **blockreiche Engtalstrecke** und macht seinem Namen Ehre. Im Sommer fehlt jene Wassermenge, welche vom Kanal eines Elektrizitätswerks abgeleitet wird (Abb. M5.1). Der Saußbach überwindet im Abschnitt von der Saußmühle bis zum Wehr einen Höhenunterschied von 80 Metern auf 1,4 Kilometer Laufstrecke, ohne dass im Bachbett anstehender Fels zum Vorschein kommt.

Vielmehr ist der Talboden überwiegend mit kantengerundeten bis gerundeten **Granit-Blöcken** bedeckt. Die Talform ist ein steilwandiges Kerbsohlental, jedoch keine Klamm, die sich durch einen extrem schmalen Einschnitt mit senkrechte Seitenwänden auszeichnen müsste. Die fluviatile Erosion hat an manchen Blöcken Glättungen,

Abb. M5.1. Blockreiches Saußbachtal bei Waldkirchen. ▷

Zurundungen und Ansätze für Strudellöcher bewirkt. Dies spricht für die Morphodynamik des turbulenten Gewässers und die Effizienz der Quarzsandkörnchen als Schleifmittel. Ein fluviatiler Transport der zahllosen großen Blöcke kam allerdings weder für den heutigen Saußbach noch seinen eiszeitlichen Vorgänger in Frage. Während des gesamten Quartärs war er vielmehr mit der Beseitigung der Fein- und Grobsedimente aus **blockreichen Schuttdecken** befasst, die während der Kaltzeiten unter Tundrenklima durch **solifluidalen Transport** von den Nordhängen des Saußbergs und vom südwest-exponierten Hang auf der Waldkirchener Seite zur Talsohle hinunterrutschten. Der Eindruck eines Blockstroms auf der Talsohle beiderseits des Baches ergibt sich erst durch die fluviatile Freilegung der Blöcke. So ist auch die Blockanreicherung in 560 Metern Höhe im Geotop »Gsteinet« beim Waldkirchener Stadtpark entstanden.

Unabhängig davon erfolgte die **Bildung der Blöcke bereits im Alttertiär** als Ergebnis intensiver klimagesteuerter, chemischer Tiefenverwitterung des kristallinen Gesteins. Da bei Waldkirchen die alttertiäre ±550-Meter-Rumpffläche ihren Westrand erreicht, arbeitet der Saußbach auf einer möglicherweise tektonisch angelegten Abkürzungsstrecke seit Jahrmillionen mit rückschreitender Erosion an einem ausgeglicheneren Laufprofil.

Es lohnt sich, dem Tal bis zum Wehr hinauf zu folgen, dort den Saußbach zu überqueren und entlang des Kanals die 200 Meter zur Halleralm – in jeder Hinsicht der urigste Abschnitt mit Einkehrmöglichkeit – zurückzugehen und über die Brücke den Rückweg anzutreten.

Wir fahren zurück zum bekannten Kreisel, dann die Passauer Straße hinauf bis ans obere Ende und biegen rechts in die Ringmauerstraße ein. Das kleine, aber feine »Museum Goldener Steig« ist an der Ecke Ringmauerstraße/Büchl in einem alten Stadtturm untergebracht.

M6 Waldkirchen – die Stadt am Goldenen Steig

Der bayerisch-böhmische Handelsweg, welcher für die betroffenen Regionen beiderseits der Grenze einen wirtschaftlichen Aufschwung mit sich brachte und wohl deshalb »gulden Steig« genannt wurde, lässt sich urkundlich erstmals für das Jahr 1010 belegen. Er führte bereits im hohen Mittelalter von Passau-Ilzstadt über Salzweg, Außernbrünst und die Bruckmühle bei Röhrnbach nach Waldkirchen, dann weiter über Böhmzwiesel und Grainet hinüber ins böhmische Wallern (Volary) und bis in die Handelsstadt Prachatitz (Prachatice). Zwei

Abb. M6.1. Ein salzbeladenes Saumpferd auf dem Weg nach Prachatitz: Ausschnitt der ältesten Karte der Salzstraßen von 1520, Federzeichnung auf Pergament. – Plansammlung des Bayerischen Hauptstaatsarchivs München, Nr. 18685.

Abb. M6.2. Wehrturm (um 1464) des ummauerten Marktortes Waldkirchen im Passauer Abteiland.

weitere Routen hatten Winterberg (Vimperk) und den Goldbergbauort Bergreichenstein (Kašperské Hory) zum Ziel. Salz aus Berchtesgaden und Hallein wurde in Holzfässern per Schiff nach Passau und durch Säumer mit Saumpferden (Abb. M6.1) über das Mittelgebirge nach Böhmen getragen. Die Rückfracht bestand aus Getreide, landwirtschaftlichen Erzeugnissen und sorgsam verpacktem Prachatitzer Branntwein.

Im Jahr 1300, als das ehemalige Abteiland des Klosters Niedernburg längst Kernland des reichsunmittelbaren geistlichen Fürstentums Passau geworden war, bestätigte der Fürstbischof dem Markt Waldkirchen das Stapelrecht für Salz: »*daz uberal in dem Lannde in den Dorffern khain Niderlegung des Saltzes sey, nur datz Waltkirichen*« und legte ihn als Übernachtungsplatz für die Säumer fest (PRAXL 1976). Nach einigen Überfällen wurde Waldkirchen um 1464 mit einer zehntürmigen Mauer (Abb. M6.2) befestigt. Dann forderten der 30-jährige Krieg und die Pest viele Opfer, woran heute noch Pestsäulen aus Granit erinnern, die zugleich Wegmarken sind.

Das sehenswerte »**Museum Goldener Steig**« widmet man sich mit zahlreichen Exponaten dem Themenbereich, veranschaulicht den Schiffstransport des Salzes bis Passau, zeigt die Handelsrouten auf und gibt Einblicke in die Geschichte des befestigten Marktortes und des Abteilandes. Sehenswert sind auch die Ausstellungen des »**Hauses der Natur, Kultur, Kunst und Jugend**« (Waldkirchen, Marktmühlweg 4), die vom Mai bis einschließlich Oktober, jeweils samstags und sonntags von 14 bis 17 Uhr geöffnet sind. Neben der Dauerausstellung »Gesteine, Mineralien und Fossilien im Bayerischen Wald und im Böhmerwald« gibt es Wechselausstellungen (www.hnkkj.de).

Über die Ringmauerstraße und die sich anschließende Bahnhofstraße fahren wir den Waldkirchener Stadtberg hinunter, queren die Ortsumgehungsstraße und folgen dem Wegweiser nach Böhmzwiesel und Grainet. Im Waldstück oberhalb von Böhmzwiesel parken wir rechts beim Bushaltehäuschen mit dem Wegweiser Pilgramsberg. 20 m oberhalb der Straße steht ein mit Holzschindeln verkleidetes Haus. Obwohl man den Eindruck eines Privatgeländes hat, gehen wir geradewegs am Haus entlang den sich abzeichnenden Waldweg den Hang hinauf.

M7 Auf dem Goldenen Steig zwischen Böhmzwiesel und Fürholz

Diese Wegstrecke des Goldenen Steigs hinauf durch den Wald und oben über die Wiese bis zum Holzkreuz ist kaum mehr als 500 Meter lang, original erhalten und wenig begangen. Sie vermittelt einen authentischen Eindruck von dem über Tausend Jahre alten Pfad über das Waldgebirge, der feuchte Täler und Mulden mied und Steigungen immer geradewegs auf kürzester Strecke hinauf

Abb. M7.1. Hohlwegstück des Goldenen Steigs zwischen Böhmzwiesel und Fürholz bei Waldkirchen.

Abb. M7.2. Huf eines Saumpferdes vom Goldenen Steig. Ausstellungsobjekt des »Museums Goldener Steig« der Stadt Waldkirchen.

Abb. M7.3. »Säumerzug« von JOSEF FRUTH *(1910–1994), Tusche auf Papier, 1978. Ausstellungsobjekt des »Museums Goldener Steig« der Stadt Waldkirchen.*

Abb. M7.4. Pestbildstock aus dem 17. Jahrhundert mit böhmischer Madonna am Goldenen Steig bei Böhmzwiesel. Aufnahme 1977.

überwand. Wie auch hier (Abb. M7.1, M7.2), wo sich seitlich des drei Meter eingetieften Grabens noch zwei bis drei parallele Ausweichstrecken abzeichnen, um sich auf dem Flachstück wieder bündeln. Der Boden war oft morastig, holperig, ausgetreten oder durch Regen ausgeschwemmt und steinig, so dass sich Saumpfade zu breiteren Wegen entwickelten. Wir können uns kaum vorstellen, welcher Anstrengungen es bedurfte, sich auf der Dreitagestour von Passau nach Prachatitz hier in einer Gruppe von Säumern mit Saumpferden hochzuquälen. Jedes Pferd mit zwei salzgefüllten, regendichten Holzfässern (Halleiner Kufen) von zusammen drei Zentner Gewicht, wahlweise Säcke mit abgefülltem Salz. Nach der Erntezeit wurde es eng auf dem Steig. Das Ziehen und Schieben im Gedränge, die geballte Anstrengung von Mensch und Tier hat der Fürstenecker Maler und Grafiker JOSEF FRUTH (Abb. M7.2) mit Tusche aufs Papier gebracht. Granitsäulen mit Bildstöcken (Abb. M7.3) waren für die Säumer mehr als nur Wegemarken an Kuppen und Abzweigungen. Heute halten die »Graineter Säumer« die Erinnerung an die Zeit des Goldenen Steiges mit einer jährlichen Aktion lebendig, wenn sie sich mit Saumpferden und in historischer Kleidung von Passau aus nach Prachatitz auf den Weg machen.

N Entlang der Ilz, auf vulkanischem Inselbogen und in der Buchberger Leite

Auf der B85 geht es von Passau über Tittling bis zur Ausfahrt Hörmannsdorf und dann rechts hinunter nach Loizersdorf. Nahe den heutigen Kiesweihern im Talgrund sucht man sich eine Stelle, von der aus man das weite Tal mit seinen ehemaligen Kiesgruben etwas überblicken kann. Es bestehen keine Fundmöglichkeiten mehr. Das Kiesgrubengelände ist renaturiert und steht unter Naturschutz.

N1 Grabenbruch Loizersdorf-Eppendorf: Gold und Edelstein in Sedimenten der Ur-Ilz

Wir befinden uns in einem 5 Kilometer langen, 700 Meter breiten Tal und vermissen den Fluss. Die nahe Ilz umgeht es regelrecht. Sie hat sich 2,5 Kilometer östlich davon auf paralleler Strecke eingegraben. Merkwürdig ist auch, dass am Ostrand des Tales zwischen Loizersdorf und Rappenhof zwei Bäche unweit voneinander entspringend in gegensätzlichen Richtungen abfließen, um in die Ilz zu münden: der Mühlbach nach Norden zur Schneidermühl (378 m), der Rappenhofer Bach nach Süden in Richtung Kalteneck (328 m).

Geologische Untersuchungen (KOCH, LEHRBERGER & LAHUSEN 1997) ergaben, dass das Tal von Loizersdorf-Rappenhof-Eppendorf an beiden Rändern jeweils von einer nordnordwest-südsüdost verlaufenden tektonischen Störungslinie begrenzt wird. Ähnlich der Entstehung des Oberrheingrabens hatte sich in einer **jungtertiären Abflussrinne der Ur-Ilz** die Landschaft in einer ersten Entstehungsphase tektonisch bedingt kleinräumig aufgewölbt. Damit war die Ilz nach Osten abgedrängt, wo sie sich im Pliozän tief in ihr heutiges Kerbtal bei der Schrottenbaummühle eingrub. Infolge der Dehnungen sackte in einer zweiten Phase auf 5 Kilometern Länge ein Schollenstück grabenartig (Abb. N 1.1) ein und mit ihm die miozänen Flusssedimente der Ur-Ilz in diesem Laufabschnitt. Bis zur Ton- und Kiesgewinnung des 20. Jhs. blieben sie von der Abtragung bewahrt. Aufgeschlossen

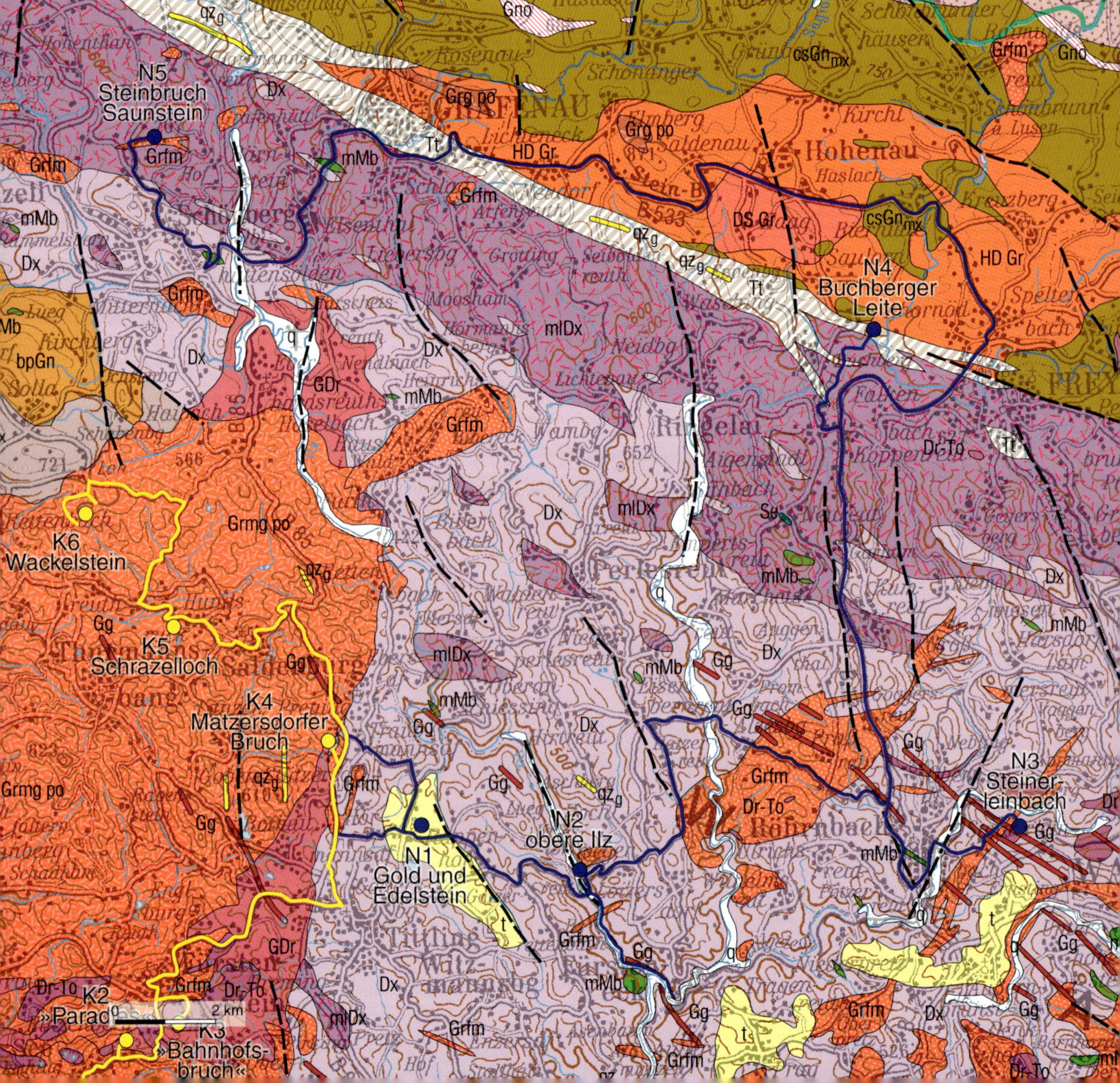

Abb. N1.1. Grabenbruchzone von Loizersdorf-Eppendorf mit tertiären Flusssedimenten der Ur-Ilz; Blick von der Waltendorfer Höhe (501 m) in Richtung Westen.

Abb. N1.2. Miozäner Quarzschotter der Ur-Ilz.

wurden unter einer 14 Meter mächtigen Schicht hochwertigen Tons lehmige Sande und quarzreiche Kiese des jungtertiären Flusses (Abb. N1.2), die ihrerseits den Gesteinszersatz einer alttertiären Rumpffläche überdeckten, welche ebenfalls im Grabenbruch eingesackt war.

Abb. N1.3. Quarzschotterwerk der Fa. Bachl, Loizersdorf auf 460 m Höhe. Aufnahme 1996 – Foto: A. KOCH, TU München.

Abb. N 1.4. Goldkörner aus dem miozänen Flusssand der Ur-Ilz, ehemalige Kiesgrube der Fa. Bachl, tertiärer Grabenbruch von Loizersdorf bei Tittling, Fund 2000. Bildbreite 1,8 cm. – Foto: FRIEDRICH PFEIL.

Abb. N 1.5. Goldkorn vermengt mit Quarzkörnchen und abgerollten Monazit-Kristallen aus dem miozänen Flusssand der Ur-Ilz, ehemalige Kiesgrube der Fa. Bachl, tertiärer Grabenbruch von Loizersdorf bei Tittling, Fund 2000. – Foto: FRIEDRICH PFEIL.

◁ *Abb. N 1.6. Gold, Saphir, Monazit und Zirkon aus dem miozänen Quarzschotter der Ur-Ilz, Loizersdorf bei Tittling. – Sammlung GUSTAV STEYER.*

Dass die tertiären Quarzschotter der Ur-Ilz noch ganz andere Schätze bergen, wusste man offensichtlich schon im ausgehenden Mittelalter, wie ein 300 × 150 Meter großes **Seifenhügelvorkommen zur Goldwäscherei bei Eppendorf** belegt. Nach heutigen Bedingungen hat die Goldführung in der Schwermineralfraktion nur mineralogische Bedeutung, dennoch sind die Funde aus der um 2001 endenden Betriebszeit der Loizersdorfer Kiesgrube der Baufirma Bachl sehr erfreulich (Abb. N 1.3). Immerhin handelt es sich nicht um eine pleistozäne Goldseife, wie sie aus dem Inneren Bayerischen Wald (vgl. Band 31) bekannt sind. Hier geht es um **tertiär transportierte Goldkörner**, die um ein Mehrfaches größer und rundlich bis plattig geformt sind. Viele Körner haben aufgrund einer großen Transportstrecke Schliffspuren und Deformationen. Die geglättete Oberfläche wirkt bei starker Vergrößerung feinkörnig (Abb. N 1.4, N 1.5), ohne Hinweise auf Verwachsungen mit beigemengtem Silber oder Wismut zu geben. Aber im Innern einzelner Goldkörner fanden sich solch typische Verwachsungsstrukturen. Das Fehlen der beiden Elemente an der Goldkornoberfläche ist eine Folge der Auslaugung und mechanischen Deformation bei langen Transportstrecken (KOCH, LEHRBERGER & LAHUSEN 1997). Herkunftsgebiet der tertiär transportierten Goldkörner könnten die Cordierit-Sillimanit-Gneise der Bunten Gruppe am Rachel-Massiv sein, wo ebenfalls Gold-Wismut-Verwachsungen (FEHR, HAUNER & WEBER 1997) nachgewiesen sind.

In wenigen Exemplaren wurden auch Kristallstücke von **blauem Saphir** (Al_2O_3 mit Fe und Ti; Abb. N 1.6) mit sechseckigem Querschnitt, zonarem Aufbau und Sternsaphir-Effekt gefunden, ein Novum für den Bayerischen Wald. Bislang sind nur derbe Partien von Saphir inmitten eines Muskovitmantels auf großen Andalusitkristallen aus Pegmatiten des Inneren Bayerischen Waldes (HAUNER 2015) bekannt geworden, Sekundärbildungen aus der Umwandlung von Andalusit. Als Herkunftsgebiet der blauen Loizersdorfer Saphir-Kristalle könnten längst erodierte Pegmatitgänge vom Ostrand des Fürstenstein-Tittling-Saldenburg-Granitplutons (K 4, S. 191) infrage kommen. Weiße bis hellbraun gefärbte **Zirkon-Kristalle**

($ZrSiO_4$) waren in den tertiären Flusssedimenten zahlreich (Abb. N 1.5) jedoch winzig klein. Zirkon ist ebenfalls aus den Pegmatitadern bei Matzersdorf-Stützersdorf bekannt (STRUNZ 1971). Stellenweise kamen im tertiären Flussschotter auch Kristallkörner von **Monazit** ($CePO_4$) vor. Ausgangsgesteine sind auch in diesem Fall Pegmatitgänge und metamorphe Gesteine des Nahraums.

Über Rappenhof fahren wir weiter auf steiler Strecke ins Ilztal bei der Schrottenbaummühle hinunter und parken unweit der Ilz-Brücke. Die Wanderung führt uns 2 km weit flussabwärts bis zur Einmündung der Wolfsteiner Ohe unterhalb der Burg Fürsteneck. Auf der anderen Talseite geht es dann wieder zurück.

N 2 Wanderung entlang der oberen Ilz: Von der Schrottenbaummühle zur Burg Fürsteneck

Etwa 2,5 Kilometer östlich des tektonischen Grabens von Loizersdorf fließt die heutige Ilz parallel dazu in einem **150 Meter tiefen Kerbtal** (Abb. N 2.1). Es setzt 3 Kilometer oberhalb der Schrottenbaummühle an und geht in gerader Strecke bis zur Burg Fürsteneck. Seine V-Form weist darauf hin, dass der Einschnitt in die alttertiäre ± 550-Meter-Rumpffläche des Passauer Vorwaldes – geologisch gesehen – jung sein muss. Hier verläuft **die längste nordnordwest-südsüdost verlaufende bruchtektonische Störung des Unteren Bayerischen Waldes**, an die auch noch das Vydra-Tal in Tschechien angebunden ist (LEHRBERGER, SAURLE, HARTMANN 2003). Eine ganze **Schar jungmiozän-pliozäner Störungslinien,** die ca. 5 Mio. Jahre alt sind und allgemein Nord-Süd verlaufen (Abb. F 2.1), prägen den Raum. Flüsse wie die Wolfsteiner Ohe und die Ilz folgen ihnen.

Unsere Wanderung verläuft entlang des Flusses im 1997 geschaffenen, 380 Hektar großen **Naturschutzgebiet »Obere Ilz«**. Dieses reicht vom Zusammenfluss der Großen Ohe (Quellgebiet am Rachel) mit der Kleinen Ohe (Quellgebiet am Lusen) bei Eberhardsreuth über die Wildwasserstrecke bei Diessenstein mit 13 % Flussgefälle und die Schrottenbaummühle bis zur Burg Fürsteneck. Eisvogel und Flussuferläufer, Flussperlmuschel, Flusskrebs und der für das Stromsystem der Donau ehemals charakteristische Huchen (Donaulachs) haben hier ihr Refugium.

Das Sägewerk Schrottenbaummühle entstammt noch einer Zeit der **Holztrift**, die im 18. Jahrhundert entstand und binnen sechs Wochen Holzstämme vom Inneren Bayerischen Wald auf der Ilz bis zum Passauer Holzhafen brachte. Flussabwärts stößt man gelegentlich auf massive Sperrwerke der Triftzeit. Die Pegelmessstelle Schrottenbaummühle liegt nahe der Brücke, wo unsere Wanderung beginnt. Hier fließt Ilzwasser aus dem 365 Quadratkilometer großen Einzugsgebiet durch. Der mittlere Wasserstand beträgt 68 Zentimeter, die höchsten Wasserstände liegen zwischen 2,6 und 3,3 Meter bei Abflussmengen von 130–210 Kubikmetern pro Sekunde. Extremes Hochwasser kann sich ab der Einmündung der Wolfsteiner Ohe bei Burg Fürsteneck auf über 4 Meter Höhe aufbauen.

Hoch über dem Tal und auch an seinen steilen Hängen steht mittel- bis grobkörniger **Diatexit** an, ein migmatitisches Gestein mit allen Übergängen von deutlicher Schieferung bis zu granitähnlichem Aussehen. 700 Meter nach Beginn der Wanderung queren wir einen 100 Meter breiten, fein- bis mittelkörnigen Granitgang, der beiderseits der Ilz in kleinen Steinbrüchen abgebaut, auf Rollwägen gebracht und im Bahnhof Kalteneck verladen wurde: ein mühsame Arbeit für die Steinhauer. An seinem Nordrand wird der Granit von einem grünlichgrauen Mylonitstreifen begleitet.

An der Einmündung der Wolfsteiner Ohe, unterhalb der um 1200 vom Passauer Fürstbischof errichteten Burg Fürsteneck mit quadratischem Bergfried, ist dem hier lebenden und wirkenden **Maler und Graphiker JOSEF FRUTH** (1910–1994) zu Ehren eine Felswand

Abb. N 2.1. Obere Ilz zwischen Schrottenbaummühle und Burg Fürsteneck.

Abb. N 2.2. Dazit am Fruth-Felsen, Ilztal unterhalb der Burg Fürsteneck.

geglättet und mit einem Sinnspruch versehen worden. Es war sein Lieblingsplatz im Laubwald am Fluss. Ohne es zu ahnen, hat uns der Steinmetz durch den Anschliff des Gesteins einen besonderen Gefallen erwiesen. Nur so werden wir auf die besondere Struktur eines im Bayerischen Wald ungewöhnlichen Gesteins (Abb. N 2.2) aufmerksam. Es handelt sich um das gangartige Vorkommen eines hellen, grünlich-beige getönten **Dazits** (TEIPEL et al. 2008). Er besteht zu 66 % aus Quarz, enthält bis 5 Millimeter große Plagioklas-Einsprenglinge, auch Alkalifeldspat und dünne, schwarzgrüne Amphibolitnadeln. Anders als die dunklen basischen Schmelzen gehört er zur **Gruppe der silikatischen vulkanischen Gesteine**, deren kieselsäurereiche Schmelze an der Erdoberfläche bei 950–750 °C als Lava austritt oder auch Gänge in Vulkanzentren bilden kann. Dazit ist ein Erguss-Äquivalent des Granodiorits. Dieser Fund verstärkt die Hinweise auf eine Gesteinsprovinz mit ehemaligem Vulkanismus. Der Name der Gesteinsart ist wenig bekannt, bekannter sind die verheerenden Wirkungen der von den Vulkanen Mount St. Helens (1980) und Pinatubo (1991) ausgestoßenen Dazit-Asche. Am nächsten Exkursionspunkt lässt sich der vulkanische Eindruck vertiefen.

Es geht weiter über Eisenbernreuth in die Ortsmitte von Röhrnbach und ab hier auf der Steinerleinbacher Straße bis zum gleichnamigen Ort. Der Steinbruch liegt am nördlichen Ortsrand. Das Betreten des Steinbruchs der »Fa. Josef Uhrmann OHG, Steinerleinbach bei Röhrnbach« bedarf der Anmeldung und Genehmigung im Firmenbüro oder beim Sprengmeister und unterliegt stets dem eigenen Risiko. Erhöhte Vorsicht in der Nähe der steilen Abbrüche ist dringend geboten (Helmpflicht).

N 3 Steinerleinbach bei Röhrnbach: Gesteine eines vulkanischen Inselbogens

Das Gestein wird mittels moderner Großgeräte abgebaut und in der benachbarten großen Aufbereitungsanlage der Fa. Josef Uhrmann OHG zu Sand, Kies und Schotter für den Straßenbau und als Zuschlagstoff für die Bau- und Betonindustrie verarbeitet (HABEL 2009).

Der Steinbruch liegt 8 Kilometer südlich der Pfahl-Störung bzw. 4 Kilometer südlich des Palit-Komplexes (vgl. N 4, N 5) inmitten eines 15 × 30 Kilometer großen Bereichs von Gesteinen, die wegen ihrer Amphibolit-Vorkommen und hoher Hornblendeanteile auffallen. Die Grautönung des Gesteins (Abb. N 3.1) kommt von den eisen- und magnesiumreichen Mineralen der Hornblendegruppe und von reichlich Biotit. Im Gegensatz zu ähnlich aussehenden Granodioriten in einem Granit-Intrusivkomplex (z. B. Hauzenberg-Waldkirchen) hat das Gestein von Steinerleinbach jedoch auffällige Strukturen entwickelt. Es gibt zahllose Einschlüsse von noch dunkleren Gesteinsfragmenten (Abb. N 3.2) die mit der Grundmasse der Schmelze ungenügend verrührt erscheinen. Dieses Vermischung entstand durch **hochgradige Aufschmelzung (Diatexis) verschiedener magmatischer Ausgangsgesteine in plastischem Zustand** (sog. Orthoanatexit). Untersuchungen an **Zirkonen** ergeben eine druckbetonte Metamorphose vor 342–330 Mio. Jahren und eine Schmelze vor 333–320 Mio. Jahren bei Temperaturen von über 900 °C (SIEBEL et al. 2012).

Entstehungsgeschichtlich ist es ein **Amphibol** führender **Diatexit** (PROPACH et al. 2008a). Der im Vergleich hellgraue Diatexit enthält Quarz zu 62–65 %. Als Ausgangsgestein kommt Dazit (Abb. N 2.2), ein silikatreiches, vulkanisches Gestein infrage, das basische Äquivalent der Granodiorite. Die **dunklen,**

feinkörnigen Gesteinseinschlüsse, welche der hellgraue Diatexit umfließt, erscheinen zugerundet, gefaltet und in streifiger bis körniger Auflösung (Abb. N3.3). Sie haben nur 52 % Quarz und dafür mehr Aluminium, Eisen und Magnesium. Ihre hohen Aluminium-Gehalte von 20 % sind typisch für **vulkanische Gesteine von Inselbögen**. Die Ausgangsgesteine sind Basalte mit sehr hohem Anteil an Amphibol und Pyroxen (PROPACH et al. 2008a). Sie können von flachen Schildvulkanen (z.B. Hawaii), basaltischen Deckenergüssen (z.B. Island) oder von Meeresbodenbasalten stammen. Im Großraum gibt es mehrere Vorkommen von metamorphen Basalten (Metabasit) mit Amphibolit (Abb. 10).

Den Gesteinsstrukturen im Palit-Komplex (N5, S. 235) sind jene des Amphibol führenden Diatexits von Steinerleinbach mit seinen schwarzen, Mg-Fe-Al-reichen Einschlüssen nicht unähnlich. Dies zeigt der granodioritische Palit mit Einschlüs-

Abb. N3.1. Steinbruchwand aus hellgrauem, Amphibol führendem Diatexit aus ehemals vulkanischem Gestein, Steinerleinbach.

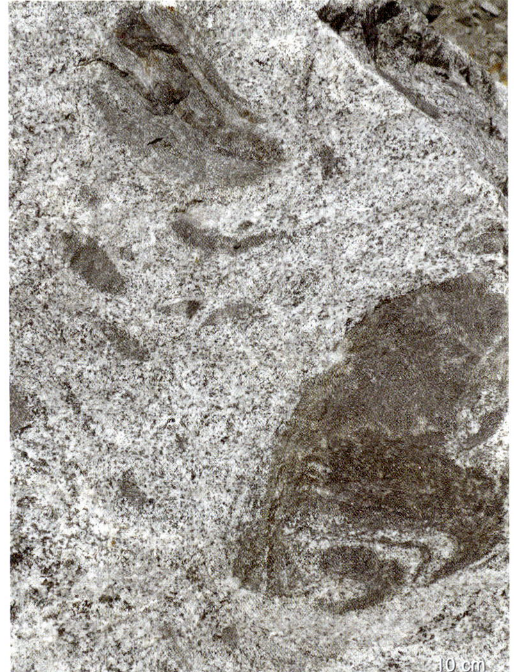

Abb. N3.2. Hellgrauer, Diatexit mit dunklen Einschlüssen (kompakt, gerundet, gefaltet, und streifig verzogen und mit hellen Mineralien gefüllt), Steinerleinbach.

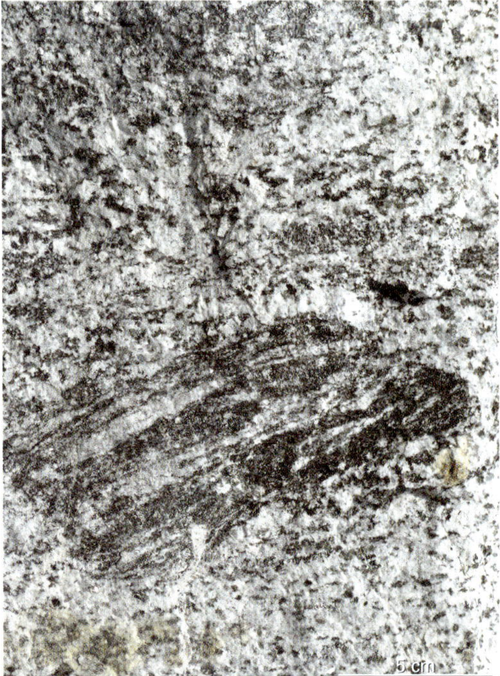

Abb. N3.3. Dunkler Einschluss im Diatexit mit hellen Zwischenlagen und körniger Auflösung, Steinerleinbach.

Abb. N3.4. Anatas-Kristall in Quarzkristallader, Steinerleinbach. – GEORG WIMMER.

Abb. N3.5. Pseudomorphose von Akanthit nach Argentit aus einer Quarzkristallader, Steinerleinbach. – JOSEF PENZKOFER.

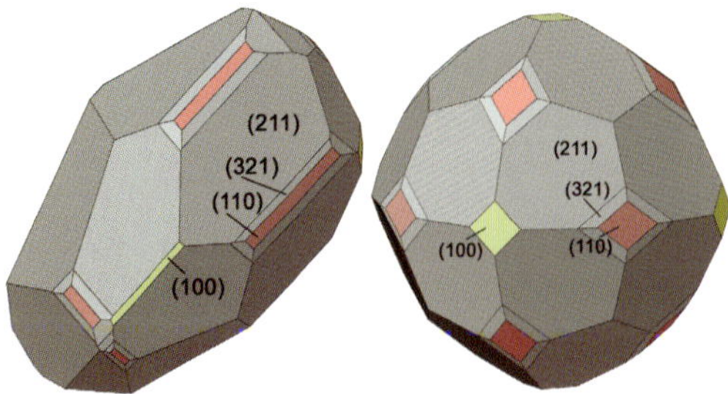

Abb. N3.6. Kristallmodelle der Pseudomorphose Akantit nach Argentit (Abb. N3.5) von Steinerleinbach in realer und idealisierter Kristallform. – JOSEF PENZKOFER.

sen dunklen, gabbroiden Palits von Schönberg (Abb. 11). Der Übergang von den Diatexiten des vulkanischen Inselbogens zu den Paliten südlich der Pfahlzone erfolgt ohne scharfe Grenze.

Die schmalen **Dazit-Gänge** an der Ilz bei Fürsteneck und nordwestlich der Schrottenbaummühle passen zu dem stärker vulkanisch geprägtem Bild. Ebenso 0,5–1,5 Kilometer große Flecken basischer Magmatite, die nachträglich metamorphisiert wurden und deshalb **Metabasite** genannt werden. Sie kommen in der Umgebung von Schönberg (Abb. 10), in der Bärnsteinleite bei Grafenau und bei Wegscheid vor.

Man muss sich also hier in Steinerleinbach für die längst vergangene Zeit **vor 334 Mio. Jahren** (SIEBEL et al. 2012) den **Nordrand des Südkontinents Gondwana** vorstellen, der unmerklich einige Mikrokontinente vor sich herschiebt, eine **vulkanische Inselkette** ähnlich den Sundainseln Indonesiens, Traumziel vieler Urlauber. Lange nach dem Urlaub verändert sich die Szenerie während der Kaledonischen Gebirgsbildung. Das Moldanubikum der Böhmischen Masse entsteht.

Diese für den Bayerischen Wald ungewöhnliche Entstehungsgeschichte hat eine ungewöhnliche Mineralisation zur Folge. Nicht weniger als **134 Mineralarten** (HABEL 2009, 2014) konnten in den vergangenen 40 Jahren im Steinbruch Steinerleinbach gefunden werden, womit er Spitzenreiter im Bayerischen Wald ist. Es sind keine Kristallstufen für Schauvitrinen sondern **Micromounts** im Millimeter-Bereich. Und dennoch eine Zauberwelt unter dem Stereomikroskop von höchst interessanten und teils seltenen Mineralen. In einer Reihe von Fällen genügen die kristalloptischen Möglichkeiten der Mineralbestimmung nicht mehr. Zur qualitativen sowie quantitativen chemischen Analyse im Mikrobereich bedarf es energiedispersiver Röntgenspektroskopie (EDX).

Für den Mineraliensammler sind die »**alpinotypen Klüfte**« von Interesse, in der folgende Mineralien charakteristischerweise vorkommen: Quarz, Glimmer, das weiße Feldspatmineral Adular, derber Wolfram-haltiger Scheelit ($CaWO_4$), strahlig-grüne Aktinolith-Kristallbündel ($Ca_2(Mg,Fe^{2+})_5Si_8O_{22}(OH)_2$) wie im Pinzgau, milchig weiße, kugelige Apatit-Kristalle, die aus dem Tessin stammen könnten und die Titanminerale Rutil, Titanit, Ilmenit und Anatas (Abb. N3.4).

Die in Quarzadern vorkommende **Erzmineral-Paragenese** enthält Bleiglanz (Galenit), Zinkblende (Sphalerit), Schwefelkies (Pyrit), Markasit, Kupferkies (Chalkopyrit), Weißbleierz (Cerussit),

Grünbleierz (Pyromorphit), Rotkupfererz (Cuprit) und eine Reihe weiterer Pb-, Cu-, Bi-, Mg-, Fe, Al-Mineralien.

Als **Seltenheiten** gelten beispielsweise Bazzit (himmelblaues scandiumhaltiges Beryll-Mineral), Caysichit-Y (19 % Anteil von Yttrium) oder ein Silbermineral (Ag_2S) als »Pseudomorphose von Akanthit nach Argentit« (Abb. N3.5). Die mineralogische Besonderheit liegt darin, dass das Silbersulfid in kubischer Kristallform als Argentit auskristallisiert und sich beim Abkühlen unter 173 °C in einen stabilen Akanthit umwandelt, der eine monokline Kristallform haben sollte. Wie in unserem Fall bleibt es dann meist bei der ersten Kristallform: Diesen »Akanthit-Kristall im falschen Mäntelchen« zeigen zwei Kristallzeichnungen von JOSEF PENZKOFER (Abb. N3.6), einmal wie er wirklich aussieht und einmal entsprechend idealisiertem Kristallmodell.

Wieder zurück in Röhrnbach folgen wir der B12 in Richtung Freyung, um bei Aigenstadl links abzuzweigen. Dem Wegweiser Carbidwerk folgen wir hinunter bis zum Beginn des Wanderweges Nr. 3 bei der Informationstafel und parken dort. Wegen der Feuchte im Tal und des teils felsigen Bodens wird festes Schuhwerk empfohlen.

N4 Wanderung durch die »Buchberger Leite« bis zur Geotop-Tafel

Die Buchberger Leite gehört zu den schönsten Geotopen Bayerns und ist durch einen öffentlich zugänglichen Privatweg, der zugleich offizieller Wanderweg ist, sehr gut erschlossen. Dabei beschränken wir uns auf den geologisch besonders interessanten und wildromantischen Abschnitt von 2 Kilometern Länge bis zur Geotop-Tafel und kehren auf gleichem Weg wieder zum Parkplatz zurück.

Die 100 Meter eingetiefte **Engtalstrecke der Buchberger Leite** ist der Erosionsleistung der Wolfsteiner Ohe zu verdanken. Diese kennen wir bereits von ihrer Mündung in die Ilz bei der Burg Fürsteneck (N2, S. 229). So brauchen wir also nur dem Fluss aufwärts zu folgen, um tief in die Erdgeschichte vorzudringen. Zum Naturerlebnis wird auch der Fluss selbst wegen seines starken Gefälles und des resultierenden Wildbachcharakters in der romantischen Klamm. Dennoch ist die heutige Wasserführung wegen der Erzeugung von Hydroelektrizität gebremst. Ohne menschliche Eingriffe würde sie 3,7 Kubikmeter pro Sekunde betragen, beim Jahrhunderthochwasser im Dezember 1993 waren es ca. 100 Kubikmeter pro Sekunde.

Am Start vor dem kurzen Tunnelstück steht grüngrauer Fels an, dessen Bestandteile stark zerbrochen und wieder miteinander verbacken sind, denn Quarz und Glimmer umfließen zugerundete Gesteins- und Feldspatkristall-Einschlüsse. Hinsichtlich der Struktur erinnert das Felsgestein an tektonisch überprägte Gesteine vom Bogenberg (G3, S. 95). Das Ausgangsgestein ist hier jedoch anderer Art, ein **dunkler Palit** mit hohen Anteilen von Hornblende und Biotit, dessen Ursprung magmatische Schmelzen sind (vgl. N5, Saunstein), die vor 334±3 Mio. Jahren (SIEBEL et al. 2005) intrudierten.

Nach dem Tunnel stehen wir unvermittelt in einer steilwandig eingetieften **Klamm**, wie man sie aus den Alpen kennt (Abb. N4.1). An der Felswand neben dem Wanderweg und besser noch an manchen großen Felsblöcken am Boden erkennt man einen Mylonittyp (sog. **Protomylonit**), der eine große Zahl kantengerundeter Palit-Gesteinsbruchstücke enthält, die von einer

Abb. N4.1. Buchberger Leite – Klamm der Wolfsteiner Ohe.

Abb. N 4.2. Protomylonit mit Gesteins- und Kristallbruchstücken, die von einer Glimmer-Quarz-Masse umflossen werden, im Kontakt zum körnigem Mylonit mit Lagenstruktur, Buchberger Leite.

Glimmer-Quarz-Masse umflossen werden. Es bedurfte hierfür einer Bildungstemperatur von über 500 °C. Abhängig vom Grad der Deformation zeigen die großen Blöcke am Bach unterschiedliche Gesteinsstrukturen. An einer senkrechten Gangkluft erahnt man Quarzpartien, die einer Hochwasser-Reinigung bedürften. Hier sind vor 250 Mio. Jahren kieselsäurehaltige Wässer aufgestiegen, die durch Abkühlung zu Gangquarz auskristallisierten, ein schmaler Nebenpfahl, der hoch über der Klamm über 4 Kilometer Länge verfolgt werden kann (ROHRMÜLLER et al. 2017)

Auf den nächsten 800 Metern der Wegstrecke begleitet uns das bekannte Gesteinsspektrum. Deshalb gilt die Aufmerksamkeit verstärkt den Blöcken im Bach und deren fluviatiler Überformung. An jener Stelle, wo erstmals Steinstufen hinunter führen, sollte man dem Weg-Angebot folgen: Ein großer Felsblock vereint zwei Palit-Varianten (Abb. N 4.2), die unterschiedlich deformiert und mylonitisiert sind. 15 Meter bachabwärts von dieser Stelle sieht man schöne fluviatile Strudeltöpfe (N 4.3) auf einer Felsplatte anstehenden Gesteins. Achtung! Bei feuchten Stein-/Moosflächen besteht größte Rutschgefahr. Später führt ein ausgetretener Pfad zu zwei **Kolken** von 2 Metern Durchmesser an einer Kaskade.

Wenn der allgemeine Talverlauf nach Osten dreht, sind wir im **Zentrum der Pfahl-Zone** angelangt. Das Gestein ist hier extrem feinkörnig. Der **feinkörnige Mylonit** (Abb. N 4.3) zeigt deutliche Parallelstruktur, starke Zerklüftung setzt ein. Unter dem Mikroskop sieht man beim **planaren Mylonit** (Abb. N 4.4) umfassende Mineralneubildung und Chloritisierung. Die **Mylonitisierung der Gesteine der Pfahl-Zone begann vor 315 Mio. Jahren** (GALADI-ENRIQUEZ et al. 2010) **anfangs bei Temperaturen über 500 °C in 10–15 Kilometern Tiefe**. Später verengte sich der aktive Bereich der Deformation und Gesteinsbildung zur Mitte der Bruchzone hin, so dass am Ende planare bis lagige Mylonit-Gesteinsstrukturen bei **abschließend 300 °C in 5–10 Kilometern**

Abb. N 4.3. Strudellöcher der Wolfsteiner Ohe in der Buchberger Leite.

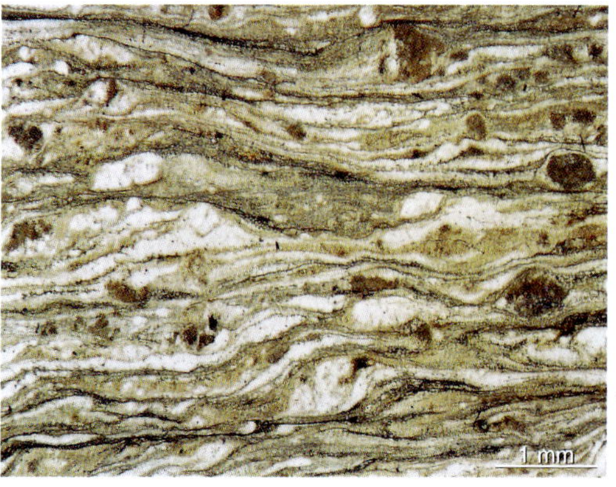

◁ *Abb. N 4.4. Planarer Mylonit, Pfahl-Zone, Dünnschliff. – Foto: CHRISTIAN ARTMANN, Diplomarbeit 2001, Abb. 4-27 (Ausschnitt).*

Tiefe entstanden (ARTMANN 2001). In derartige Erdkrustentiefen sind wir also bei unserem Spaziergang vorgedrungen.

Wo an der nördlichsten Stelle der Buchberger Leite von links ein Seitenbach mündet, fallen bei trockenem Zustand helle, meist kantige Gesteinsstücke am Weg auf. Die nähere Betrachtung ergibt ausschließlich feinstkörnige Bestandteile, die durch ihre Anordnung eine ausgeprägte Lagentextur hellgrauer und dunkelgrauer Schichten in Wechselfolge, ähnlich den Jahresringen von Bäumen, gebildet haben. Es sind die zahllosen Scherflächen eines Gesteins (**Ultramylonit**), das durch höchsten Druck entstanden ist. Einige Handstücke zeigen, dass in einer zweiten Phase tektonischer Beanspruchung (Abb. N4.5) dieser Ultramylonit nachträglich im Zentrum der Pfahlstörung nochmals gefaltet und geknickt (LEHRBERGER et al. 2002) wurde.

Abb. N4.5. Ultramylonit mit sekundär gebogenen, gefalteten und geknickten Scherflächen, Zentrum der Pfahl-Zone in der Buchberger Leite.

Abb. N4.6. Ultramylonit-Wand mit Geotop-Tafel: Zentrum der Pfahl-Zone in der Buchberger Leite.

Die hohe glatte Felswand hinter der Geotop-Tafel (Abb. N4.6) besteht aus diesem Ultramylonit: Im bergfeuchten Zustand wirkt er dunkler und die Glättung der Wand ist eine Folge der senkrecht stehenden, dem Betrachter zugewandten Scherflächen. Der Ursprung der parallelen Scherflächen liegt im Ausgangsgestein der Cordierit-Sillimanit-Gneise des Inneren Bayerischen Waldes. Im Übrigen: Wir befinden uns im **Zentrum der Pfahl-Zone und es fehlt jegliches Anzeichen eines hydrothermalen Pfahlquarzganges**.

Zurück auf der B12 geht es in Richtung Freyung, dann jedoch auf der B533 an Grafenau vorbei und wenige Kilometer später nach Schönberg. Durch das Ortszentrum und auf der Regener Straße fährt man nach Saunstein ins dortige Gewerbegebiet rechts hoch. An der Warntafel muss man vor dem Betriebsgelände der Fa. »Schönberger Schotterwerk G. Thiele KG« parken und die Erlaubnis zum Betreten des Steinbruchgeländes auf eigene Gefahr erfragen.

N5 Steinbruch Saunstein bei Schönberg

Der Steinbruch Saunstein der Fa. »Schönberger Schotterwerk G. Thiele KG« liegt am Koxberg inmitten des langgestreckten, als **Palit** bezeichneten Gesteinskomplexes, der sich über eine Länge von 45 Kilometern am Südrand der Pfahl-Zone (s. Exkursionskarte N) erstreckt. Im Profilschnitt bis Oberkreuzberg (Abb. N5.1) zeigt sich, dass er inmitten mafischer Palite (durchquert von einem jüngeren Granitmylonit, sog. »Nebenpfahl«) liegt. Nach Norden schließt sich auf einer Strecke von 2 Kilometern zunehmend **mylonitisierter Palit** (unterbrochen von einer jungen Granitintrusion) an und danach beginnt die eigentliche, ca. 2 Kilometer breite **Pfahl-Zone** mit verschieden stark gepräg-

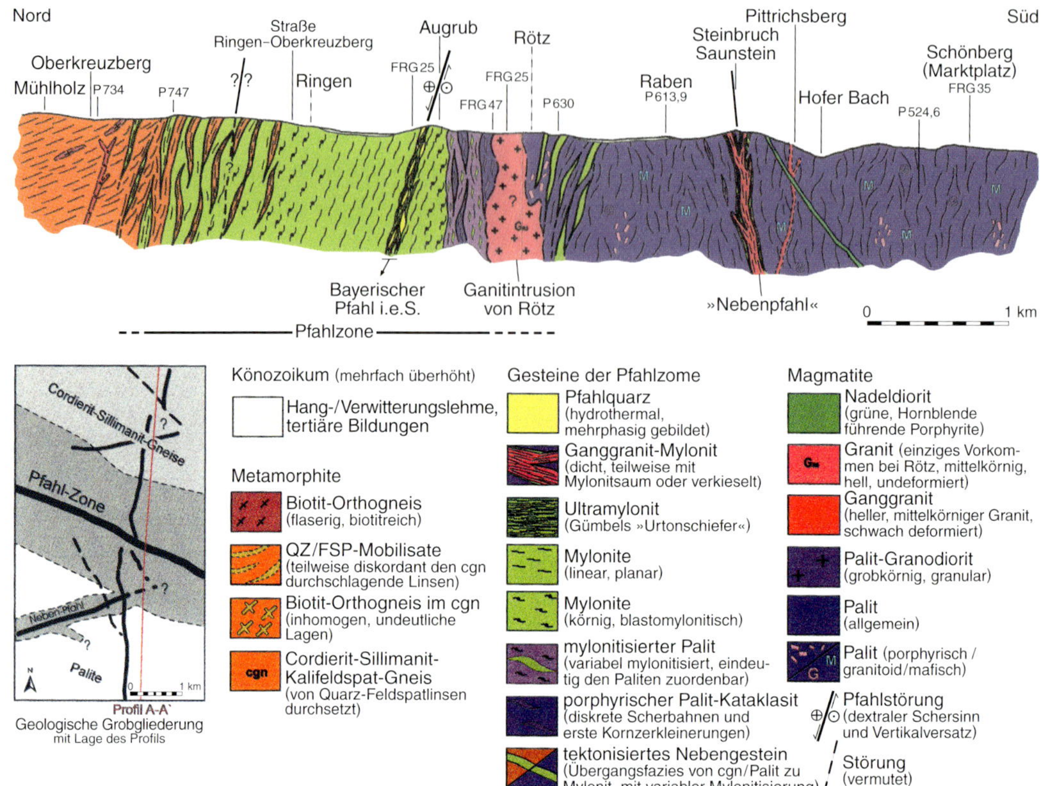

Abb. N5.1. Nord-Süd-Querprofil »Oberkreuzberg – Steinbruch Saunstein – Schönberg« durch Metamorphite, Pfahlzone und Palit-Komplex. – Diplomkartierung CHRISTIAN ARTMANN *2001, Erl. Geol. Karte Bayern, Bl. 7146 Grafenau, Anlage 2.*

ten Myloniten (Blastomylonit, körniger Mylonit, planarer Mylonit und Ultramylonit) In ihr verläuft meist ziemlich mittig der wesentlich jüngere Pfahlquarzgang. Nördlich der Pfahl-Zone beginnt der Cordierit-Sillimanit-Kalifeldspatgneis (ARTMANN 2001).

Zunächst prägt auch hier der **engräumige Wechsel von sauren und basischen Teilschmelzen** und damit eine Magmen-Mischung den Gesteinskomplex. Das Gestein erinnert abwechselnd an mittelkörnigen Granit, Kristallgranit, Hornblende führenden Granodiorit und feinkörnigen Gabbro, ohne dies zu sein.

Die **granitoide Variante des dunklen Diatexits (Palit)** enthält folgende Gemengeteile (ARTMANN 2001): Kalifeldspat 46 %, Plagioklas 24 %, Quarz 16 %, Biotit <10 %, Hornblende und Chlorit 4 %. Gelegentlich sind Fließgefüge mit deutlicher Einregelung der Feldspäte erkennbar, dann dominieren wieder granitische bis aplitische Schlieren oder feinkörnige Gesteinsschlieren mit dunklen Gemengeteilen fließen hindurch. Enthält der granitoide Palit zahlreiche 2–8 Zentimeter großen Kalifeldspat-Einsprenglinge, spricht man von porphyrischem Palit (Abb. N5.2). Auch Abbildung 11 zeigt die granodioritische Varietät des dunklen Diatexits, jedoch sind in dem Stein auch scharf abgegrenzte Einschlüsse dunklen, gabbroiden Palits enthalten.

Die feinkörnige **gabbroide Variante des Palits** (Abb. 11, S. 11) enthält hohe Anteile von 38 % Hornblende und 35 % Biotit, Mineralien mit hohen Anteilen an Magnesium und Eisen (sog. mafische Minerale), die das Gestein dunkel bis schwarz einfärben. Die beiden Feldspäte Plagioklas und Kalifeldspat bringen es zusammen auf 24 %. Quarz und Chlorit, der selbst wieder durch Mylonitisierung aus Biotit und Hornblende gebildet wurde, haben zusammen als Nebengemengteile 4 %.

Abb. N 5.2. Granitoide, porphyrische Varietät des dunklen Diatexits (Palit), Steinbruch Saunstein bei Schönberg.

Abb. N 5.3. Epidot-Kristalle in einer Gesteinskluft der granitoiden Variante des dunklen Diatexits (Palit), Steinbruch Saunstein. Bildbreite 7 cm.

Epidot (Abb. N 5.3) ist als akzessorisches Mineral immer zugegen (ARTMANN 2001). Das magmatische Ausgangsgestein der gabbroiden Varietät des Palits intrudierte vor 334 ± 3 Mio. Jahren (SIEBEL et al. 2005).

Dies ließ sich ermitteln, weil am Südrand des Bruches ein **mylonitisierter Aplit/Ganggranit** (ultramylonitische Prägung) mit hohem Quarzanteil den dunklen, hornblende- und biotitreichen Palit (Abb. N 5.4) durchquert. Es spricht manches dafür, dass seine Intrusion mit der Mylonitisierung einherging (ARTMANN 2001), welche auch den Palit überprägt und uns sein heutiges Bild vermittelt. An der Grenze zum Mylonitgranit sind die Feldspateinsprenglinge des gabbroiden Palits parallel zum Granitgang eingeregelt, was die Gesteinsplastizität im Rahmen hochtemperierter Deformation erlaubt. U-Pb-Altersdatierungen an Monaziten dieses **Mylonitgranits** (GALADI-ENRIQUEZ et al. 2010) ergaben Alter von 324,4 ± 0,8 Mio. Jahren für die Platznahme des Saunsteiner Granitgangs im tiefen bis mittleren Niveau der Erdkruste. Seine Deformation bzw. Mylonitisierung (Abb. N 5.5) mit einer Kompression in Richtung Nordost-Südwest erfolgte 2 Kilometer vom Südrand der Pfahl-Zone entfernt inmitten des Palit-Komplexes und zeitgleich mit dessen **Deformation vor 315 Mio. Jahren** (GALADI-ENRIQUEZ et al. 2010).

Abb. N 5.4. Am Kontakt des mylonitisierten Granitgangs mit der gabbroiden Varietät des Palits, Steinbruch Saunstein.

Im Steinbruch wurden bislang annähernd 40 verschiedene Minerale (HABEL & HABEL 1989) gefunden, die in jeder der beiden Gesteinsarten Palit und Mylonitgranit eine eigene Paragenese bilden. Feldspäte sowie Quarz, Zoisit und **Epidot**

Abb. N5.5. Mylonitisierter Granit, Steinbruch Saunstein.

Abb. N5.6. Beryll aus einer pegmatitischen Zone im mylonitisierten Granitgang, Steinbruch Saunstein bei Schönberg. Foto: JOSEF PENZKOFER.

Abb. N5.7. Milarit-Kristalle in einer verquarzten Zone im mylonitisierten Granitgang, Steinbruch Saunstein bei Schönberg. Foto: JOSEF PENZKOFER.

(Abb. N5.3) sind in beiden vertreten. Der Palit enthält Hornblende nicht nur als gesteinsbildenden Gemengteil, sondern auch in kristallisierter Form in Klüften zusammen mit Titanit, Pyrit, Hämatit, Magnetit, Calcit den Zeolith-Mineralien Heulandit, Chabasit und Stilbit (vgl. Abb. K4.9). Der hornblende- und glimmerfreie, aber quarzreiche Mylonitgranit lässt sich charakterisieren durch Fluorit (farblose bis violette Kristalle in Oktaeder- bis Rhombendodekaeder-Form), Beryll ($Be_3Al_2Si_6O_{18}$; Abb. N5.6) und das seltene Beryllium-Mineral Milarit ($KCa_2(Be_2AlSi_{12})O_{30} \cdot H_2O$; Abb. N5.7), das als Niederdruckmineral bei ca. 250 bis 200 °C gebildet wurde.

Die reichliche Klüftung der Gesteine und ihre Variabilität führt zur Verwendung als Edelsplitt. Der rosa getönte Mylonitgranit wird von der Firma Thiele Bayerwald Granitwerk unter der Handelsbezeichnung »Liparit« vertrieben (Abb. N5.5).

O Am Pfahl entlang

Unwillkürlich verbinden wir mit dem Begriff »Pfahl-Zone« auch die Existenz des »Pfahls« als Quarzmauer. Dieses Phänomen werden wir bei der Exkursion reichlich sehen, aber in der Buchberger Leite (N 4) und im Steinbruch Saunstein (N 5) fehlt es bis auf schmale »Nebenpfahl-Quarzgänge«. Weiter östlich beim 30 Meter hohen Pfahlfelsen der Burg Wolfstein in der Saußbach-Schleife von Freyung (Abb. O 0.1) oder am Großen Michelbach bei Neureichenau fehlt der Pfahlquarzfels **völlig**. Stattdessen findet man im Zentrum der Pfahl-Zone die senkrecht stehenden, nordwest-südost-verlaufenden **dünnen Lagen des** Ultramylonits, der vor 315 Mio. Jahren (GALADI-ENRIQUEZ et al. 2010) entstand, optisch überprägt von einer querenden gröberen Klüftung. Im Falle von Neureichenau ist der Ultramylonit durch Fe-haltigen Chlorit auffällig blau (Abb. O 0.2) gefärbt. Die genannten vier Stellen sind Teil der 28 Kilometer langen, quarzaderfreien Pfahlstörung vor der österreichischen Landesgrenze. Auch daraus wird deutlich, dass der **Palit-Komplex** am Südrand der Pfahlzone,

Abb. O 0.1. Schloss Wolfstein über der Saußbachschleife (636 m), grob geklüfteter und zugleich feinlagiger Ultramylonitfels im Zentrum der Pfahl-Zone in Freyung.

Abb. O 0.2. Blauer Ultramylonit aus dem Zentrum der Pfahl-Zone am Großen Michelbach bei Neureichenau.

die **mylonitisierten Gesteine** der Pfahl-Zone und der **Pfahlquarz** genetisch nichts miteinander zu tun haben. Große Zeiträume liegen jeweils dazwischen. Ihre bedeutsame Gemeinsamkeit besteht darin, dass sie in der selben, **mehrfach durch Plattentektonik aktivierten Schwächezone der Erdkruste, die wir Pfahlstörung nennen**, gebildet wurden. Sie wurde spätestens während der variszischen Gebirgsbildung angelegt (ROHRMÜLLER et al. 2017).

Die 150 Kilometer lange, nordwest-südost streichende Pfahlstörung ist das ausschlaggebende tektonische Element bei der Abgrenzung des »Bavarikums« innerhalb der moldanubischen

Region. Die Mylonitisierung in der Pfahl-Zone, anders gesagt die plastische Deformation bis in tiefere Bereiche der Erdkruste entlang der gigantischen tektonischen Verwerfung, zeigt in der Pfahlzone die abschiebende Bewegung des Nordost-Blocks des Inneren Bayerischen Waldes. Die später erfolgende spröde Deformation ist Ergebnis einer seitlichen Versetzung (LINNER 2007).

Wir starten südlich von Regen im Ort Weißenstein am höchsten Punkt des Bayerischen Pfahls.

O1 Burgruine Weißenstein (758 m) bei Regen

Am Nordrand der tektonischen Einheit des »Bavarikums« konnten **vor 239 ± 7 Mill. Jahren** (HORN et al. 1986) in einer bereits bestehenden tektonischen Schwächezone der Erdkruste (sog. Pfahl-Zone) hydrothermale Lösungen aus tief reichenden Spalten der Erdkruste aufsteigen und bei Abkühlung an den Kluftwänden milchig weißen bis hellgrauen Quarz absetzen. Eine **hydrothermale Ganglagerstätte** von seltener Größe begann sich durch mehrphasige Materialzufuhr auszubilden. Später wurden die darüber liegenden Gesteine wie Gneis oder Pfahl-Mylonit durch Mil-

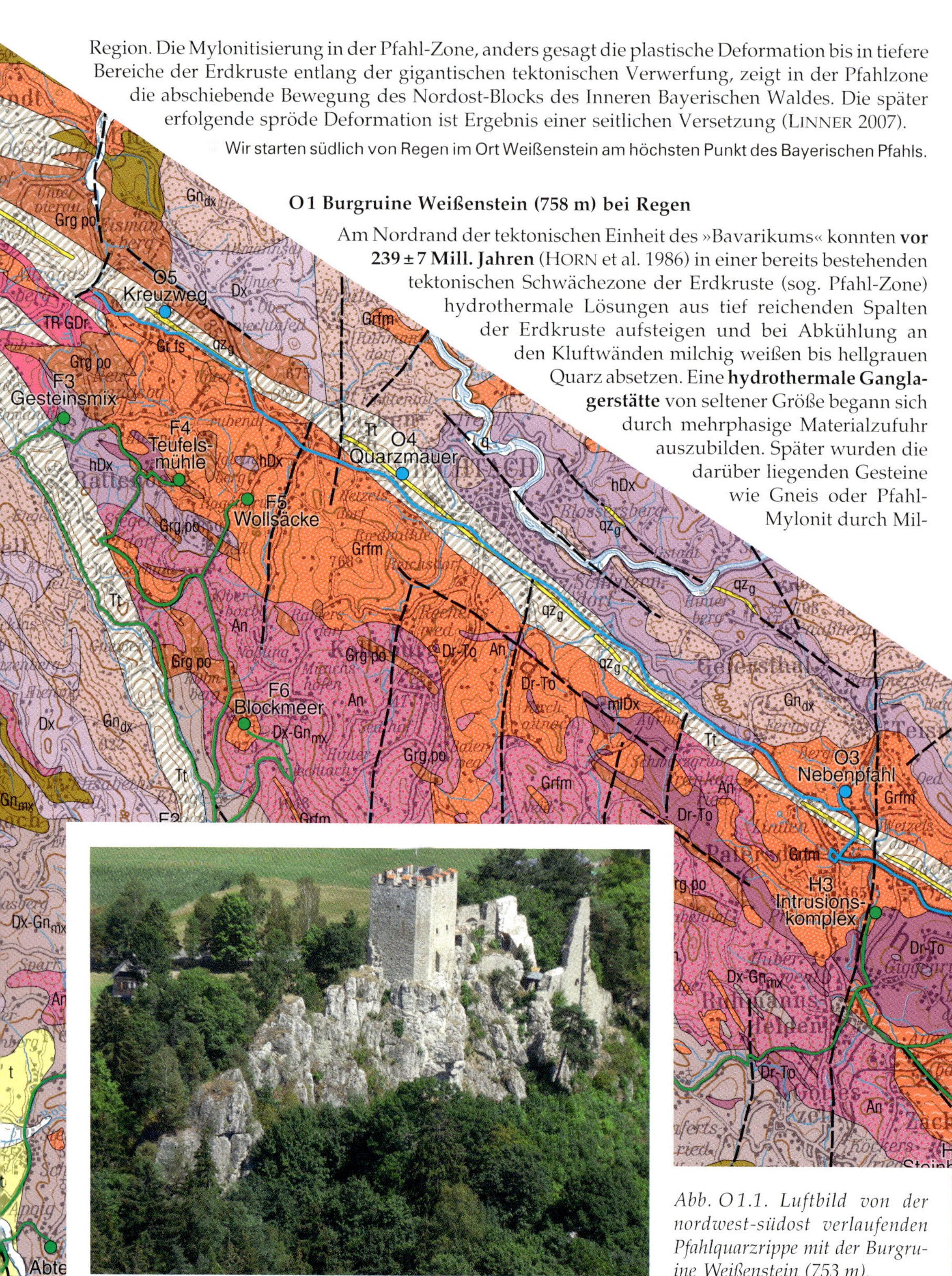

Abb. O1.1. Luftbild von der nordwest-südost verlaufenden Pfahlquarzrippe mit der Burgruine Weißenstein (753 m).

lionen Jahre dauernde Erosionsprozesse an der Erdoberfläche stärker abgetragen als der verwitterungsresistentere Pfahlquarz. In Bezug auf die Umgebung wurde er als **Härtling in Form einer markanten Quarzmauer** heraus modelliert. Mehrere 100 Meter lange und bis 30 Meter hohe, frei stehende Quarzgangabschnitte prägen immer wieder die Landschaft zwischen Ringelai bei Freyung und dem Schwärzenberg bei Roding. Ein besonders eindrucksvolles Beispiel ist der von einer mittelalterlichen Burg (Titelbild) gekrönte Quarzfels südlich der Regensenke.

Anfang des 12. Jahrhunderts wurde der Platz durch die GRAFEN VON WINDBERG-BOGEN zum Ministerialensitz bestimmt und mit einer Wehranlage befestigt. Architektur und Quarzbruchsteine ließen Natur- und Kulturdenkmal in einer spätmittelalterlichen Höhenburg miteinander verschmelzen (Abb. O1.1). 1308 wurde das »castrum Weizzenstain« von den Degenbergern übernommen. In einem Feldzug des Wittelsbacher Herzogs ALBRECHT IV. brannte 1468 die Burg nieder. Die heutige Bausubstanz entstammt weitgehend dem Wiederaufbau aus der Zeit um 1480. Im Dreißigjährigen Krieg von den Schweden stark beschädigt, stürzte 1740 die Südmauer des Palas ein. 1742 zerstörte FRANZ VON DER TRENCK mit seinen Panduren die Burg endgültig (PFISTERMAIER 1997). Als romantische Ruine verblieben der zweigeschossige Bergfried und Mauernfragmente des Palas der Oberburg sowie das sanierte Torturmgebäude der Unterburg. Ein Besuch der imposanten Burgruine (Di–Do, 10.00–16.30 Uhr) und des Museums im Torturm (Mitte Mai bis Mitte September, Di–Do, 10.00–16.30 Uhr; Wirkungsstätte des Dichters SIEGFRIED V. VEGESACK und Museum für Schnupftabakgläser und archäologische Funde) lohnen sich.

Abb. O1.2. Bergfried der Burg Weißenstein auf 30 m hohem Pfahlquarzfels.

Das Luftbild (Abb. O1.1) zeigt den Gangcharakter des Quarzvorkommens. Ein Blick auf die Exkursionskarte verrät, dass Quarzfelsen nur abschnittweise an die Oberfläche kommen. Auffällig ist unterhalb des Bergfrieds der Burg (Abb. O1.2) die ausgeprägte Nord-Süd-Klüftung schräg zum Nordwest-Südost-Verlauf der Pfahlstörung. Diesem Kluftsystem begegnen wir am »Großen Pfahl« bei Viechtach wieder.

Die **Pfahl-Störungszone** durchtrennt die moldanubische Region am Westrand der Böhmischen Masse und schafft **zwei tektonische Großschollen**, die sich hinsichtlich der Gesteinsverteilung und des Metamorphosegrades unterscheiden. Der **südliche Krustenblock** ist durch hochgradig anatektisch überprägte Paragneise (Metatexite bis homogene Diatexite) gekennzeichnet und repräsentiert ein tiefes Krustenstockwerk (KÖHLER et al. 2008), das entlang der Pfahllinie vor 275 Mio. Jahren um mehrere Hundert Meter hoch gehoben wurde. **Der nördliche Krustenblock** incl. des Inneren Bayerischen Waldes besteht aus metatektischen Cordierit-Sillimanit-Gneisen und auflagernden Glimmergneisen und Glimmerschiefern und wurde als Nordost-Block durch abschiebende Bewegung abgetrennt.

Die ältesten, tektonisch geprägten Gesteine der nordwest-südost streichenden **Pfahl-Störungszone** stehen im Zusammenhang mit der variszischen Gebirgsbildung: Zuerst entstand ein 5 Kilometer breiter Palit-Komplex (vgl. N 5, Saunstein, S. 235) am Südrand der Pfahlstörung, dann entwickelten sich tektonisch deformierte Gesteine und Mylonite in der 2–3 Kilometer breiten Pfahl-Zone am Kontakt von Paliten und Cordierit-Sillimanit-Gneisen, abschließend kam es – bis heute landschaftsprägend – **vor 239 ± 7 Mill. Jahren** zur **Quarzmineralisation in der Pfahl-Zone** (Rb-Sr-Altersdatierungen; HORN et al. 1986).

Es geht zur B 85 nach Regen und auf dieser Richtung Viechtach, am Ort March vorbei und kurz danach links dem braunen Wegweiser folgend zum Quarzwerk Waschinger. An der Warntafel vor dem Betriebsgelände parken und vom Betreiber die Erlaubnis zum Betreten des Steinbruchgeländes auf eigene Gefahr erfragen.

O 2 Quarzwerk der Firma Waschinger bei March

Der insgesamt 800 Meter lange Aufschluss liegt im verquarzten Zentrum der Pfahl-Zone und folgt exakt der nordwest-südost-verlaufenden **Ganglagerstätte hydrothermalen Quarzes**. Voraussetzung der Quarzmineralisation war eine Krustendehnung an der alten Nahtstelle verbunden mit einer leichten Seitenverschiebung, sog. »rift- and wrench-tectonic« (ROHRMÜLLER, MIELKE & GEBAUER 1996). Im Gegensatz zu den westnordwest-ostsüdost streichenden Myloniten der Pfahl-Zone waren die neuen Dehnungsrisse Tektonik bedingt in Nordwest-Südost-Richtung angelegt, sodass sie die Mylonite spitzwinklig durchtrennten und

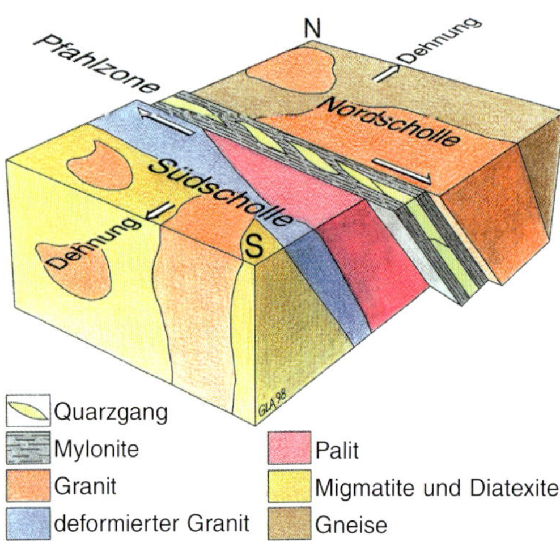

Abb. O 2.1. Blockbild zur geologischen Situation am Bayerischen Pfahl. – Aus HAUNER & ROHRMÜLLER 1998.

Abb. O 2.2. Ausschnitt aus dem zentralen Bereich des Pfahlquarzgangs mit randlich grauer und zentral weißer Quarzgeneration, 6 m hohe Pfahlquarzwand mit Nord-Süd-Klüften, Quarzbruch Waschinger bei March.

sich ein Fiederspalten-Kluftsystem entwickelte (Abb. O2.1). Mit anderen Worten: Der nördliche Krustenblock rückte in nordöstlicher Richtung ab und deshalb öffneten sich schräge Spalten, in denen zirkulierende, 300 °C heiße Lösungen in schräg gestellten Scherspalten aufstiegen. Unter 250° C erfolgte die Abscheidung des Quarzes von außen nach innen (Abb. O2.2). Mit welchen Dimensionen wir es zu tun haben, sehen wir hier im Tagebau (Abb. O2.3).

Abb. O2.3. Abgebauter Pfahlquarzgang bei March.

Begleitende Gebirgstektonik führte zur Ausbildung einer Quarzbrekzie mit mehreren Generationen der Quarzzufuhr. Geringfügige Unterschiede im Chemismus ergaben farbliche Unterschiede (ARTMANN 2001). Zur Gangmitte hin findet man immer wieder Belegstücke einer hellgrau-trüben Quarzgeneration, die kantig zerbrochen ist und von milchig weißen Quarzadern (Abb. O2.4) durchzogen wird. Reiner weißer Quarz im Gangzentrum ist Ergebnis der ausklingenden Spätphase. Durch reichliche Bruchtektonik ergibt sich stellenweise ein brekzienartiger Charakter. An Kluftwänden im Nebengestein entstand immer wieder ein Kontaktsaum hydrothermal überprägter, also durch kieselsäurehaltige Wässer gebleichter und durch Chloritspuren blassgrün getönter, veränderter Pfahl-Mylonite (Abb. O2.5).

Aus zahlreichen Brüchen entlang des Bayerischen Pfahls wurde im 19. und 20. Jahrhundert sog. Quarzkies als Schotter für den Straßenbau gewonnen. Mit Ausnahme des Abbaus einer überaus reinen

Abb. O2.4. Zwei Quarzgenerationen, Pfahlquarzgang bei March.

Abb. O2.5. Hydrothermal überprägter, grünlicher Mylonit der Pfahlzone am Kontakt zum Quarz.

Abb. O3.1. Kristallstufe mit bis zu 8 cm langen Quarzkristallen, Nebenpfahl Teisnach.

Abb. O3.2. Quarzstufe mit Doppelender-Kristallen, Nebenpfahl Teisnach.

Quarzpartie am Weißenstein um 1840 kam für die Glasindustrie des Bayerischen Waldes Pfahlquarz im Gegensatz zum Pegmatitquarz nicht in Frage. In den 1930er Jahren wurden alle oberirdischen Pfahlquarzfelsen unter Naturschutz gestellt. Heute ist der Abbau auf wenige Stellen, wo der Pfahl morphologisch nicht in Erscheinung tritt, z. B. bei March-Arnetsried beschränkt. Abnehmer des reinen, hochwertigen Rohstoffs ist die metallurgische Industrie. Bedarf besteht auch für die Verarbeitung zu Reinstsilizium als Grundstoff für die Halbleitertechnik, die Microchip-Herstellung und für Silikonprodukte. Abnehmer sind die von der Graphit Kropfmühl AG 1998 erworbene »RW silicium GmbH« in Pocking und die Wacker Chemie Burghausen.

Bei Patersdorf durchqueren wir das kleine Granitpluton Patersdorf-Prünst, dessen Aufstieg von der Pfahlstörung ermöglicht, später aber zweigeteilt wurde. Ferner können wir hier zur Kenntnis nehmen, dass vor Jahren bei Bauarbeiten im benachbarten Teisnach ein Nebenpfahl aufgeschlossen wurde, der wunderschöne Kristallstufen erbrachte.

O3 Kristallstufen des Nebenpfahls bei Teisnach

Während der Hauptpfahl während der Quarzzufuhr immerfort durch tektonische Unruhe geprägt war und viele Risse umgehend wieder aufgefüllt wurden, ergaben sich außerhalb der Pfahl-Zone im Nebenpfahl von Teisnach ruhigere Bedingungen. In Hohlräumen konnten große Quarzkristalle wachsen (Abb. O3.1, O3.2) und sekundäre Bleiminerale (Abb. O3.3–O3.5) auskristallisieren.

Auf der B85 passieren wir Viechtach und parken nach der großen Brücke rechts auf dem Parkplatz. Von hier sind es nur wenige Meter zur Pfahlquarzmauer.

Abb. O3.3. Grünbleierz-Kristalle (Pyromorphit) in einer Quarzkluft, Nebenpfahl Teisnach.

O4 Quarzmauer »Großer Pfahl« bei Viechtach

Am bekanntesten ist der Abschnitt bei Viechtach wegen der gigantischen Quarzmauer (Abb. O4.1) des Bayerischen Pfahls. Sie hat als Härtlingszug eine landschaftsprägende Wirkung und ist selbst vom Weltraum aus gut erkennbar (s. Bd. 31, Abb. 2). 1939 wurde sie zum Naturschutzgebiet erklärt und zählt zu den schönsten Geotopen Bayerns. Eine Besichtigung lohnt entlang der Südseite der Pfahlmauer, die durch einen beschilderten »Pfahlwanderweg« vom Parkplatz aus gut erschlossen ist.

Von diesem aus lässt sich eine steil stehende Nord-Süd-Klüftung (Abb. O4.2) an vielen der hohen Pfahltürme des »Großen Pfahls« am Waldrand sehr gut beobachten. Dasselbe gilt auch für eine zweite Gruppe wenige Hundert Meter weiter westlich im Wald. Es ist bemerkenswert, dass aus spätvariskischer Zeit ein durch Kontinentalverschiebung entstandenes tektonisches Gitter nord-süd bzw. nordnordwest-südsüdost verlaufender Störungslinien quer zur Pfahlfront erhalten geblieben ist, wie es sich 230 Mio. Jahre später gegen Ende des Miozäns durch Kontinentalverschiebung als Folge der alpinen Gebirgsbildung wiederholt hat. (LEHRBERGER, SAURLE & HARTMANN 2003). Die beobachteten Vertikalklüfte unter dem Bergfried der Burgruine Weißenstein und im Quarztagebau March sind weitere Belege dieser Gebirgstektonik entlang des Bayerischen Pfahls.

Abb. O3.4. Grünbleierz-Kristall (Pyromorphit) auf Quarz-Kristall, Nebenpfahl Teisnach. – Foto und Sammlung: JOSEF PENZKOFER.
Abb. O3.5. Gelbbleierz-Kristall (Wulfenit) auf Grünbleierz, Nebenpfahl Teisnach. – Foto und Sammlung: JOSEF PENZKOFER.

Abb. O4.1. Pfahlquarz-Mauer in einem Abschnitt von 60 m Länge, Bayerischer Pfahl bei Viechtach.

Abb. O4.2. Engständige Nord-Süd-Klüftung quer zum Quarzgang am »Großen Pfahl« bei Viechtach.

Abb. O4.3. Bergkristallstufe, Pfahlquarzbruch Viechtach, gefunden 1982.

Abb. O4.4. Anatas-Kristall auf Quarzkristall, Pfahlquarzbruch Viechtach. – Foto und Sammlung: CHRISTIAN REWITZER.

Abb. O4.5. Metatorbernit im Pfahlquarz, Steinbruch Altrandsberg. Bildhöhe 5 mm. – Foto: JOSEF PENZKOFER.

Abb. O4.6. Cr-Illit führender Quarz im Pfahlquarzbruch nahe der Burgruine Schwärzenberg bei Neubäu. Bildbreite 6 cm.

1894 begann auf der Nordseite der Pfahlquarzfelsen der industrielle Quarzabbau, 1992 wurde er eingestellt. Im gesamten Zeitraum wurden in unterschiedlicher Tiefe immer wieder kleine Drusen mit kleinen Bergkristallen (Abb. O 4.3) gefunden. Funde von Phantomquarzen aus Rauchquarzkristallen mit weißer Quarzkappe (s. Buch-Rückseite) waren selten. Sie geben Wachstumsstadien wieder, d. h. ein Nachschub an SiO_2 lagert sich mantelartig um den Ursprungskristall, kristallisiert aus und schließt den ursprünglichen Rauchquarzkristall ein. Die Kristallbildung in sog. Nebenpfählen, wie jenem bei Teisnach, profitierte in Abseitslage der Pfahlstörung von längerer tektonischer Ruhe und einem eher schleppenden Nachschub silikatreicher Wässer, so dass in größeren Hohlräumen Kristalle bis 8 Zentimeter Länge (Abb. O 3.1) und selbst Doppelender-Kristalle (Abb. O 3.2) wachsen konnten.

Nach der mehrteiligen **Quarzmineralisation (Stadium I)** kam es zu weiteren Stadien der Gangmineralisation. Die Grün- und Gelbbleierz-Kristalle in Micromount-Größe aus dem Nebenpfahl von Teisnach, der Anatas-Kristall (TiO_2; Abb. O 4.4) auf hämatitbedecktem Quarzkristall von Viechtach und die Metatorbernit-Kristalle ($Cu(UO_2)_2(PO_4)_2 \cdot 8H_2O$; Abb. O 4.5) vom ehemaligen Albrecht-Bruch in Altrandsberg belegen drei jüngere Stadien (DILL 1985) der Gangmineralisation: **Stadium II** (Uran), **Stadium III** (Bleiglanz, Titan, Pyrit, Fahlerz, Zinkblende) und **Stadium IV** (Fluorit, Baryt). Damit überschreiten wir den Westrand des Bayerischen Waldes und gelangen über die Fundpunkte Schwärzenberg (Quarz, Cr-Illit, Abb. O 4.6; FEHR & HAUNER 1991), Pingarten (Quarz, Fluorit, Baryt, Cr-Illit) und Krandorf (Quarz, Bleiglanz, Pyromorphit, Cerussit, Wulfenit; HAUNER 1982) in das **Flussspatrevier Nabburg-Wölsendorf.** Dieses ist, am Westende der Pfahlstörung gelegen, genetisch und zeitlich (K-Ar- und Rb-Sr-Alter von Kalifeldspat im Gangsystem des Nabburg-Wölsendorfer Flussspat-Reviers in der Größenordnung von 254 ± 6 bis 264 ± 4 Mio. Jahren) mit der Pfahlquarzfüllung eng verbunden.

Von Viechtach geht es in westlicher Richtung auf der B 85 durch Prackenbach und anschließend Oberrubendorf. Danach nehmen wir die Abzweigung linkerhand nach Moosbach. Nach 1 km taucht rechts am Straßenrand eine niedrige Quarzmauer auf. Die Straße folgt ihr bis zu einer Anhöhe mit einer Kreuzigungsgruppe unmittelbar vor dem Ort. Hier parken wir und folgen geradeaus dem Kreuzweg auf einer Strecke von 700 m bis auf Höhe der Kirche. Danach kann man auch den Pfahl queren oder auf dem »Pandurensteig« dem Pfahl entlang alter Quarzbrüche weiter bis ins Perlenbachtal bei Altrandsberg folgen. Am Ende geht man auf derselben Strecke zum Parkplatz zurück.

O 5 Kreuzweg am Moosbacher Pfahl

1852–1853 wurde der höchst gelegene Quarzfelsen des Ortes als Kalvarienberg (Abb. O 5.1) gestaltet und ein Kreuzweg mit Granitstelen angelegt. Zum kirchlichen Fronleichnamsfest findet hier jährlich eine feierliche Prozession statt. Wir folgen nun auf dem Kreuzweg (Abb. O 5.2) den Pfahlquarzrippen auf 700 Meter Länge. Bereits GÜMBEL empfand die Szenerie derart malerisch, dass er eine Farblithographie des Moosbacher Pfahls anfertigen und die »Geognostische Beschreibung des Koenigreiches Bayern« 1868 aufnehmen ließ(Abb. O 5.4). Die bis zu 8 Meter aus der Ebene herausragenden Quarzfelsen sind Teil des gut 20 Meter breiten Quarzganges, der als Härtlingsrücken die Landschaft quert und im Gelände gut erkennbar ist. Auf seiner Nordseite fällt das Gelände steil ab, sodass sich eine bis 40 Meter hohe Geländekante ergibt.

Falls man vom Ende des Kreuzwegs (550 m) dem Pfahl noch geradewegs ins Perlbachtal hinunter (400 m) folgen wollte, kommt man an drei ehemaligen, verfal-

Abb. O 5.1. Kalvarienberg auf Pfahlquarz, Moosbach. ▷

Abb. O5.2. Moosbacher Kreuzweg entlang des Pfahls.

lenen Quarzbrüchen vorbei. Jenseits der Brücke in Altrandsberg zieht der Pandurensteig (Pfahlwanderweg) am ehemaligen Albrecht-Bruch vorbei wieder geradewegs den Berg bis auf 515 Meter hinauf und weiter nach Pfahl, Radling und Pfahlhäuser bis zur Burg Thierlstein am Regen, dem westlichsten Pfahlfelsen des Bayerischen Waldes (Abb. O5.4).

Abb. O5.3. Westlichster Pfahlquarzfels im Bayerischen Wald mit der Burg Thierlstein bei Cham am Regen.

Abb. O5.4. Der Pfahl bei Moosbach. – Farblithographie aus C. W. GÜMBEL 1868.

Literatur und geologische Karten

AHLBORN, D. (2010): Geheimnisvolle Unterwelt: Das Rätsel der Erdställe in Bayern, 104 S.

AMMON, L. v. (1875): Die Jura-Ablagerungen zwischen Regensburg und Passau, 200 S.; München.

ANDRITZKY, G. (1964): Erläuterungen zur Geologischen Karte von Bayern 1:25000, Blatt Nr. 6839 Nittenau; München.

ARTMANN, C. (2001): Erläuterungen zur Geologischen Karte 7146 Grafenau (NW-Teil, nördlich Schönberg) mit Untersuchungen zu den felsmechanischen Kennwerten der Mylonite der Pfahlzone, 168 S., unveröff. Dipl.-Arbeit TUM; München.

BAUBERGER, W. & P. CRAMER (1961): Erläuterungen zur Geologischen Karte von Bayern 1:25000, Blatt Nr. 6838 Regenstauf, 220 S.; München.

BAUBERGER, W., P. CRAMER & H. TILLMANN (1969): Erläuterungen zur Geologischen Karte von Bayern 1:25000, Blatt Nr. 6938 Regensburg, 414 S.; München.

BAUER, L. & W. HELM (2013): Granit aus dem Bayerischen Wald. Gewinnung, Bearbeitung und Verwendung in Vergangenheit und Gegenwart. – In: Granit, S. 49–76; Hauzenberg.

BAYERISCHES LANDESAMT FÜR UMWELT (Hrsg.) (2014): Junihochwasser 2013. Wasserwirtschaftlicher Bericht, 95 S.; Augsburg.

BECKER, H. (1990): Die Kreisgrabenanlagen auf den Aschelbachäckern bei Meisternthal – ein Kalenderbau aus der mittleren Jungsteinzeit? – Das archäologische Jahr in Bayern, 1989: 27–32; Stuttgart.

– (1994): Prospektion und Sondagegrabung der mittelneolithischen »Ellipse« bei Meisternthal. – Das archäologische Jahr in Bayern, 1993: 34–37; Stuttgart.

– (1995): Die Kreisgrabenanlagen von Gneiding und Riekofen. – Das archäologische Jahr in Bayern, 1994: 36–40; Stuttgart.

BEER, S. R. (2015): Entwicklung von 2D- und 3D-Geoinformationssystemen für geologische Anwendungen im kommunalen Bereich am Beispiel der Stadt Straubing und des Landkreises Straubing-Bogen. – Münchner Geowiss. Abh., B20, 140 S.; München.

BINSTEINER, A. (2005): Die Lagerstätten und der Abbau bayerischer Jurahornsteine sowie deren Distribution im Neolithikum Mittel- und Osteuropas. – Jahrbuch Römisch-Germanischen Zentralmuseum, 52: 48–83; Mainz.

– (2012): Die Silexartefakte aus dem Chamer Erdwerk von Riekofen, Lkr. Regensburg, Oberpfalz. – Archäologie online, 4 S.

BÖHM, K. (1991): Ein ungewöhnlicher Grundrißbefund der Linearbandkeramik aus Perkam. – Das archäologische Jahr in Bayern, 1990: 31–33; Stuttgart.

BRILL, B., P. HOLL & R. MAAS (1984): Geochemische Untersuchungen zur Entstehung der Quarzglimmer-Diorite und des Kristallgranit II im Regensburger Wald, Opf. – Acta Albertina Ratisbonensia, 42: 87–104; Regensburg.

BRUNHUBER, A. (1921): Die geologischen Verhältnisse von Regensburg und Umgebung. – 112 S.; Regensburg.

BRUNNACKER, K. & W. BAUBERGER (1956): Erläuterungen zur Geolog. Karte von Bayern 1:25000, Blatt 7142 Straßkirchen; München.

CHEN, F. & W. SIEBEL (2004): Zircon and titanite geochronology of the Fürstenstein granite massif, Bavarian Forest, NW Bohemian Massif: Pulses of late Variscan magmatic activity. – Eur. J. Min., 16: 777–788; Stuttgart.

DIETL, C., H. KOYI, H. DE WALL & M. GRÖSSMANN (2006): Centrifuge modelling of plutons intruding shear zones: application to the Fürstenstein Intrusive Complex (Bavarian Forest, Germany). – Geodinamica Acta, 19: 165–184; London.

DILL, H. G. (1985): Die Vererzung am Westrand der böhmischen Masse. – Geologisches Jahrbuch, D73, 461 S.; Hannover.

DILL, H. G. & B. WEBER (2011): Die Oberpfälzer Flussspat-Anthologie. – 311 S.; Weißenstadt.

DOLLINGER, U. (1967): Das Hauzenberger Granitmassiv und seine Umrahmung. – Geologica Bavarica, 58: 145–168; München.

DUCRET, S. (1974): Deutsches Porzellan und deutsche Fayencen mit Wien, Zürich, Nyon. – 452 S.; Herrsching.

EGGER, M., FISCHER, T. & KREINER, L. (1989): Der keltische Münzschatz von Wallersdorf. – Das archäologische Jahr in Bayern, 1988: 87–89; Stuttgart.

EIGLER, G. (1970): Schwerspat und Flussspat bei Nittenau. – Der Regenkreis. Heimatkundliche Bl. f. d. mittlere Regen- und Schwarzachtalgebiet, 10: 113–124; Nittenau.

EIGLER, G. & R. GEIPEL (1981): Die Diorit-Steinbrüche von Roßbach/Oberpfalz, 121 S.; Bodenstein.

FEHR, K. T. & U. HAUNER (1991): Wolchonskoit aus dem Moldanubikum NE-Bayerns: eine Revision. – Acta Albertina Ratisbonensia, 47: 87–101; Regensburg.

FEHR, K. T., U. HAUNER & A. WEBER (1997): Zur Mineralogie und Bergbaugeschichte der pleistozänen Goldseifen im Rachel-Vorland, Moldanubikum / Bayerischer Wald. – Geologica Bavarica, 102: 301–325; München.

FLURL, M. (1792): Beschreibung der Gebirge von Baiern und der oberen Pfalz etc. – 642 S.; München.

GALADÍ-ENRÍQUEZ, E., W. DÖRR, G. ZULAUF, J. GALINDO-ZALDÍVAR, F. HEIDELBACH & J. ROHRMÜLLER (2010): Variscan deformation phases in the southwestern Bohemian Massiv: new constraints from sheared granitoids. – Z. dt. Ges. Geowiss., 161/1: 1–23; Stuttgart.

GEIPEL, R. & U. HAUNER (1989): Das Regensburger Flußspatrevier. – Lapis, 14: 11–23; München.

GLASHAUSER, H.(2007): Steinzeugen. Marienstein an der Nahtstelle zwischen Heiden- und Christentum: Falkensteiner Heimatheft 3, »Religiöse Denkmäler erwandert«. Kultur- und Heimatverein Falkensteiner Vorwald e.V.; Falkenstein.

GOHLA, K.-H. (1984): Bergwerksportrait. Graphit aus Kropfmühl. – magma, 4: 27–51; Bochum.

GRASSER, W. (1980): Bayerische Münzen. Vom Silberpfennig zum Golddukaten. – 197 S.; Rosenheim.

GRÖSCHKE, M. (1985): Stratigraphie und Ammonitenfauna der Jurarelikte zwischen Straubing und Passau (Niederbayern). – Palaeontographica, A191: 67 S.; Stuttgart.

GRÜNDER, S. (2003): Geologisch-petrographische Kartierung der Umgebung von Winzer/Donau und Flintsbach, Südlicher Bayerischer Wald (Kartenblatt 7244 Osterhofen). – 80 S., Diplomkartierung TU München; München.

GRUNDMANN, G. & H. SCHOLZ (2005): Kieselsteine im Alpenvorland. – 72 S.; München (Christian Weise).

GÜMBEL, C. W. (1868): Geognostische Beschreibung des Koenigreichs Bayern, 2. Abtheilung, Geognostische Beschreibung des ostbayerischen Grenzgebirges oder des bayerischen und oberpfälzer Waldgebirges. – 968 S.; Gotha.

GUTTENBERG, R. V. (1971): Marmore und Kalksilikatfelse der Bunten Serie im südöstlichen Passauer Wald. – Zur Mineralogie und Geologie des Bayerischen Waldes (Hrsg. VFMG), Der Aufschluss, Sonderheft 21: 100–104; Heidelberg.

HABEL, M. (2009): Der Granodioritbruch der Fa. Josef Uhrmann OHG, Steinerleinbach bei Röhrnbach. – Mineralien-Welt, 20/2: 66–86; Haltern.

HABEL, M. (2014): Neufunde aus dem östlichen Bayerischen Wald IX, Der Granodioritbruch der Fa. Josef Uhrmann OHG, Steinerleinbach bei Röhrnbach. – Mineralien-Welt, 25/6: 78–81; Haltern.

HABEL, A. & M. HABEL (1989): Schotterwerk der Fa. G. Thiele (Saunstein b. Schönberg). Bruch am Koxberg. – Der Aufschluss, 40: 339–348; Heidelberg.

– (1996): Der Granitsteinbruch der Firma Josef Krenn in Matzersdorf bei Tittling/Bayerischer Wald. S. 161–177 in: OBERMÜLLER, T. (Hrsg.): Mineralien und Lagerstätten des Bayerischen Waldes, VFMG-Tagungsband; Deggendorf.

HANN, H. P., J. ROHRMÜLLER & W. SIEBEL (2007): Quarzgefüllte Extensionsbrüche im Kristallin des Vorderen Bayerischen Waldes. – N. Jb. Geol. Paläont. Abh., 244/2: 197–205; Stuttgart.

HAUNER, U. (1971): Zur Fossilführung der Regensburger Oberkreideschichten. – Acta Albertina Ratisbonensia, 31: 135–150; Regensburg.

– (1982): Die Bleierzgrube Krandorf. Historischer Bergbau und Mineralfunde. – Oberpfälzer Heimat, **26:** 101–110; Weiden.

– (1987): Mineralische Rohstoffvorkommen des Bayerischen Waldes – eine bergbau- und lagerstättenkundliche Exkursion für Geographen. – S. 25–41 in: POPP, H. (Hrsg.): Geographische Exkursionen im östlichen Bayern. – Passauer Schriften zur Geographie, 4; Passau.

– (1992): Fossilien des Regensburger Raumes in Naturalienkabinetten des 18. Jahrhunderts. – Acta Albertina Ratisbonensia, 48: 67–106; Regensburg.

– (2015): Innerer Bayerischer Wald – Hoher Bogen, Lamer Winkel, Arber-Kaitersberg, Nationalpark und Dreisessel. – Wanderungen in die Erdgeschichte, 31, 167 S.; München (Pfeil).

– (2018): Prähistorische Kultplätze im Kristallgranit des Falkensteiner Vorwaldes? – Regensburger Land (Hrsg. Landkreis Regensburg), 4: 127–145; Regensburg

HAUNER, U. & H. KROMER (1984): Halloysit und Kaolinit – Indikatoren tertiärer lateritischer Bodengenetik im oberflächennahen Zersatz der kristallinen Gesteine des Inneren Bayerischen Waldes. – Acta Albertina Ratisbonensia, 42: 81–86; Regensburg.

HAUNER, U. & J. ROHRMÜLLER (1998): Geowissenschaftliche Projekte aus Ostbayern im Erdkundeunterricht, Projekt I: Variskische Plattentektonik und Minerallagerstätten am Westrand der Böhmischen Masse. S. 90–93 in: HARTL, M. & M. HUBER (Hrsg.): Regensburg und Ostbayern, 26. Dt. Schulgeographentag; München.

HEGEMANN, F. (1930): Mineralogische und petrographische Untersuchungen im Dioritgebiet von Roßbach/Oberpfalz. – N. Jb. Min. Abt. A, 62: 197–248; Stuttgart.

HOCHLEITNER, R. (1977): Titanmineralien von Einöd bei Pleinting/Donau. – Der Aufschluss, 28: 139–144; Heidelberg.

HOFMANN, F. (1922): Geschichte der bayerischen Porzellan-Manufaktur Nymphenburg, Bd. 2; Leipzig (Nachdruck, 3 Bde., 1921–1923: Scherer, 1991; Berlin.

HORN, P., H. KÖHLER & D. MÜLLER-SOHNIUS (1986): Rb-Sr-Isotopenchemie hydrothermaler Quarze des bayerischen Pfahles und eines Flußspat-Schwerspat-Ganges von Nabburg-Wölsendorf. – Chem. Geol., 58: 259–272.

JERZ, H. (1996): Gesteinsfolge des Quartärs. – S. 236–249 in: Erläuterungen zur Geologischen Karte von Bayern 1:500 000, 4. neu bearbeitete Aufl.; München.

KEIM, G., S. GLASER & U. LAGALLY (2004): Geotope in Niederbayern. – Erdwissenschaftliche Beiträge zum Naturschutz, 4: 172 S.; München.

KLEIN, T., S. KIEHM, W. SIEBEL, C. K. SHANG, J. ROHRMÜLLER, W. DÖRR & G. ZULAUF (2008): Age and emplacement of late-Variscan granites of the western Bohemian Massif with main focus on the Hauzenberg granitoids. – Lithos, 102: 478–507.

KNORR, W. (1981): Geologisch-petrographische Untersuchungen im Raum Donaustauf. – Acta Albertina Ratisbonensia, 40: 41–70; Regensburg.

KOCH, A., G. LEHRBERGER & L. LAHUSEN (1997): Primäre und sekundäre Goldvorkommen zwischen Tittling und Perlesreut im Bayerischen Wald, Moldanubikum. – Geol. Bav., 102: 345–358; München.

KÖHLER, H. (1982): Rb-Sr-Altersbestimmungen und Sr-Isotopensystematik zur Klärung der Genese variszischer Intrusiva im Vorderen Bayerischen Wald. – Unveröff. Habil.; München.

KÖHLER, H., G. PROPACH & G. TROLL (1989): Exkursion zur Geologie, Petrographie und Geochronologie des NE-bayerischen Grundgebirges. – Eur. J. Mineral. Beih., 1: 1–84; Stuttgart.

KÖHLER, H., C. FRANK, T. KÖNIGSBERGER. & B. SCHÖN (2008): Isotopische (Sr, Nd) Charakterisierung und Datierung varistischer Granitoide der moldanubischen Kruste NE Bayerns. – Geologica Bavarica, 110: 170–204; Augsburg.

KÖRBER, E. & W. ZECH (1984): Zur Kenntnis tertiärer Verwitterungsreste und Sedimente in der Oberpfalz und ihrer Umgebung. – Relief, Boden, Paläoklima, 3: 67–150; Stuttgart.

KRAUS, E (1915): Geologie des Gebietes zwischen Ortenburg und Vilshofen in Niederbayern an der Donau. – Geogn. Jahresh., 28: 91–168; München.

KRAUS, G. (1958): Tektonik und Genese der Flußspatgänge östlich von Regensburg, Bayerischer Wald. – N. Jb. Min. Abh., 92/2: 109–146; Stuttgart.

KRENN, E., B. HUMER, G. WEIDEL, E. KROEMER & F. FINGER (2009): Geologische Karte von Bayern 1:25 000, Blatt 7042 Bogen; Augsburg.

KRÜGER, N., G. LEHRBERGER, E. HOFFMANN & F. REISER (2017): Das Graphitbergwerk Kropfmühl im Passauer Wald. Geologie und Petrographie der Gangmineralisation mit Anmerkungen zur Aufbereitung, Veredelung und Verwendung von Flockengraphit. – Jber. Mitt. oberrhein. geol. Ver. N.F., 99: 125–164; Stuttgart.

LEHRBERGER, G. (1996): Goldlagerstätten und historischer Goldbergbau in Bayern. – S. 17–63 in: Gold im Herzen Europas; Schriftenreihe des Bergbau- und Industriemuseums Ostbayern, 34; Theuern.

LEHRBERGER, G. & J. PRAMMER (1993): Mathias von Flurl (1756–1823). Begründer der Geologie und Mineralogie in Bayern. – Aufsatzband zur Ausstellung im Gäubodenmuseum Straubing, 323 S.; Straubing.

LEHRBERGER, G. & L. HECHT (1997): Granit – das Höchste und das Tiefste. Zur Geologie und Mineralogie der Granite des bayerischen Waldes. – S. 9–32 in: ORTMEIER M. & W. HELM (Hrsg.): Granit; Passau.

LEHRBERGER, G., C. ARTMANN, M. GERETSCHLÄGER, M. ROHRBACHER & A. SAURLE (2002): Exkursion zum Pfahl in der Umgebung von Grafenau und Freyung. – Geowissenschaften und Öffentlichkeit. Tagungsband zur 6. Internationalen Tagung der Fachsektion Geotop der Dt. Geol. Ges. in Viechtach: 54–58; Garching.

LEHRBERGER, G., A. SAURLE & U. HARTMANN (2003): Anwendung des SAR-DGM bei der tektonischen Interpretation des Moldanubikums am Westrand der Böhmischen Masse. – Geologica Bavarica, 107: 269–280; München.

LEUSCHNER, P. (1981): Romanische Kirchen in Bayern. – 206 S.; Pfaffenhofen.

LINNER, M. (2007): Das Bavarikum – eine tektonische Einheit im südwestlichen Moldanubikum (Böhmische Masse). – Beiträge zur Geologie Oberösterreichs, ATA Geologische Bundesanstalt, 2007: 173–176; Wien.

LITT, T., D. ELLWANGER, E. VILLINGER & S. WANSA. (2005): Das Quartär in der Stratigraphischen Tabelle von Deutschland 2002. – Newsletters in Stratigraphie, 41 (1–3): 385–399; Berlin, Stuttgart.

LOUIS, H. (1984): Zur Reliefentwicklung der Oberpfalz. – Relief, Boden, Paläoklima, 3: 1–66; Stuttgart.

MATUSCHIK, I. (1992): Neolithische Siedlungen in Köfering und Alteglofsheim. – Das archäologische Jahr in Bayern, 1991: 26–29; Stuttgart.

MEYER, R. K. F (1989): Die Entwicklung der Pfahl-Störungszone und des Bodenwöhrer Halbgrabens auf Blatt Wackersdorf. – Erlanger geolog. Abh., 117: 1–4; Erlangen.

– (1993): Gesteinsfolge des Deckgebirges. – In: MEYER, R. K. F. & H. MIELKE: Geologische Karte von Bayern 1:25000, Erläuterungen zum Blatt Nr. 6639 Wackersdorf; 194 S.; München.

MEYER, R. K. F & W. BAUBERGER (2010): Geologische Karte von Bayern 1:25000, Erläuterungen zum Blatt 6738 Burglengenfeld; 100 S.; Augsburg.

MEYER, R. K. F & H. SCHMIDT-KALER (2015): Entlang der Bayerischen Donau von Ulm bis Regensburg. – Wanderungen in die Erdgeschichte, 32: 155 S.; München (Pfeil).

MEYER, R. K. F & H. SCHMIDT-KALER (2015a): Rund um Regensburg. – Wanderungen in die Erdgeschichte, 7: 128 S., 2. Auflage; München (Pfeil).

MÜLLBAUER, F. (1930): Die Pegmatit- und Kontaktlagerstätte am Wimhof bei Vilshofen a. D. in Bayern. – Cbl. Min. Abt. A, 96–112; Stuttgart.

MÜNZBERGER, P. (2005): Jungquartäre Talgeschichte der Donau und ihrer Nebenflüsse im Raum Straubing-Deggendorf in Abhängigkeit von natürlichen und anthropogenen Einflüssen. – Regensburger Beiträge zur Bodenkunde, Landschaftsökologie und Quartärforschung, 8: 195 S.; Regensburg.

NIEBUHR, B. (2014): Lithostratigraphie der mittel- bis oberjurassischen Reliktvorkommen zwischen Straubing und Passau (Niederbayern). – Schriftenreihe der Deutschen Gesellschaft für Geowissenschaften, 83: 73–82; Hannover.

NIEBUHR, B., M. WILMSEN, P. CHELLOUCHE, N. RICHARDT & T. PÜRNER (2011): Stratigraphy and facies of the Turonian (Upper Cretaceous) Roding Formation at the southwestern margin of the Bohemian Massif (Southern Germany, Bavaria). – Z. dt. Ges. Geowiss., 162: 295–316; Stuttgart.

OHST, E. & G. TROLL (1981): Porphyrite in der Umgebung von Waldkirchen, Bayerischer Wald. – Der Aufschluss, Sonderband 31: 125–151; Heidelberg.

OTT, W.-D. (1979): Erläuterungen zur geolog. Karte von Bayern 1:25000, Blatt 6942 Sankt Englmar. – 65 S.; München.

PAUL, J. &. B. SCHRÖDER (2012): Rotliegend im Ostteil der Süddeutschen Scholle. Stratigraphie von Deutschland X. Rotliegend, Teil I: Innervariscische Becken. – Schriftenreihe der Deutschen Gesellschaft für Geowissenschaften, 61: 697–706, Hannover.

PECHTL, J. (2011): Die neolithische Graphitnutzung in Bayern. – Vorträge des 29. niederbayerischen Archäologentages 349–432; Rahden/Westfalen.

PETRASCH, J. (1986): Rettungsgrabung in der mittelneolithischen Kreisgrabenanlage bei Künzing-Unternberg. – Das archäologische Jahr in Bayern, 1985: 40–43; Stuttgart.

PEUCKER-EHRENBRINK, B. & H. J. BEHR (1993): Chemistry of hydrothermal quartz in the post-Varisan »bavarian Pfahl«. – Chem. Geol., 103: 85–102.

PFAFFL, F. (1993): Die Mineralien des Bayerischen Waldes. – 4. Aufl., 291 S.; Grafenau.

PFISTERMEISTER, U. (1997): Burgen und Schlösser im Bayerischen Wald. – 112 S.; Regensburg.

PRAXL, P. (1976): Der goldene Steig. – 111 S.; Grafenau.

– (2013): Eine Haupternährungsquelle in dieser Gegend. Die Geschichte des Granitgewerbes in Ostbayern. – S. 77–214 in: Granit; Hauzenberg.

PROPACH, G., B. BAYER, F. CHEN, C. FRANK, S. HÖLZL, B. HOFMANN, H. KÖHLER, W. SIEBEL, & G. TROLL (2008): Geochemistry and petrology of late Variscan magmatic dykes of the Bavarian Forest, Germany. – Geologica Bavarica, 110: 301–342; Augsburg.

PROPACH, G, M. KLING, E. LINHARDT & J. ROHRMÜLLER (2008a): Reste eines Inselbogens in der Moldanubischen Zone des Bayerischen Waldes. – Geologica Bavarica, 110: 343–377; Augsburg.

REISCH, C. (2015): Graphitvorkommen im Moldanubikum des Bayerischen Waldes. – 44 S., unveröff. Bachelor-Arbeit TUM; München

RIECKHOFF, S. (1990): Faszination Archäologie. Bayern vor den Römern. – 291 S.; Regensburg.

REWITZER, C. (1982): Pyromorphit vom Pfahl. – Lapis, 7 (9): 34–35; München.

ROHRMÜLLER, J., H. MIELKE & D. GEBAUER (1996): Gesteinsfolge des Grundgebirges nördlich der Donau und im Molasseuntergrund. – Erläuterungen zur Geologischen Karte von Bayern 1:500000, 4. neu bearbeitete Aufl.: 16–54; München.

ROHRMÜLLER, J., D. GEBAUER & H. MIELKE (2000): Die Alterstellung des ostbayerischen Grundgebirges. – Geologica Bavarica, **105:** 73–84; München.

ROHRMÜLLER, J., C. ARTMANN & U. TEIPEL (2017): Das kristalline Grundgebirge des Moldanubikums von der Donau bis zur Pfahlzone. – Jber. Mitt. oberrhein. geol. Ver. N.F., **99:** 345–370: Stuttgart.

SCHELLMANN, G., R. IRMLER & D. SAUER (2010): Zur Verbreitung, geologischen Lagerung und Altersstellung der Donauterrassen auf Blatt L7141 Straubing. – Bamberger physisch-geographische Studien 2002–2008. Teil II: Studien zur quartären Talgeschichte von Donau und Lech: 89–178; Bamberg.

SCHREYER, W. (1967a): Das Grundgebirge in der Umgebung von Deggendorf an der Donau. – Geologica Bavarica, 58: 77–85; München.

– (1967b): Geologie und Petrographie der Umgebung von Vilshofen/Niederbayern. – Geologica Bavarica, 58: 114–132; München.

SCHRÖCK, A. (1996): Der alte Bergbau in Hunding. – S. 135–159 in: OBERMÜLLER, T. (Hrsg.): Mineralien und Lagerstätten des Bayerischen Waldes, VFMG-Tagungsband; Deggendorf.

SCHRÖCK, A. & A. WEBER (2015): Der Bergbau in Hunding. – Winzer.

SCHULZ, M. (2014): Geologisch-gesteinskundliche Untersuchungen an verschiedenen Varietäten des Mettener Gr. – 56 S.; Unveröff. Masterarbeit, TUM; München.

SCHWARZFISCHER, K. (1978): Der Erdstall zu Trebersdorf. – Oberpfälzer Heimat, 22: 167–173.

– (1985): Alter Durchschlupfbrauch in Marienstein. – Der Erdstall, 11: 21–23; Roding.

SEIDLMAYER, H. (1927): Lauberberg (Schalensteine). – Führer durch die Umgebung von Regensburg, Nord-Ost-Gebiet zwischen Regen und Donau, 3. Aufl., 158–165.

SIEBEL, W. (2017): Granite des Fürstensteiner und Hauzenberger Massivs im östlichen Bayerischen Wald. – Jber. Mitt. oberrhein. geol. Ver. N.F., **99:** 165–190: Stuttgart.

SIEBEL, W., U. BLAHA, F. CHEN & J. ROHRMÜLLER (2005): Geochronology and geochemistry of a dyke-host rock association and implications for the formation of the Bavarian Pfahl shear zone, Bohemian Massif. – Int. J. Earth Sci., 94: 8–23; Berlin-Heidelberg.

SIEBEL, W., H. P. HANN, M. DANIŠIK, C. K. SHANG, C. BERTHOLD, J. ROHRMÜLLER, K. WEMMER & N. J. EVANS (2010): Age constraints on faulting and fault reactivation: a multi-chronological approach. – Int. J. Earth Sci., 99: 1187–1197; Berlin-Heidelberg.

SIEBEL, W., C. K. SHANG, E. THERN, M. DANISIK & J. ROHRMÜLLER (2012): Zircon response to high-grade metamorphism as revealed by U-PB and cathodoluminescence studies. – Int. J. Earth Sci., 101: 2105–2123; Berlin-Heidelberg.

SPITZELBERGER, G. (1927): Vor- und frühgeschichtliche Fundstätten des Unteren Bayerischen Waldes. – Ostbayerische Grenzmarken, Passauer Jahrbuch, 14: 335–353; Passau.

STAATLICHES BAUAMT REGENSBURG (Hrsg.) (2014): WALHALLA 2004–2014 Werkbericht zur Restaurierung der Ruhmeshalle. – 160 S.; Regensburg (Pustet).

STADLER, J. (1925): Geologie der Umgebung von Passau. – Schriften des Naturwissenschaftlichen Vereins zu Passau, 1: 39–118; München.

STEININGER, F. F. & R. ROETZEL (2008): Die Sedimentdecke auf dem Kristallinsockel. – Waldviertel, 49–64; München.

STRODL, S. (2004): Geologische Kartierung des Vydratals im Nationalpark Šumava. Der Einfluss von Gesteinsfestigkeit und Trennflächengefüge auf die Bildung »felsiger« Verwitterungsformen im Vydra-Gebiet, Tschechien. – 111 S.; unveröff. Diplomarbeit, Lehrstuhl f. Ingenieurgeologie der TUM; München.

STRUNZ, H. (1971): Mineralien und Lagerstätten des Bayerischen Waldes. – S. 8–91 in VFMG (Hrsg.): Zur Mineralogie und Geologie des Bayerischen Waldes. – Der Aufschluss, Sonderheft 21; Heidelberg.

TEIPEL, U., E. GALADI-ENRIQUEZ, S. GLASER, E. KROEMER & J. ROHRMÜLLER (2008): Erdgeschichte des Bayerischen Waldes. Geologischer Bau, Gesteine, Sehenswürdigkeiten (Hrsg. Bayerisches Landesamt für Umwelt), Geologische Karte des Bayerischen Waldes 1:150000; Augsburg.

TENNYSON, C. (1981): Zur Mineralogie der Pegmatite des Bayerischen Waldes. – Der Aufschluss, Sonderband 31: 49–73; Heidelberg.

TROLL, G. (1964): Das Intrusivgebiet von Fürstenstein (Bayerischer Wald). – Geologica Bavarica, 52: 140 S.; München.

– (1967): Führer zu geologisch-petrographischen Exkursionen im Bayerischen Wald, Teil I: Aufschlüsse im Mittel- und Ostteil. – Geologica Bavarica, 58: 188 S.; München.

– (1979): Der große Steinbruch von Rattenberg. – Erläuterungen zur geolog. Karte von Bayern 1:25000, Blatt 6942 Sankt Englmar: 60–63; München.

TROLL, G. & W. BAUBERGER (1968): Führer zu geologisch-petrographischen Exkursionen im Bayerischen Wald, Teil II: Aufschlüsse im Westteil: Regensburger Wald. – Geologica Bavarica, 59: 88 S.; München.

UNGER, H. J. (1996): Tektonik – Molassebecken. – Erläuterungen zur Geologischen Karte von Bayern 1:500000, S. 265–266; München.

– (1999): Zur Geologie im Donautal. Zwischen Straubing und Pleinting. – Documenta naturae, 128: 1–110; München.

UNGER, H. J. & J. SCHWARZMEIER (1987): Bemerkungen zum tektonischen Werdegang Südbayerns. – Geol. Jb., A 105: 3–23; Hannover.

UNGER, H. J. & H. RISCH (1991): Die Thermalwasserbohrung Straubing TH1 und ihr geologischer Rahmen. – Geol. Jb., A **130**: 3–51; Hannover.

UNGER, H. J., H. RISCH & R.K.F. MEYER (1995): Die Thermalwasserbohrung Straubing TH2. – Geologica Bavarica, 99: 415–431; München.

VAMVAKA, A., W. SIEBEL, F. K. CHEN & J. ROHRMÜLLER (2014): Apatit fission-track dating and low-temperature history of the Bavarian Forest (southern Bohemian Massif). – Int. J. Earth Sci. (Geol. Rundsch.), 103: 103–119.

WEBER, L. (1987): Die geologischen Grundlagen des Grafitbergbaus in Niederösterreich. – S. 369–387 in: KUSTERNIG, A. (Hrsg.): Bergbau in Niederösterreich. – NÖ Schriften, 10; Wien (NÖ Inst. f. Landeskunde).

WEICHENBERGER, J. (2013): Das Alter der Erdställe. – Der Erdstall, 39: 56–68; Roding.

WEINSCHENK, E. (1914): Bodenmais – Passau. Petrographische Exkursionen im Bayerischen Wald. – 71 S.; München.

WEISSMÜLLER, W. (1991): Der Silexabbau von Flintsbach-Hardt, Markt Winzer, Lkr. Deggendorf – Eine bedeutende Materiallagerstätte für die Steinzeit Südostbayerns. – Vorträge des 9. Niederbayerischen Archäologentages, S. 11–39, Deggendorf.

WIELAND, G. (2012): Besondere Orte. »Naturheilige Plätze«. – S. 277–284 in: Archäologisches Landesmuseum Baden-Württemberg etc. (Hrsg.): Die Welt der Kelten. – Ausstellungskatalog; Ostfildern.

WIMMER, G. (1981): Neue Mineralfunde in der Graphit-Grube Kropfmühl, Passauer Wald/Niederbayern. – Der Aufschluss, Sonderband 31: 101–111; Heidelberg.

Die nachfolgend genannten amtlichen geologischen Karten können unter nachfolgend genannter Internetadresse eingesehen und geöffnet werden. Ein digitales Abbild der Karte in Form einer PDF-Datei kann man kostenfrei herunter laden: http://www.lfu.bayern.de/publikationen/doc/publikationskatalog_des_lfu.pdf.

BAYERISCHES GEOLOGISCHES LANDESAMT (Hrsg.) (1996): Geologische Karte von Bayern, 1:500000 mit Erläuterungen, 329 S.; München.

BAYERISCHES LANDESAMT FÜR UMWELT (Hrsg.) (2008): Geologische Karte des Bayerischen Waldes, 1:150000; Augsburg.

BAYERISCHES GEOLOGISCHES LANDESAMT bzw. BAYERISCHES LANDESAMT FÜR UMWELT (Hrsg.): Geologische Karte 1:25000. Es liegen nahezu alle Kartenblätter des Inneren Bayerischen Waldes in digitaler Form vor.

Ortsregister

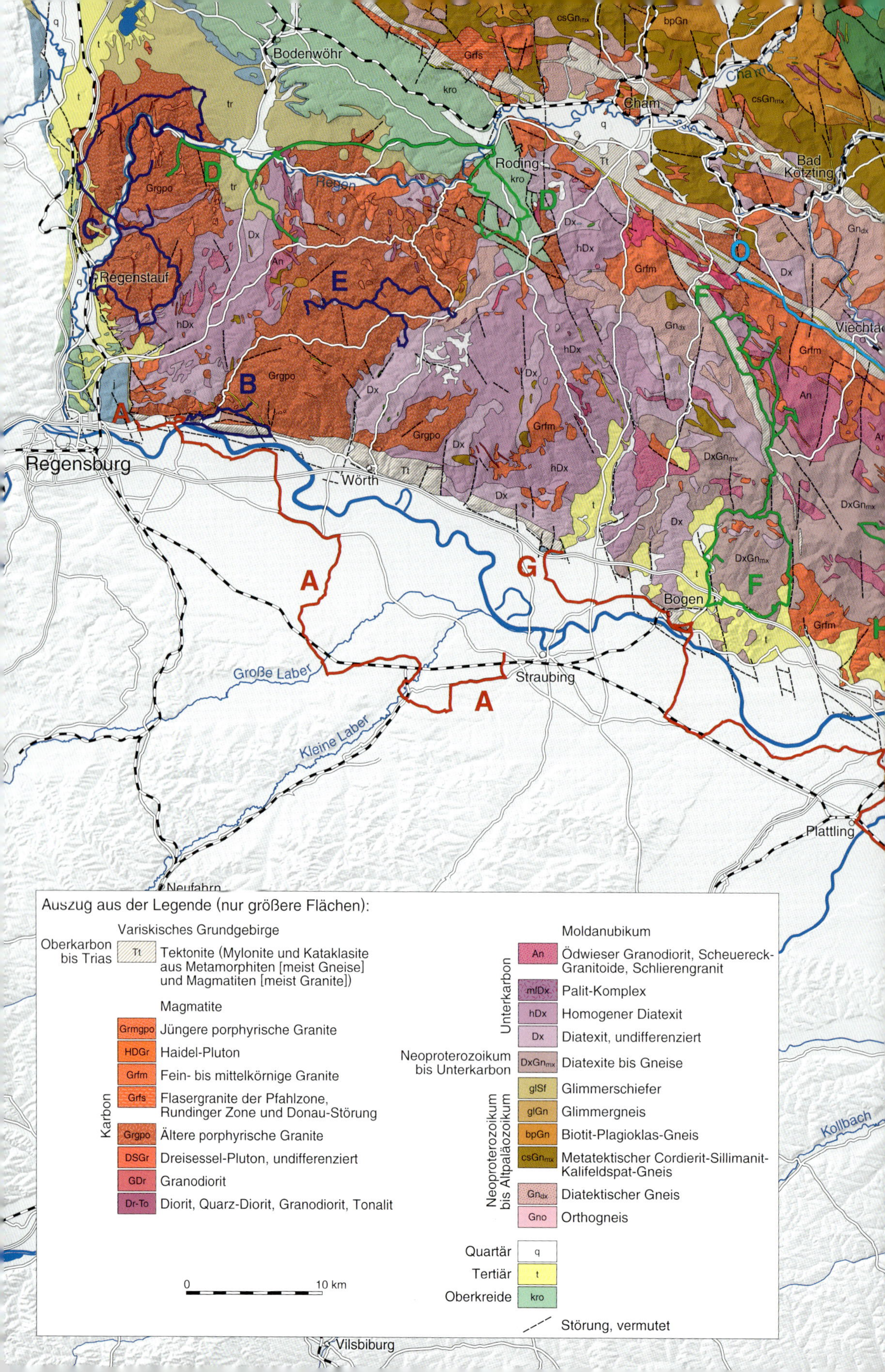

Bodenwöhr
Cham
Roding
Bad Kötzting
Regen
Regenstauf
Regensburg
Wörth
Viechtach
Bogen
Straubing
Große Laber
Kleine Laber
Plattling
Neufahrn
Vilsbiburg
Kollbach
A
B
C
D
E
F
G
O
Auszug aus der Legende (nur größere Flächen):
Variskisches Grundgebirge
Oberkarbon bis Trias
Tt Tektonite (Mylonite und Kataklasite aus Metamorphiten [meist Gneise] und Magmatiten [meist Granite])
Magmatite
Karbon
Grmgpo Jüngere porphyrische Granite
HDGr Haidel-Pluton
Grfm Fein- bis mittelkörnige Granite
Grfs Flasergranite der Pfahlzone, Rundinger Zone und Donau-Störung
Grgpo Ältere porphyrische Granite
DSGr Dreisessel-Pluton, undifferenziert
GDr Granodiorit
Dr-To Diorit, Quarz-Diorit, Granodiorit, Tonalit
Moldanubikum
Unterkarbon
An Ödwieser Granodiorit, Scheuereck-Granitoide, Schlierengranit
mlDx Palit-Komplex
hDx Homogener Diatexit
Dx Diatexit, undifferenziert
Neoproterozoikum bis Unterkarbon
DxGnmx Diatexite bis Gneise
Neoproterozoikum bis Altpaläozoikum
glSf Glimmerschiefer
glGn Glimmergneis
bpGn Biotit-Plagioklas-Gneis
csGnmx Metatektischer Cordierit-Sillimanit-Kalifeldspat-Gneis
Gndx Diatektischer Gneis
Gno Orthogneis
Quartär q
Tertiär t
Oberkreide kro
Störung, vermutet
0 10 km